当代中国建筑节能技术探究

韩宏彦　谭翰哲　著

西北农林科技大学出版社

内容简介

合理的建筑节能设计，可以从源头上杜绝能源浪费。因此，在进行建筑设计前，还需要对拟建节能建筑的整体及外部环境进行设计，即在分析建筑周围气候环境条件的基础上，通过规划、选址、朝向、体形等设计，使建筑获得一个良好的外部微气候环境，从而达到节能的目的。本书立足于目前我国绿色建筑节能的发展现状，引进国际上先进的建筑节能理念，提出了绿色建筑节能设计的方法，旨在引导我国绿色建筑节能设计的进步与创新，推动绿色建筑及相关行业的发展。

图书在版编目（CIP）数据

当代中国建筑节能技术探究 / 韩宏彦，谭翰哲著.
-- 杨凌 :西北农林科技大学出版社, 2020.7

ISBN 978-7-5683-0857-1

Ⅰ.①当… Ⅱ.①韩… Ⅲ.①建筑设计—节能设计—研究—中国 Ⅳ.①TU201.5

中国版本图书馆CIP数据核字(2020)第142450号

当代中国建筑节能技术探究
韩宏彦 谭翰哲 著

出版发行 西北农林科技大学出版社
地　　址 陕西杨凌杨武路 3 号　　邮　　编 712100
印　　刷 北彩虹印制厂
版　　次 2020年 9 月第 1 版
印　　次 2022年 9 月第 2 次
开　　本 16
印　　张 13
字　　数 310千字
书　　号 ISBN 978-7-5683-0857-1

定　价：79.00元
本书如有印装质量问题，请与本社联

前言

自国际石油危机以来，节约能源引起了世界各国的广泛重视。随着我国城市化进程的加快和人民生活水平的不断提高，建筑能耗占全社会总能耗的比重越来越大。统计显示，我国每年城乡新建房屋建筑面积近 20 亿平方米，其中 80% 以上为高能耗建筑；既有建筑近 400 亿平方米，其中 95% 以上为高能耗建筑。由此可见，建筑能耗已经成为制约我国经济和社会发展的重要因素。

加强建筑节能工作不仅是经济建设的需要，更是社会健康发展必须要解决的一项重要且刻不容缓的工作。为此，在可持续发展战略方针的指导下，我国先后颁布了多项环保法规和节能标准。节能现已成为我国的基本国策，人们也逐渐认识到了能源对人类发展的重要性。

然而，建筑节能是一项庞大的工程，它贯穿整个建筑实体的建造过程，包括建筑围护结构节能设计、自然通风设计、照明节能设计、采暖与空调节能设计及太阳能利用等，如果其中任何一个环节的节能设计不合理，都有可能出现“节能建筑不节能”的问题。

合理的建筑节能设计，可以从源头上杜绝能源浪费。因此，在进行建筑设计前，还需要对拟建节能建筑的整体及外部环境进行设计，即在分析建筑周围气候环境条件的基础上，通过规划、选址、朝向、体形等设计，使建筑获得一个良好的外部微气候环境，从而达到节能的目的。

本书立足于目前我国绿色建筑节能的发展现状，引进国际上先进的建筑节能理念，提出了绿色建筑节能设计的方法，旨在引导我国绿色建筑节能设计的进步与创新，推动绿色建筑及相关行业的发展。

由于编者水平有限，且时间仓促，书中难免有疏漏和不妥之处，恳切希望得到各方面的批评和指正，以使本书不断完善。

目录

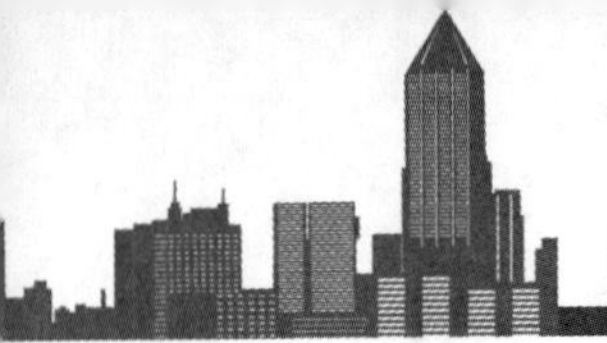

第一章 建筑节能技术概述

第一节　建筑节能技术的时代背景

我国经过 40 多年的改革开放，经济社会发展以及人民群众生产生活都发生了巨大的变化，建筑行业亦不例外。经济建设带动了建筑市场的繁荣，而建筑市场的发展也在随着时代和潮流进行着。近年来，我国提出全面建成小康社会与实现生态文明建设，同时推进环境友好型社会与资源节约型社会建设，都给建筑行业提出了全新的要求，即建筑业必须走绿色环保与低碳节能的道路。只有这样，建筑行业的发展才能更加科学、有序，建筑业的未来才有保障。尤其在全面推进绿色建筑的背景下，对相关问题进行分析尤为必要。

一、节能减排理念深入建筑行业，成为建筑市场的共识

绿色环保不是一句简简单单的口号，而是应该落实为实际行动。近年来，我国大气污染问题日益严重，给企事业的生产及人民群众的日常生活都造成了极大的困扰，已经到了必须彻底改变和解决的地步了。建筑业作为国民经济建设的重要产业一环，必须走在节能减排及低碳绿色发展的前列，必须开展更为广泛的变革与创新，切实提升绿色建筑的应用价值，拓展节能建筑、低碳建筑的应用范畴，切实保障经济社会发展的“绿色含量”。只有这样，建筑业的发展才有更为光明的未来，人民群众的生产生活才能享受到实实在在的好处。目前，节能减排已经成为建筑业发展的基本趋势，也是建筑市场的

重要共识。相关低碳环保、绿色节能的理念、原则和方法已经被广大建筑业同仁所接受，同时成为既定的建设目标，指引着建筑行业的可持续发展。

如，近年来兴起的新型建筑工程项目大都以绿化率作为重要的衡量标准，同时切实保障楼层之间、楼宇之间的空间、距离，同时采用大量的绿色建筑、清洁能源与可再生能源作为建筑施工、设计与建设的核心材料，给节能建筑的实现铺设了坚实的基础。此外，真正的节能建筑必须做到从建筑设计、施工准备及建设施工、验收的全过程开展节能督查、监督与管理，确保整个工程项目建设都符合节能低碳、绿色环保的要求，符合国家、地方颁布的相关节能政策及规定要求，切实满足人民群众的基本需要。这样一来，节能环保的建筑不再是一纸空文，而是成为切实的行动，这也是现今及未来一段时期内建筑业发展的重要方向。

二、更多的绿色建筑材料成为首选，建筑施工更加节能

建筑材料是建筑工程建设开展的重要依托，也是衡量建筑行为是否符合节能环保要求的核心依据。所以，绿色建筑材料的广泛使用是现今和未来一段时期内节能建筑发展的重要方向，也是建筑行业的一致选择。选择使用绿色建筑材料，不仅可以确保建筑施工的过程符合节能减排、低碳绿色的基本要求，同时可以有效提升建筑物、房屋的绿色节能系数，满足不同类型人群的需求，同时与国家推进生态文明建设的大趋势不谋而合。

例如，很多现代化技术手段应用于绿色建筑材料的研制、施工和运用过程中，取得了喜人的效果。如用纳米技术研制抗菌灭菌的墙材，可净化室内空气的墙材、除臭和表面可自洁的墙材等，而纳米技术也是公认的21世纪最具市场潜力的新技术之一。再如，利用TiO2光催化技术制备可净化空气中的氮氧化物的板材，用气凝胶技术研究和开发具有环保型高效保温、隔声、轻质新型墙材。此外，利用现代生物工程技术，将农作物废弃物，经发酵工艺等制造新型装饰板材，可以使得建筑墙体材料实现全面的节能绿色化。总之，多种技术手段的创新及应用为绿色建筑材料的可持续应用打开了全新的路径，同时拓展了市场转化通道，为推动节能建筑的发展贡献力量。

三、提升建筑节能的科学管理水平，实现绿色节能建筑的价值

节能建筑或者绿色建筑的最大价值在于节约资源能源、保护生态环境，配合经济社会的可持续发展，同时符合人民群众的期待。因此，建筑节能实在绿色环保的大背景下提出的建筑要求，也是建筑行业谋求可持续发展的必然选择。坚持节能建筑就必须加强建筑项目管理，确立明确而完整的管理机制，开展制度化建设与监督，从各个层面确保建筑绿色与节能标准的落实。

如，要把相关的建筑节能的监管作为推进建筑节能的重要手段来抓，应该尤其重视

建立建筑能耗的后期跟踪和披露制度，将建筑寿命周期内的能耗统计和披露制度化、规范化、透明化，应该尽快制定一套公正规范的建筑节能检测手段，实现对建筑的节能现场检测，将建筑能耗变成国家和老百姓都能看得见、算得清的明白账。只有这样，建筑节能才能得到科学有效的管理、监督和控制，绿色节能建筑的市场价值、使用价值与社会价值才能统一。

综上所述，新时期绿色环保成为经济社会发展的整体要求，也是建筑业的必然要求。推进建筑节能与低碳，是满足建筑市场快速发展的基本对策，更是人民群众的普遍要求，必须引发重视并有效落实

第二节　节能建筑设计与改造

在世界范围内能源短缺的危机逐渐加重，节能减排要求日益提升的当前时代，建筑中的绿色节能方法也逐渐被更多的人重视并不断加深建筑绿色化的观念，而要完善绿色建筑节能设计就首先要倡导科学的绿色建筑节能设计方案的评价方法，通过良好的评价方法对建筑设计过程进行指导和完善，以期最终实现绿色建筑的节能化，在此背景下进行该研究可以更加直接地突出良好的建筑节能设计方案评价的要点和步骤，对于完善这一方法具有良好的促进作用。

一、我国建筑改造设计施工现状

建筑改造设计在我国已经有了较好的实际操作范例，在一些较为高档的室内装修工程中，环保设计的整体投入已经大大超过了一般项目的投资，在设计装饰装修方案的时候便将环保节能的理念输入其中，在建筑的结构方面利用环保材料减轻环境压力，在装饰装修的过程中也大量采用环保材料，将传统装修过程中产生的能源消耗最大限度地减轻，在具体的施工过程中严格遵守《建筑节能工程施工质量验收规范》，对施工材料和施工环节予以了很大程度的细化控制，使得建筑装修施工的平均能耗有所下降，降低了碳排放，实现了较好的环保效果。同时，我国也加强对既有耗能高的建筑进行环保装饰改造，努力做到能耗的整体降低。

但目前我国的建筑装饰装修工程也存在着诸多的问题，这类问题主要有装修设计未能考虑到具体的建筑类型、对材料的选取缺乏环保性考虑、在施工过程中难以贯彻环保要求，许多施工人员并不理解环保施工的真实含义、相关的建设管理部门也未对缺乏环保性的装修工程予以综合治理或责令整改，诸如此类的问题是目前装饰装修过程中存在的明显问题，这些问题或多或少地阻碍着我国建筑改造设计的环保性的发展。

同时在改造的过程中也没有较好地注意到生态节能设计的深层次要求，比如绿植改造、供热源改造、自然结构和功能的优化改造等。相关的管理和监督部门对于如何完善既有建筑的生态节能改造设计没有相应的标准化程序，对于改造前和改造后建筑的能源消耗结构、生态适宜性的评价没有定量标准，对于照明、通风、供热等相关的工程项目缺乏实际监管，依照国家相关法令法规工作的能力较差，导致实际的改造过程标准化程度低、效率较差。

二、我国建筑改造设计施工中的相关环节概述

（一）通风

建筑由于自身的环境和相对封闭的使用情况导致了其实际的环境状况相比于外界而言具有很大的差距，建筑内部环境密闭、通风和光照条件差以及实际的功能性不断加大导致对建筑物室内环境情况的分析十分必要，通过此分析来指导地下建筑自然采光通风设计具有较好的实施效果。

建筑物室内污染物颗粒聚集程度较大，室内环境气流较差，一些由人类呼吸或者生产生活造成的废物气体很难及时排出，导致在室内环境中长期积存，比如可吸入颗粒物、二氧化碳气体、烟尘、粉尘、一氧化碳气体等都是建筑物内部包括电梯、楼道、室内等环境下存在于空气中不良的掺杂物。由于建筑物环境的特殊性，我国提出了室内环境下二氧化碳建议标准为 0.07% ~ 0.15%，最高不超过 0.2%，由于吸烟等产生的一氧化碳每立方米最多不能超过 0.01%，但是我国多数建筑物中的空气中有害气体的存量都超过标准较多，甚至存在甲醛等有毒气体。

同时，有害气体的来源复杂，据相关研究的内容显示，目前建筑物室内环境中的有毒有害气体来源十分复杂，既有生产生活中产生的较难排出的废气，还有与其阴暗潮湿的环境相关的次生气体，以及人为制造的烟尘废气，比如吸烟，在部分公共性的地下空间还有诸如汽车尾气中的二氧化硫、挥发性有机物，以及装修产生的甲醛、氯的化合物气体等，可以说，由于其建筑特性，诸多的有害气体一旦产生或自外界进入在很长一段时间难以消除，而长时间停留或居住在封闭空间的人必然会受到内部空气环境恶劣所带来的影响，诸如一氧化碳会使人窒息甚至死亡；甲醛会使人眼部模糊、呼吸道黏膜受到刺激、对基因产生不良影响等。因此，改造建筑室内空气环境已经成为缓解居室污染的重要措施。

（二）光照

光，是视觉感官赖以发挥作用的重要媒介，充斥于我们日常生活中的每一个角落，而由于建筑物建设条件和朝向等的影响导致建筑物内部光照条件差异较大，由于光影在

不同天气和氛围下的效果都不同，比如在明亮的日光条件下进入室内的是一种明亮且给人温暖感受的光，可以发现光照不仅可以改善建筑内环境，还可影响人的心情和身体健康，因而具有十分重要的作用。

既有建筑改造中利用光的方法往往是人造光和自然光的结合，改善建筑物的光照条件，引导日光进入室内起到减轻能源消耗、调节建筑内生态环境的作用。

（三）供热

热源和供热条件对于既有建筑的生态节能适宜性改造也有较大的影响，传统的建筑依靠燃煤或者燃气来进行供热，造成了大量的煤炭、燃气资源损耗，同时在天气寒冷的时候还会大幅增加环境压力，造成不利于生态环境建设的问题。新型的建筑生态节能适宜性技术要求在保证建筑物供暖的同时实现燃料成本的大幅减值以及生态状况的改善，这要求的不仅是环保燃料的使用，更是对建筑物进行二次能源循环使用能力的考验。

三、建筑改造工程生态适宜性技术的应用

（一）实现自然通风和人工机械通风的配合

既有建筑改造过程在设计通风结构的过程中可以借鉴国内知名的环保建筑的通风设计进行，由于环保建筑物在贯彻生态、环保理念的实际过程中会最大限度地考虑到经济实用以及完美的自然通风特性，这就为建筑改造施工中的通风设计提供了很好的理论借鉴和实践指引。

自然通风是指风压和热压作用下的空气运动，具体表现为通过墙体缝隙和窗体的通风。地面建筑物的自然通风情况与建筑物的朝向、方位、渗透性等诸多因素有关，在需要特别加强的通风设计之中还有利用庭院中的天井以及排风管等来加强对风的流向的引导，达到良好的通风效果。而环保建筑为了达到良好的使用特性还要兼顾人工机械通风的使用，以便在自然风力不及或者通风力度不够的情况下进行辅助通风，常见的自然通风主要是依靠建筑物预留的通风廊道或孔洞来与外界环境进行联通，实现通风透气，比如将庭院中的通风管道引入地下建筑，并且可以通过在天井顶部设计冷气装置使得天井口部的空气冷却下沉进入天井内部直到导入建筑内部，实现建筑的通风，而由于现代高层以及超高层建筑的建设，往往在距离地面一定距离以上的楼层会出现自然通风力度明显下降的情况，这就要求利用空调或者专门设置的大型通风管道的机械设备，强行改变风的流向将其引导进入高层建筑室内，因而在设计通风系统的时候，可以有机地结合空气力学，将整栋建筑分为中、低、高分别进行节能通风。

（二）实现自然采光和人工机械采光的配合

建筑的采光一般分为自然采光和人工照明两类，在传统建筑中一般在日间采用自然光照的方法实现采光，而在夜间则利用电灯进行采光照明，利用日光灯完成对建筑室内空间的采光虽然可行，但是却具有较大的成本和能耗。为了实现长期采光与降低成本的要求，目前可以采用建筑结构和后期增设物理采光设计的方法来实现较经济的采光方法，同时也可以使用环保照明材料如 LED、冷光灯等进行照明，改善物理光路可为一些日常光照不佳的建筑进行采光设计，具体而言，可以利用建筑物墙与梁的错位来制造采光空间，为建筑设置采光板，将多块采光板利用建筑物的结构进行延伸，通过光学方法将自然光引入光照不足的建筑物空间。

（三）利用数字化手段降低暖通空调的能耗

既有建筑改造过程中不可避免地要对供热与空调系统进行改造，较常见的是暖通空调这种兼具供暖与通风功能的空调系统，暖通空调的作用是对冷热空气的交换、居室的保温或者降温，在实际的使用过程中，根据实际的使用环境选择较合适的暖通空调温度或者实际负荷，使得其实际工作量减少同时起到节约能源、创造舒适的生活和工作环境的作用。随着空调智能控制系统的不断创新，现代暖通空调已经基本实现了传统的人工控制空调工作的逻辑，在实际的使用过程中可以依靠空调内部集成的数控软件以及负荷测试系统完成对当前环境状态下暖通空调的实际工作情形的判断，再通过系统内的逻辑控件针对当前的环境条件自动为使用者选择最合适的空调温度或者风量。

另外，随着计算机流体力学的大力发展，CFD 计算机软件在对空调室内气流组织的模拟技术方面已经十分成熟，比如强制对流、自然对流和通风对流等不同的气流组织形式也对暖通空调的实际使用效果有着更好地促进作用，实现建筑的综合生态功能，为了实现生态节能适宜性，还应推广科学使用暖通空调方法，科学使用暖通空调是从日常使用领域提出的关于空调降耗的方法，其要求使用者具有节能意识和节能经验。由于暖通空调系统的科学运行同样与其设计和安装情形相同，都具有促进能耗降低、完善使用规程的作用，故而在实际生活中更应该从这一基础的方面做起。比如使用者要根据季节和室温的实际情形综合确定暖通空调的设置参数，在夏季气温高、湿度较大的时候，这时设置暖通空调的内外冷暖交换模式为对流交换，可以最大限度地减少室内外湿热交换的能耗，而在冬季使用时，环境相对夏季而言较为干燥，要达到理想的室温调节效果需要花费较高的能耗在空气湿度调节方面，加热新风和维护结构损失带来的能耗相对而言就较高。

综上所述，根据不同的使用情况，在暖通空调的参数和工作逻辑的设置方面要尽可能地具有科学性，按照既定的使用逻辑使用可以节省较多的能源，既起到保护设备、调

节居室环境温度的作用，也有助于降低由使用暖通空调而带来的额外开支。

第三节　建筑节能评估及影响因素

一、建筑能效评估的基本思路和方法

对于一个现有的建筑节能系统来说，如何对其实际的能源节约能力进行一个合理的评估，对其在建筑节能中所做的贡献作一个定量的分析是十分有必要的。建筑节能系统的评价主要有 3 种方式：既有建筑的能耗实测对比；建筑全寿命期能耗模拟分析；通过对建筑设计过程中所涉及的一系列指标进行分析赋值，对建筑能源性能进行定性评价。其中，第一种方式只有在建筑建成并且投入使用一段时间之后才能进行，其余两种方法在建筑全寿命期内均可实现。

建筑节能是一项系统工程，当高效绝热材料、建筑构件和高能效比的设备已经发展成熟时，建筑节能设计则是节能建筑是否达标的关键因素。应对建筑节能指标做出综合评价，判断其是否满足建筑所在气候区的建筑节能设计标准，而且如果有些设计指标不满足时，应对其做出适时调整，重新计算，这项繁杂的计算可由计算机建筑节能综合评价软件来快速准确地完成。即采用动态模拟分析方法，算出建筑物全年采暖和空调能耗，同时，用建筑“性能性指标”（如传热系数、热惰性指标等）来控制，达到当地建筑节能设计指标的限值。工程中多采用“对比测评法”进行动态模拟分析。

所谓对比评测，是选用一座参照建筑模型，其各项参数与评估建筑完全相同，而综合能耗指标和性能指标完全符合节能设计标准要求，将计算和评估的建筑物的采暖空调能耗与之作对比，如果能耗指标高于参照建筑，则应对评估建筑做出调整，特别是对于不同类型的公共建筑来说，要达到相同的能耗指标，采取的节能措施有很大差别。“对比评测法”的灵活之处在于参照建筑的能耗是变化的数值，在节能评估时，不同的建筑采用与之相应的参照建筑模型，是一种实际而灵活的评定方法，已被国内外许多建筑节能标准所采用。

还有一种节能综合指标限值法，主要用于比较规整的多层住宅建筑的节能综合评价。将评估建筑的节能综合指标与建筑所在地城镇节能指标限值相比较，如果不满足要求，可对诸如墙厚及组成材料、蓄热系数、窗户类型、窗墙面积比，甚至设计平面设计的体型参数、节点构造做出调整，以保证整体能耗不超过限值。同样，对于夏热冬冷地区，各个城市的空调度日数和采暖度日数不相同，《夏热冬冷地区居住建筑节能设计标准》规定，各中心城市（九个）围护结构各个部位传热系数限值不相同，这样就能算出不同城市采暖和空调能耗指标的限值。

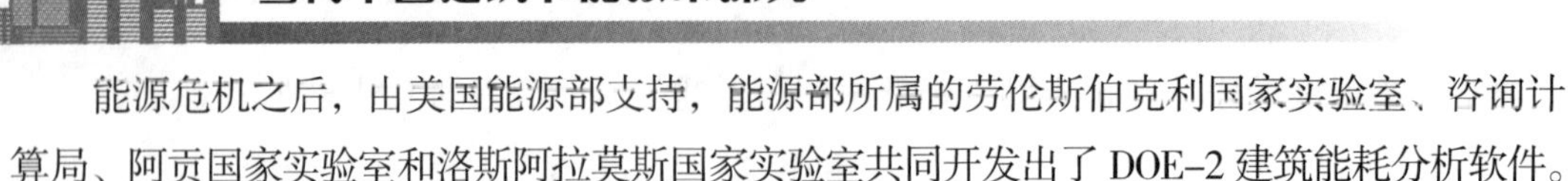

能源危机之后，由美国能源部支持，能源部所属的劳伦斯伯克利国家实验室、咨询计算局、阿贡国家实验室和洛斯阿拉莫斯国家实验室共同开发出了 DOE-2 建筑能耗分析软件。

DOE-2 是一个在一定的气象参数、建筑结构、运行周期、能源费用和暖通空调设备条件下，逐时计算能耗、计算居住面积和商用建筑能源费用软件。它用 Fortran 语言编程，能够在各种计算机上运行。用 DOE-2 软件，设计者可以迅速选择改善建筑能耗特性、保持室内舒适性的建筑参数。

1995 年起，美国能源部开始规划开发新一代建筑模拟工具。经过对各种已有模拟工具的用户和开发人员的调查，了解了能耗模拟的需求和建议。根据这些信息，确定在 BLAST 软件和 DOE-2 软件基础上开发新一代软件——EnergyPlus，它综合了 BLAST 软件和 DOE-2 软件两者的优点和特色，成为一个开放式的模拟平台。它没有正式的用户界面，可以让任何开发者进行二次开发，为 EnergyPlus 增加许多新的功能，满足用户日益多样化的需求。它由模拟管理器、热平衡模拟模块和建筑系统模拟模块构成。

我国清华大学建筑技术科学研究团队经过 10 余年的努力，根据国内的实际情况，逐步开发出一套面向设计人员的设计用模拟工具 DeST，目的是将模拟分析技术引入工程设计之中，为设计人员提供全面有力的帮助。

DeST 的主要特点在于考虑设计的阶段性，根据设计的不同阶段采用不同的模拟方法，并且在不同的模拟模块之间建立数据连接。DeST 充分考虑了设计人员的设计思路，用户只需很短时间就可以熟悉掌握。

二、绿色建筑评估体系

国内外绿色建筑评估体系研究不断深入，从发展历史看，大致可分为 3 个阶段。第一阶段主要针对相关产品及技术进行评估：第二阶段则是多针对环境生态建筑的物理环境进行评估；第三阶段，绿色的概念不断扩大与深化，建筑整体的环境综合性能开始成为评估的主题，在这阶段，相继出现了一批评价工具，许多发达国家相继开发了适应各国的绿色建筑评估体系。例如，美国绿色建筑协会制定的 LEED（Leadership in Energy and Environmental Design）、英国建筑研究中心制定的 BREEAM（Building Research Establishment Environmental Assessment Method）、15 个国家在加拿大商定的绿色建筑挑战 GBC2000（Green Building Challenge 2000）、日本的 CASBEE（Comprehensive Assessment System for Building Environmental Efficiency）、澳大利亚的建筑环境评估体系 NABERS（National Australian Building Environmental Rating System）、德国的生态建筑导则 LNB、荷兰的 GreenCalc、挪威的 Eco Profile、法国的 ESCALE 等。

这些评估体系的制定及推广应用对各个国家在城市建设中倡导“绿色”概念，引导建造者注重绿色和可持续发展起到了重要作用。

（一）国外绿色建筑评估体系

1. 美国绿色建筑评估体系

LEED（Leadership in Energy and Environmental Design）目前在世界各国被认为是各类建筑环保评估、绿色建筑评估及建筑可持续性评估标准中最完善、最有影响力的评估标准。

2. 法国绿色建筑评估体系

HQE（High Environmental Quality）是法国的高环境品质评价体系，该体系致力于指导建筑行业在实现室内外舒适健康的基础上将建筑活动对环境的影响最小化。

3. 英国绿色建筑评估体系

BREEAM（Building Research Establishment Environmental Assessment Method）是世界上第一个绿色建筑评估体系，由英国建筑研究制定。BREEAM 体系的目标是减少建筑物的环境影响，体系涵盖了包括从建筑主体能源到场地生态价值的范围。BREEAM 体系关注于环境的可持续发展，包括了社会、经济可持续发展的多个方面。

4. 德国绿色建筑评估体系

德国可持续建筑认证体系（German Sustainable Building Certificates），由德国可持续建筑委员会（DGNB）组织德国建筑行业的各专业人士共同开发。DGNB 覆盖了建筑行业的整个产业链，并致力于为建筑行业的未来发展指明方向。

5. 荷兰绿色建筑评估体系

随着荷兰建筑评估工具 GreenCalc 的出现，荷兰国家公共建筑管理局有了“环境指数”这个指标，它可以表征建筑的可持续发展性。建筑评估工具 GreenCalc 是基于所有建筑的持续性耗费都可以折合成金钱的原理，就是我们所说的“隐形环境成本”原理。隐性环境成本计算了建筑的耗材、能耗、用水以及建筑的可移动性，GreenCalc 正是按这些指标计算的。

6. 澳大利亚绿色建筑评估体系

ABGRS（Australia Building Greenhouse Rating Scheme）评估体系由澳大利亚新南威尔士州的 Sustainable Energy Development Authority（SEDA）发布，它是由澳大利亚国内第一个较全面的绿色建筑评估体系，主要针对建筑能耗及温室气体排放作评估，它通过对参评建筑打星值而评定其对环境影响的等级。

（二）我国建筑能效评估体系

建筑能效测评是指对建筑物能源消耗量及其用能系统效率等性能指标进行计算、检测，并给出其所处水平的活动。建筑能效标识是指依据能效测评结果，对建筑能耗相关信息向社会或产权所有人明示的活动。建筑能效测评标识的作用是明示建筑物能源消耗

水平，减少政府管理部门、建设单位和社会公众等相关主体之间的信息不对称因素的影响，加强建筑节能全过程管理，引导合理化的能源消费，促进资源节约型和环境友好型社会建设。

我国建筑能效测评标识在政策和标准上也进行了一些研究和探索。从《可再生能源法》《节约能源法》到《民用建筑节能条例》，政策管理制度不断丰富和完善。其中，《民用建筑节能条例》第 21 条指出：国家机关办公建筑和大型公共建筑的所有权人应当对建筑的能源利用效率进行测评和标识，并按照国家有关规定将测评结果予以公示，接受社会监督。这一条为我国建筑能效测评标识的实施和发展提供了法律依据。从《绿色奥运建筑评估体系》《住宅性能评定技术标准》到《绿色建筑评价标准》，技术标准体系不断充实和进步，为我国建筑能效测评标识提供了技术支撑。

为了配合建筑能效测评标识的实施，住房和城乡建设部组织制订并发布了《民用建筑能效测评标识管理暂行办法》《民用建筑能效测评机构管理暂行办法》和《民用建筑能效测评标识证书标志样式》《民用建筑能效测评标识技术导则（试行）》《关于试行民用建筑能效测评标识制度的通知》《关于推荐民用建筑能耗计算分析软件的通知》等相关管理文件和技术文件，明确了我国建筑能效测评标识的主体、对象和管理运行机制等，测评机构的申报认定、职责范围、工作程序和日常监管等，以及测评方法、测评软件、标识程序和标识信息等，初步建立了适用于我国国情的建筑能效测评标识管理体系和技术体系框架。此外，住房和城乡建设部在国内相关建筑研究院的基础上，根据气候区域认定了首批 7 家国家级测评机构，并就建筑能效测评标识管理制度、测评技术、标识流程等内容组织进行了多次培训和交流，同时部分省市也组织制订了相应的管理办法和实施细则，认定了省级测评机构，为我国建筑能效测评标识的顺利实施奠定了坚实的基础。

三、建筑能效评估发展趋势

国外实践经验表明，通过政府主导、国家立法的方式明确建筑能效评估的地位，并制定配套政策、建立工作程序、完善标准体系、统一计算方法等措施，是保证建筑能效评估制度成功实施的重要条件。

此外，多数国家和地区都是强制实施建筑能效评估制度，或是列出了强制实施时间表，如欧盟的建筑能源指令，德国的建筑能源护照制度，英国、丹麦及加拿大等国家的建筑能效测评都是强制实施的。最近通过的《美国清洁能源安全法案》也提出，为了实现节约能源，并最终实现零能耗建筑，将扩大能源之星认证，加快开发节能产品及扩大能源之星标识进入新的领域。

对于我国而言，建筑能效评估还需要在以下 3 个方面进行发展和完善：

①进一步扩大建筑能效测评实施的建筑范围，从目前《民用建筑节能条例》规定的新建国家机关办公建筑和大型公共建筑拓展到所有新建建筑和节能改造后的既有建筑；②将

建筑能效测评作为建筑工程竣工验收备案的文件之一，同时将我国建筑能效测评标识制度发展成为新建建筑进入市场的准入制度之一，加强建筑节能监管力度；③将建筑能效测评与建筑能耗统计、建筑节能监管、碳减排量计算等相结合，建立数据共享机制，促进建筑节能定量化发展。

第四节　建筑节能设计相关政策

建筑节能对缓解全球环境和能源安全问题至关重要，也是可持续发展战略的重要内容。鉴于建筑节能的外部性，在市场经济体制下，建筑节能离不开政府的调控作用，其实施需要发挥市场和政府的双重作用。为此，政府需要制定和实施符合国情的建筑节能法规、政策及科技发展规划，用以管理、引导和推动建筑节能工作。

一、建筑节能政策理论基础

（一）可持续发展理论与建筑节能

由于能源的不可再生性，加之在能源开采、使用等过程中不可避免地存在着温室气体排放等对环境的负面影响。当前，世界各国政府和人民都已经对可持续发展达成理论和行动上的共识，而在可持续发展的框架下建立“能源—经济—环境”的一体化系统，从而实现能源、经济、环境的协调发展，已成为推动经济和社会发展的根本途径。因此，能源发展战略应以实现可持续发展为目标，可持续发展理论也成为指导人们制定能源政策（包括建筑节能政策）的理论基础之一。

可持续发展包括两个最基本的要素，即发展与持续性。发展是前提，是基础，持续性是关键，没有发展，就没有必要去讨论是否可持续；没有持续性，发展就行将终止。发展应理解为两方面：首先，它至少应含有人类社会物质财富的增长，因此经济增长是发展的基础；其次，发展作为一个国家或区域内部经济和社会制度的必经过程，它以所有人利益增进为标准，以社会全面进步为最终目标。持续性也有两方面的含义：首先，自然资源的存量和环境的承载能力是有限的，这构成了经济社会发展的限制条件；其次，在经济发展过程中，当代人不仅要考虑自身的利益，而且应该重视后代人的利益，即要兼顾各代人的利益，要为后代发展留有余地。

可持续发展是发展与可持续的统一，两者相辅相成，互为因果。可持续发展追求的是近期目标与长远目标、近期利益与长远利益的最佳兼顾，以及经济、社会、人口、资源、环境的全面协调发展。可持续发展是一种新的发展观、道德观和文明观，涉及人类社会的方方面面，具体可概括为经济可持续发展、社会可持续发展和生态可持续发展3个方面，

其中，经济可持续是基础，社会可持续是目的，生态可持续是条件。

1. 经济可持续发展

可持续发展强调经济增长的必要性，只有通过经济增长，才能提高当代人的福利水平，增加社会财富，增强国家实力。但是，可持续发展不仅重视经济数量的增长，更注重经济质量的改善和经济效益的提高，特别强调生态学和社会学意义的可持续性。可持续发展要求改变传统的以“高投入、高消耗、高污染”为特征的生产模式和消费模式，实施清洁生产和文明消费，以提高经济活动中的效益、节约资源和减少废物。

2. 社会可持续发展

社会可持续发展不等同于经济可持续发展。经济发展是以“物”为中心，以物质资料的扩大再生产为中心，解决好生产、分配、交换和消费各个环节之中以及它们之间的关系问题；而社会发展则是以“人”为中心，以满足人的生存、享受、康乐和发展为中心，解决好物质文明和精神文明建设的共同发展问题。因此，经济发展是社会发展的前提和基础，社会发展是经济发展的结果和目的。

3. 生态可持续发展

生态可持续发展所探讨的是人口、资源、环境三者的关系，即研究人类与生存环境之间的对立统一关系。生态可持续发展要求经济建设和社会发展要与自然承载能力相协调，发展的同时必须保护和改善地球生态环境，保证以可持续的方式使用自然资源，将人类的发展控制在地球承载能力之内。

可持续发展作为时代的主旋律，其与建筑节能之间有着密不可分的联系。可持续发展要求经济建设和社会发展要与自然承载能力相协调。发展的同时必须保护和改善地球生态环境，保证以可持续的方式使用自然资源和环境成本，使人类的发展控制在地球承载能力之内。建筑业的根本任务是改造自然环境，建筑是人类赖以生存和发展的人工环境。但传统的建筑活动在为人类提供生产和生活用房的同时，过度消耗自然资源，其产生的建筑垃圾、建筑灰尘、城市废热等造成严重污染。建筑节能则是一项综合性的系统工程，以可持续发展理论为基础，遵循“节约化、生态化、人性化、无害化、集约化”的基本原则，要求建筑物在设计、建造过程中尽可能地使用能耗少的建筑材料，在使用期内低能耗性、低维护成本，尽可能采用太阳能、风能、地热能等可再生能源，倡导能源的综合利用、高效利用和再生利用。

（二）产业发展理论与建筑节能

按照产业经济学的定义，产业是指具有某种同类属性、具有相互作用的经济活动的集合或系统。产业是社会生产力发展的结果，是社会分工的产物，它随着社会分工的产生而产生，并随着分工专业化程度的提高而不断变化和发展。“具有某种同类属性”是将企业划分为不同产业的基准，同一产业的经济活动均具有这样或那样相同或相似的性

质。因此，产业既不是某一企业的某些经济活动或所有活动，也不是指部分企业的某些或所有经济活动，而是指具有某种同一属性的企业经济活动的总和。从需求角度，体现为具有同类或相互密切竞争关系和替代关系的产品或服务；从供应角度，体现为具有类似生产技术、生产过程、生产工艺等特征的物质生产活动或类似经济性质的服务活动。“具有相互作用的经济活动”表明产业内各企业之间不是孤立的，而是相互制约，相互联系的。这种“相互作用的经济活动”不仅表现为竞争关系，也包括产业内因进一步分工而形成的协作关系。正是产业内企业间的相互竞争与协作，促进了产业不断发展。

产业的发展是指产业的产生、成长和演进，是产业个体或总体的各个方面不断由不合理走向合理、由不成熟走向成熟、由不协调走向协调、由低级走向高级的过程，也是产业结构优化、产业布局合理化、产业组织合理化的过程。按照产业经济学的观点，技术进步导致了劳动手段和劳动对象的改进，提高了劳动者素质，引起了生产方式和生产组织的变化，开拓了新的市场和新的产业，因而技术进步是产业得以发展的根本。这里，产业的技术进步不只是指产业技术水平的提高，还包括技术在产业内的普及和扩散；产业的发展不仅表现为产业在量上的不断扩大，而且表现为产业内资源的有效配置，即产业组织结构的优化。它包括两个方面：一是在产业内形成有效竞争的环境，从根本上奠定产业整体效益的微观基础；二是充分利用规模经济，建立以社会分工协作为基础的大批量生产体系，从而提高产业的整体经济效益。

建筑产业是以生产“建筑”为最终产品的产业，建筑节能产业是建筑产业中围绕"降低建筑能耗，提高建筑能效”这一经济活动而形成的一个子产业，它代表着建筑市场上产生的新需求，代表着建筑产业结构转换的方向，代表着现代科学技术产业化的新水平，是推进建筑节能的物质基础，其发展和壮大都要以产业发展理论为指导，都要建立在科技进步基础上，也都要依靠规模经济和社会化协作来实现。

（三）资源经济理论与建筑节能

资源经济理论是在研究资源合理开发利用和保护过程中逐渐形成的。其核心论点是，社会经济再生产过程与自然资源再生产过程紧密相连，社会经济再生产过程以自然资源再生产过程为前提，而自然资源再生产过程的变化又取决于社会经济再生产的方式、结构和规模。因此，资源经济理论的着眼点是自然资源与社会经济的相互关系及其发展变化规律。

资源经济理论包括自然资源价值与定价理论、自然资源产权制度理论、自然资源与经济增长理论等。其中，均衡价格理论和边际机会成本理论是自然资源定价理论中应用比较普遍的两个理论。

均衡价格理论认为供给和需求是自然资源价格水平形成的两个最终决定因素，自然资源在某个特定时刻的价格取决于资源需求者之间的竞争，如果不考虑资源开发利用相关的外在成本与收益，完全竞争的市场可以实现资源最佳配置。

边际机会成本（MOC）理论认为：自然资源的消耗使用应包括 3 种成本：①边际生产成本（MPC），即为了获得资源，必须投入的直接费用；②边际使用者成本（MXJC），即将来使用此资源的人所放弃的净效益；③边际外部成本（MEC），外部成本主要指在资源开发利用过程中对外部环境所造成的损失，这种损失包括目前或者将来的损失。

从根本上讲，建筑耗能是对自然资源的消耗，建筑节能是对自然资源的节约。建筑耗能和建筑节能，同样符合资源经济理论所揭示的各种内在规律，如外部性的特征及其解决方式、外部成本的考虑等。因此，对建筑节能政策的研究，要以资源经济基础理论为指导。

二、我国建筑节能政策

（一）我国建筑节能政策框架体系

我国的建筑节能工作开始于 20 世纪 80 年代初期。自我国实施建筑节能工作以来，本着循序渐进原则，吸取发达国家建筑节能政策和立法的经验，立足国情，陆续制定和颁布了建筑节能相关法律法规政策，目前已基本形成了“法律 + 行政法规 + 部门规章 + 标准规范 + 地方性规定”的建筑节能政策体系，内容覆盖了新建建筑、既有居住建筑节能改造、大型公共建筑节能、绿色建筑及可再生能源建筑应用等领域。

（二）我国建筑节能政策主要内容

1. 法律

在我国众多的法律中，与建筑节能相关的法律主要是《中华人民共和国建筑法》、《中华人民共和国可再生能源法》和《中华人民共和国节约能源法》。

（1）中华人民共和国建筑法

《中华人民共和国建筑法》是建筑领域的核心大法，其第四条明确规定：“国家扶持建筑业的发展，支持建筑科学技术研究，提高房屋建筑设计水平，鼓励节约能源和保护环境，提倡采用先进技术、先进设备、先进工艺、新型建筑材料和现代管理方式。”

（2）中华人民共和国可再生能源法

《中华人民共和国可再生能源法》，在第十七条提出了太阳能建筑应用的规定：“国家鼓励单位和个人安装和使用太阳能热水系统、太阳能供热采暖和制冷系统、太阳能光伏发电系统等太阳能利用系统。国务院建设行政主管部门会同国务院有关部门制定太阳能利用系统与建筑结合的技术经济政策和技术规范。房地产开发企业应当根据前款规定的技术规范，在建筑物的设计和施工中，为太阳能利用提供必备条件。对已建成的建筑物，住户可以在不影响其质量与安全的前提下安装符合技术规范和产品标准的太阳能利用系

统；但是，当事人另有约定的除外。”

（3）中华人民共和国节约能源法

《中华人民共和国节约能源法》经修订颁布执行，其专门设置“建筑节能”一节共七条，明确规定建筑节能工作的监督管理和主要内容，具体如下。

第一，国务院建设主管部门负责全国建筑节能的监督管理工作。县级以上地方各级人民政府建设主管部门负责本行政区域内建筑节能的监督管理工作。县级以上地方各级人民政府建设主管部门会同同级管理节能工作的部门编制本行政区域内的建筑节能规划。建筑节能规划应当包括既有建筑节能改造计划。

第二，建筑工程的建设、设计、施工和监理单位应当遵守建筑节能标准。不符合建筑节能标准的建筑工程，建设主管部门不得批准开工建设；已经开工建设的，应当责令停止施工、限期改正；已经建成的，不得销售或者使用；建设主管部门应当加强对在建建筑工程执行建筑节能标准情况的监督检查。

第三，房地产开发企业在销售房屋时，应当向购买人明示所售房屋的节能措施、保温工程保修期等信息，在房屋买卖合同、质量保证书和使用说明书中载明，并对其真实性、准确性负责。

第四，使用空调采暖、制冷的公共建筑应当实行室内温度控制制度。具体办法由国务院建设主管部门制定。

第五，国家采取措施，对实行集中供热的建筑分步骤实行供热分户计量、按照用热量收费的制度。新建建筑或者对既有建筑进行节能改造，应当按照规定安装用热计量装置、室内温度调控装置和供热系统调控装置。具体办法由国务院建设主管部门会同国务院有关部门制定。

第六，县级以上地方各级人民政府有关部门应当加强城市节约用电管理，严格控制公用设施和大型建筑物装饰性景观照明的能耗。

第七，国家鼓励在新建建筑和既有建筑节能改造中使用新型墙体材料等节能建筑材料和节能设备，安装和使用太阳能等可再生能源利用系统。

虽然《中华人民共和国建筑法》《中华人民共和国可再生能源法》和《中华人民共和国节约能源法》这 3 部法律对建筑节能的规定并不多，内容也比较抽象，但却是指导全国建筑节能的上位法，对建筑节能工作具有重大的指导意义，为制定相关法规政策提供了法律依据。

2. 行政法规

自实行建筑节能政策以来，国务院制定发布了《民用建筑节能条例》（国务院令第 530 号）、《公共机构节能条例》（国务院令第 531 号）、《国务院办公厅转发发展改革委等部门关于加快推行合同能源管理促进节能服务产业发展意见的通知》《国务院办公厅关于转发发展改革委住房城乡建设部绿色建筑行动方案的通知》等多部法规，从宏

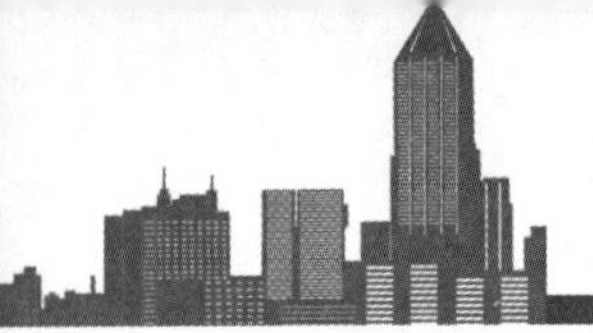

观战略高度提出了建筑节能的相关要求，尤其是《民用建筑节能条例》《公共建筑节能条例》和《绿色建筑行动方案》对于建筑节能作出了详细具体的规定，是我国建筑节能工作的总纲领。

3. 部门规章

自开展建筑节能以来，建设部、财政部等部门围绕建筑节能，发布了《关于新建居住建筑严格执行节能设计标准的通知》《关于发展节能省地型住宅和公共建筑的指导意见》和《民用建筑节能管理规定》等政策文件，又陆续发布了一系列建筑节能和绿色建筑相关工作规划、政策，提出了2011—2020年推动建筑节能和绿色建筑发展的计划目标、重点工作、实施路径、保障措施、组织机制等方面的内容，对完善体系、引导市场、规范机制都起到了重要作用。

4. 标准规范

我国将建筑节能标准划分为3类地区：北方寒冷地区、夏热冬冷地区和夏热冬暖地区，针对不同地区制定不同的建筑节能设计标准。

经过近40年的发展，我国关于不同气候、地域和建筑类型的建筑节能设计标准日趋配套与完善。建筑节能设计标准的出台，使得建筑节能工作有了明确的指标要求和工作方向，各地方也纷纷针对本地区的气候条件和经济发展水平，因地制宜地制定了相关标准，推动了建筑节能的发展。

5. 地方性法规

随着国家层面的建筑节能政策的陆续发布，各地方为了贯彻国家建筑节能政策，以国家制定和颁布的政策法规为指导，纷纷推出与地方情况更紧密结合的相关配套和促进政策，河北、陕西、山西，湖北、湖南、上海、重庆、青岛、深圳等15个省市出台了建筑节能条例，11个省出台了资源节约及墙体材料革新相关法规，27个省出台了相关政府令，26个省市、自治区、直辖市出台了地方性绿色建筑行动方案等。部分省市、直辖市在推动建筑节能发展过程中，结合地方实际情况，探索创新，制定了突出地方特色的亮点政策。

第二章 建筑节能理念

当前，我国建筑能效量所占比例逐年增加，但建筑节能水平却远远落后于发达国家。同时，从国际上看，能源储量不断减少、能源需求持续增加，经济和社会发展难以达到平衡。建筑节能已成为牵涉到人类前途和国家全局、影响深远的大事情。为此，必须充分意识到建筑节能的重要性和紧迫性，树立正确的建筑节能理念，形成新的系统观、经济观、价值观、资源观、生产观、消费观、发展观、文明观、道德观、效益观，使其成为正确实施建筑节能的指南。

第一节　低碳发展理念

低碳发展是指以低能耗、低污染、低排放为基础的发展模式，其实质是能源高效利用、开发清洁能源、追求绿色GDP，核心是能源技术创新、制度创新和人类生存发展观念的根本性转变。

一、低碳发展的重要意义

（一）低碳发展是人类社会文明的又一次重大进步

人类社会发展至今，经历了农业文明、工业文明，当今，一个新的重大进步，将对社会文明发展产生深远影响的就是低碳发展。

随着全球人口和经济规模的不断扩张，能源使用带来的环境问题及其诱因不断地为人们所认识，不仅是废水、固体废物、废气排放等带来危害，更为严重的是大气中二氧化碳浓度升高将导致全球气候发生灾难性变化。低碳发展将有利于解决常规环境污染问题和应对气候变化。当今世界，发展以太阳能、风能、生物质能为代表的新能源已经刻不容缓，低碳发展已经成为国际社会的共识，正在成为新一轮国际经济的增长点和竞争焦点。据统计，全球环保产品和服务的市场需求达 1.3 万亿美元。

目前，低碳发展已引起国家层面的关注，相关研究和探索不断深入，低碳实践形势喜人，低碳发展氛围越来越浓。

（二）低碳发展是科学发展的必然选择

低碳发展是中国实现科学发展、和谐发展、绿色发展、低代价发展的迫切要求和战略选择。既促进节能减排，又推进生态建设，实现经济社会可持续发展，同时与国家正在开展的建设资源节约型、环境优美型社会在本质上是一致的，与国家宏观政策是吻合的。

实行低碳发展，确保能源安全，是有效控制温室气体排放、应对国际金融危机冲击的根本途径，更是着眼全球新一轮发展机遇，抢占低碳发展先机，实现我国现代化发展目标的战略选择。

实行低碳发展，是对传统经济发展模式的巨大挑战，也是大力发展循环经济，积极推进绿色经济，建设生态文明的重要载体。可以加强与发达国家的交流与合作，引进国外先进的科学技术和管理办法，创造更多国际合作机会，加快低碳技术的研发步伐。

我国实行低碳发展，不仅是应对全球气候变暖，体现大国责任的举措，也是解决能源瓶颈，消除环境污染，提升产业结构的一大契机。展望未来，低碳发展必将渗透到我国工农业生产和社会生活的各个领域，促进生产生活方式的深刻转变。

在发达国家倡导低碳发展之时，我国应找到自己的低碳发展之路。纵观发达国家低碳发展行动，技术创新和制度创新是关键因素，政府主导和企业参与是实施的主要形式。

（三）低碳发展是行业转型升级的指南

我国产业结构不合理，第一、二、三产业之间的比重仍然停留在“1 ∶ 5 ∶ 4”的状态，经济的主体是第二产业，钢铁、煤炭、电力、陶瓷、水泥等是主要的生产部门，这些产业具有明显的高碳特征。因此，要大力推进传统产业优化升级，实现由粗放加工向精加工转变，由低端产品向高端产品转变，由分散发展向集中发展转变，努力使传统产业在优化调整中增强对经济增长的拉动作用，在扩大内需中实现整体水平的提升。

随着经济的增长，发展受到的约束由资源约束转向资金约束，经济发展已经进入从传统资源性走向低碳发展时代，转型是必然选择。

低碳发展既是后危机时代的产物，也是中国可持续发展的机遇。资源依赖与发展阶段有关，要改变我国经济发展模式、对自然资源索取的方式及人们生活的习惯和思维方式，都需要革命性转变。

在企业转型过程中，低碳发展需要增加成本是一定的，但需要以辩证的角度看待问题，经济学中的边际收益递减原理说明，以资源作为投入要素，单位资源投入对实际产出的效用是不断递减的。我们应从政策、技术自主研发等各方面来提升综合效益。面对中国工业化和城镇化加速的现实，用高新技术改造钢铁、水泥等传统工业，优化产业结构，发展高新技术产业和现代服务业，尤为重要。建筑门窗幕墙也是如此，在未来发展中，我们不仅要“中国制造”，更应关注“中国创造”。

发展新能源是低碳发展的一个重要环节。近年来，我国在可再生能源和清洁能源发电方面取得了令人瞩目的成就。2018 年，全国风电新增并网风电装机量 2059 万千瓦，同比大增 37%。今年 1 月 –10 月，全国风电新增装机 1541 万千瓦，同比增长 27%。截至 10 月底，全国风电累计并网容量达到 1.99 亿千瓦。截至 11 月底，中国风电累计并网容量已超过 2 亿千瓦。目前，我国已成为全球光伏发电的第一生产大国。对于我国新能源来讲，不但要保持价格优势，还应培养质量、产业链优势。

环境经济政策是指按照市场经济规律的要求，运用价格、税收、财政、信贷、收费、保险等经济手段，调节或影响市场主体行为，以实现经济建设与环境保护协调发展的政策手段。环境经济政策以内化环境成本为原则，对各类市场主体进行基于环境资源利益的调整，从而建立保护和可持续利用资源环境的激励和约束机制。与传统的行政手段“外部约束”相比，环境经济政策是一种“内在约束”力量，具有促进环保技术创新、增强市场竞争力、降低环境治理与行政监控成本等优点。

环境经济政策体系之所以重要，是因为它是国际社会迄今为止，解决环境问题最有效、最能形成长期制度的办法。我们认为，在不久的将来会推出环境税，碳税的征收也将指日可待，它不仅能深化能源资源领域价格，推进财税体制改革，也能转变经济增长模式，从而提高资源利用效率，促进清洁能源的开发和追求绿色 GDP，更为重要的是能实现节能减排的预期目标，为地球重现碧水蓝天做贡献。

二、建筑是低碳发展的重要领域

从全世界来看，欧盟、美国、日本都已将建筑业列入低碳发展、绿色经济的重点。统计数据表明，世界上 40% 的二氧化碳排放量是由建筑能耗引起的。美国动员法国、英国、德国等国家倡议成立了可持续建筑联盟；英国政府发布了节约低能耗低碳资源的建筑，要在 2050 年实现零碳排放，通过设计绿色节能建筑，强调采用整体系统的设计方法，即从建筑选址、建筑形态、保温隔热、窗户节能、系统节能与照明控制等方面，整体考虑建筑设计方案；法国提出了环保倡议的环境政策，为解决环境问题和促进可持续发展建立了一个长期政策。环保倡议的核心是强调建筑节能的重要性和潜力，以可再生能源的利用和绿色建筑为主导，为建筑业在降低能源消耗、提高可再生能源应用、控制噪声和室内空气质量方面制定了宏伟目标，即所有新建建筑在2012年前能耗不高于50 kWh/（m² –a），2020年前既有建筑能耗降低38%，2020年前可再生能源在总的能源消耗中比例上升到23%。德国实行新的建筑节能规范，其核心新思想是控制城乡建筑围护结构，如外墙、外窗等，从而使建筑围护结构的最低隔热保温对建筑物能耗量达到严格有效的控制。

我国全世界承诺，到2020年国内单位生产总值所排放的二氧化碳要比2005年下降40% ~ 45%，这个要求是相当高的。自20世纪90年代以来，我国颁布了一系列重要的建筑节能政策，明确提出了建筑节能要首先抓居住建筑，其次抓公共建筑（从空调旅游宾馆开始），然后是工业建筑；要从新建建筑开始，接着是既有建筑和危旧建筑的改造；要从北方采暖区开始，然后发展到中部夏热冬冷区，并扩展到南方炎热区；要从几个工作基础较好的城市开始，再发展到一般城市和城镇，然后逐步扩展到广大农村。更为重要的是，政府主管部门认识到供热计量对实现北方地区建筑节能的重要性，提出了对集中供暖的民用建筑设计安装热表及有关调节设备并按表计量收费的要求。近年来，《民用建筑节能条例》《公共机构节能条例》及有关建筑节能标准和政策的实施，将我国建筑节能工作提到了一个从未有过的高度，大大加速了我国建筑节能减排工作地发展。

第二节　绿色建筑理念

一、绿色建筑的内涵和特点

（一）绿色建筑的内涵

绿色建筑遵循可持续发展原则，体现绿色理念，其内涵体现在4个方面。

1. 全寿命期

主要强调建筑对资源和环境的影响在时间上的意义，关注的是建筑从最初的规划设计到后来的施工建设、运营管理及最终拆除回收的建筑全寿命期。

2. 最大限度地节约资源、保护环境和减少污染

资源的节约和材料的循环使用是关键，力争减少二氧化碳排放。

3. 满足建筑根本的功能需求

满足人们使用上的要求，为人们提供“健康”“适用”和“高效”的使用空间。

4. 与自然和谐共生

发展绿色建筑的最终目的是要实现人、建筑与自然的协调统一，这是绿色建筑的价值理想。绿色建筑发展过程中必须强调全寿命期的设计理念、因地制宜的原则，并强调经济效益、社会效益和环境效益的统一。

（二）绿色建筑的特点

与普通建筑相比，绿色建筑具有以下 4 个特点。

1. 追求全寿命期经济效益

绿色建筑的建造是一种经济活动，其中蕴涵着巨大的经济价值。绿色建筑的建造是以建筑全寿命期成本效益为原则，对绿色建筑全寿命期各阶段增量成本进行有效控制，坚持适度原则选择绿色建筑技术，关注所采取措施的长期效益。绿色建筑具有明显的环境效益和社会效益，但因初始建造成本较高，投资回收期长，通常不被投资者看好。如果能基于全寿命期综合考虑绿色建筑的价值，即充分考虑绿色建筑在使用过程中运行、维护费用的降低，居住舒适性、健康性的提高，则其具有可观的经济性。

2. 节约资源，保护环境

绿色建筑要求尽可能节约资源、保护环境、循环利用、降低污染。绿色建筑强调在建造和使用建筑物的全过程中，最大限度地节约资源、保护环境和减少污染，将因人类对建筑物的建造和使用活动所造成的对地球资源与环境的负荷和影响降到最低限度和生态的再造能力范围之内。绿色建筑的这种节约资源、保护环境的特性贯穿于建筑规划设计、施工和建成后使用等全寿命期各个阶段。

3. 拥有良好的室内外环境

绿色建筑可以为人们提供舒适的生活环境，这不仅是由绿色建筑本身的特点决定的，还与绿色建筑的配套设施有关。绿色建筑提供的舒适环境，不仅包括建筑物的内部环境，还包括建筑物以外的环境。绿色建筑的外环境是指遵循绿色设计原则，进行科学的整体设计，将植被、采光、通风、清洁能源、低碳围护结构、污水处理、绿色建材和各种绿色建筑技术等应用于建筑设计，从而使得绿色建筑设计合理、资源利用率高、节能效果好、居住舒适、建筑物功能灵活多变、废弃物排放较少等。

4. 应用大量的先进技术

绿色建筑的设计和施工应从场地环境、环境影响、能源消耗、水资源消耗、建筑材料、室内环境质量等多方面着手，力求与周围环境的和谐，尽量少地破坏自然状态并力求恢复原有自然状态，充分利用可再生能源、节约材料消耗。这就需要加强新材料、新技术、新工艺、新设备的研发和应用。近年来，在“绿色”浪潮的推动下，许多先进技术都优先应用于绿色建筑，从而更加充实和丰富了绿色建筑的内涵和外延。如绿色建筑的空调，采用地源热泵技术，设备的监控管理采用计算机分布型管理系统；又如许多信息技术，在绿色建筑中得到广泛应用，其中有计算机网络技术、数字化技术、多媒体技术等。所有这些都体现了绿色建筑与当代科学技术接轨、与智能化系统相衔接，充分体现了绿色

建筑的综合性。

二、建筑产品的绿色化构筑与评价

（一）建筑产品的绿色化构筑

绿色建筑遵循“循环经济”理念，从“大量建设、大量消耗、大量废弃”的粗放建设模式到“高效益、高效率、低消耗、环保型”的绿色施工，将规划、设计、材料、施工、物业、弃物处置作为统一整体，将建筑能源开发、建筑材料开发、建筑水源开发、建筑用地开发与相应的消耗控制结合起来，将智能建筑、建筑垃圾转化利用列入绿色建筑范畴，实现人与自然的协调发展。这是当今人类社会研究建设和发展的重大课题。

绿色建筑与智能建筑既有相同点，又有相似点，还有不同点。二者核心内容相同，均为人们营造健康舒适的工作、生活环境。二者属性相似，均运用科技手段、先进技术。但二者目的不同，绿色建筑以追求天人合一的和谐环境为目的；智能建筑以追求高效节能为目的。高效节能是构建天人合一的和谐环境的基础，天人合一的和谐环境是高效节能的体现，因此，绿色建筑与智能建筑是相辅相成的。

建筑产品绿色化主要体现在以下几方面。

1. 建筑规划绿色化

建筑规划是建筑产品绿色化构筑的龙头。推进绿色建筑，必须抓住建筑规划绿色化这个龙头，充分认识建筑规划绿色化含义，了解建筑规划绿色化作用，掌握绿色建筑规划应遵循的原则，明确建筑规划绿色化编制要点，实施建筑规划绿色化管理，推进绿色建筑发展。

2. 建筑设计绿色化

建筑设计是建筑全寿命期中最重要的阶段之一，它主导了后续建筑中对环境的影响和资源消耗。要实现建筑设计绿色化，首先要深刻研究绿色建筑内涵、建筑设计绿色化的本质，明确建筑设计绿色化的基本原理及建筑设计绿色化的作用，为绿色建筑发展提供可靠依据。

3. 建筑材料绿色化

绿色建筑材料开发与应用研究是推进建筑产品绿色化的基础，必须深刻理解绿色建筑材料含义、绿色建筑材料效应，展望绿色建筑材料发展、绿色建材开发与应用技术、评价方法等。

4. 建筑施工绿色化

建筑施工绿色化是关于绿色建造过程符合绿色建筑要素的基本程序。建筑施工绿色化，研究的主要内容是正确定位建筑施工绿色化含义、建筑施工绿色化作用、建筑施工绿色化管理、建筑施工绿色化评价等，从而推进绿色建筑健康发展。

5. 物业管理绿色化

首届国际绿色建筑会议提出绿色建筑学说，物业管理绿色化是绿色建筑的一个重要组成部分，属世界性前瞻课题，也是当今世界各国建筑物业管理人员所追求的热门课题。绿色物业管理的基本要素特点主要是满足绿色建筑基本要素特点，包括三个方面：一是保护环境、减少污染，这是物业管理的重要任务；二是节约资源；三是提供健康舒适的居住环境。

（二）建筑能源开发与耗用控制

建筑是能源耗用的重点，实施对建筑能源开发与耗用控制的意义十分重大，需要深入研究建筑能源开发与耗用的基本含义，充分认识建筑能源开发与耗用控制的作用，掌握建筑能源开发的基本途径和建筑能源耗用控制的基本技术及推进建筑能源开发与耗用控制的主要措施，从而更好地推进建筑能源开发与耗用控制进程，实现建筑产品绿色化。

建筑产品从规划编制、建筑设计、建筑材料生产、建筑工程施工到建筑产品使用均要耗用能源，因此，需要重点研究建筑产品建造和使用过程中的新能源开发利用和常规能源耗用控制。

建筑能源开发与耗用控制是我国发展经济的重要组成部分，经济增长和城镇化建设与能源消耗和供应矛盾越来越突出，常规能源节约、新能源开发、再生能源利用是未来资源发展的一项战略方针，建筑节能是实施绿色建筑的重要环节，只有真正做到建筑节能，才能更好地实现绿色建筑，保持经济发展的可持续性。

（三）绿色建筑评定

绿色建筑评定是对建筑产品生产和使用全过程绿色要素的综合评价。绿色建筑包括三要素：一是保护环境，减少污染；二是节约资源；三是提供健康舒适空间。因此，绿色建筑的评价包括三大要素：一是对建筑物环境污染程度的评价，简称环评，分为室外环境评价和室内环境评价。二是资源节约评价，简称为“四节”评价即①节能，包括电、油、燃气等常规能源节约的评价；自然能源利用，如太阳能、沼气能、地能、风能、水能、垃圾能等的评价。②节地，即节约用地评价。③节材，特别是对不可再生材料的节约、再生资源材料的利用和绿色材料（环保材料）利用的评价。④节水，现有水节约、自然水利用、污水回收处理的评价。三是人性化的空间评价，主要是对满足人们需求情况和生活的评价。绿色建筑要为人们提供健康、适用、高效的使用空间，因此，要对采光度、自然温湿度、调控能力、空气变化频率等进行评价。

第三节　生态建筑理念

一、生态建筑学的研究对象及其独特性

（一）生态建筑学的研究对象

生态建筑学研究的是符合生态系统中建筑的理论和实践，其研究对象是建筑与相关的各级人工生态系统及其关系，试图谋求二者的协调统一。

生态建筑学认为，人类的外在环境已不再是过去的自然生态系统，它是一种复合人工生态系统，由三个子系统构成，即自然—社会—经济复合系统。生态建筑学运用生态学的知识和原理，结合这一复合生态系统的特点和属性，探讨合理规划设计人工环境，创造整体有序、协调共生的良性生态环境，为人类的生存和发展提供美好的环境。简言之，生态建筑学研究的就是建筑活动与自然—社会—经济复合系统关联的理论和实践。

（二）生态建筑学的独特性

生态建筑学的独特性首先表现在其知识源泉上。它试图结合生态学与建筑学的知识和经验、思想和方法来形成新的学科。生态建筑学的独特性还表现在其方法上，这种方法按照康德的说法去理解，既是一种综合判断，表示学科的知识内容得到了扩展，也是一种分析判断，表示学科的知识内容得到了新的诠释。因此，生态建筑学并不只是泛泛而论的所谓“生态视野中的建筑学”，也不只是简而化之的“生态建筑”或“建筑生态”，因为“生态建筑”只是其研究中的一个分支，而且迄今没有确切含义，而“建筑生态”同样也只是生态建筑学研究中的一个维度和侧面，无法充分地表达生态建筑学所蕴有的内涵。

此外，“生态建筑学”与目前流行的“绿色建筑学”“可持续建筑学”也有所不同。主要的区别在于后两者的名称主要是社会思潮在建筑学中的直接延伸。从目前看，“生态建筑学”与“绿色建筑学”及“可持续建筑学”的研究大同小异，但是从长远看，具有严实的理论基础将使它们产生分化。“生态建筑学”与“进化建筑学”“有机建筑学”“仿生建筑学”之间也存在着不尽相同的地方。从广义角度而言，后三者正是生态建筑学中的不同组成部分，因为“进化”“有机”“仿生”本身就是生态学研究中重要而有争议的观点。

二、生态建筑实践

（一）生态建筑设计

建筑师和规划人员重视生态环境，提倡创作要对社会负责，生态设计思想也并不是

一种全新的观念，迄今为止已取得一系列阶段性成果，从近代的“自然生态保护”，20世纪60年代的“自维持”和“减少污染”，70年代的“可再生能源”“节能”或“回收利用”，80年代的“全球环保”和“智能建筑”，90年代早期的“建材内含能量”和“全寿命期分析”，直至当代的生态问题还包括人类心理、文化多元性及解决贫困等更深层次的内容。由此可见，生态建筑设计的内涵和外延正日趋扩大，并试图协调人与建筑、人与自然、人与生物及人与人之间各方面的关系。生态建筑设计应遵循以下4原则。

1. 经济高效原则

经济高效原则即指高效利用空间资源，力求建筑低成本和低能耗，概括起来包含两方面内容：节约化和集约化。

为应对人口激增、资源衰减的形势，在所有人类活动领域内采取节约和有效利用资源的措施十分必要。建筑环境是人类活动对资源影响最为显著的领域之一，世界上约1/6的净水供应给建筑，建筑业要消耗全球40%的材料和近50%的能量，在美国，建筑生产、运行就占据了约50%的国家财富。作为资源消耗大户的建筑业采取节约高效措施是全球资源节约的重要一环，也符合生态设计经济目标的要求。

2. 环境优先原则

尊重自然是生态建筑设计的基本准则。建筑师要调整自己的心态，以谦逊的姿态处理自己作品与环境的关系。生态设计的环境优先原则从实际操作层面来看，包含两方面内容：人工环境的因地制宜和减少外部资源输入。

3. 健康无害原则

健康无害是生态建设另一重要原则，其关注的范围已经突破以人的需求为基准的传统模式，还包括了对地球生态、场地环境生态质量的考虑。

4. 多元共存原则

该原则主要反映生态设计的文化观。生态建筑作为实现可持续发展的具体措施之一，有责任为延续地方文化、实现全球文化多样性做贡献。其手段包括：传统街区、乡土聚落特色的保护和继承；适宜的传统和地方建造技术的延续；利用地方建材表达地区特色；吸引当地居民参与设计、建设；创造多样化的人口结构、生活方式，保持社区活力等。

生态设计并不是很新的思维，从人们认识南向开窗获得舒适温度开始就已存在。真正让人们感到有新意的是将这种“绿色方式”作为一个整体运用到设计中去，考虑如何建造一个有利于维持与自然平衡关系的建筑。尽管我们周围的许多建筑都包含生态化特征，却很少有建筑真正从整体观念去把握它。

受社会、经济、政治、宗教、价值观及技术发展水平诸方面因素影响，世界各地建筑师目前在探寻建筑生态化道路中所选择的方法不尽相同，严格意义上讲，其中多数作品并不能称作生态建筑，只是从不同侧面和不同手段出发考虑了相应的生态对策。到底什么样的建筑才算作生态建筑，迄今为止，国际上并无统一标准，较为客观的看法是，

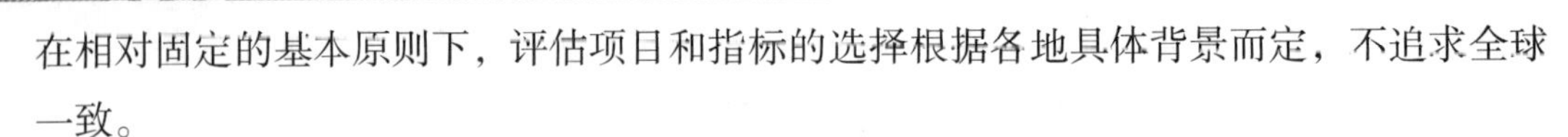

在相对固定的基本原则下，评估项目和指标的选择根据各地具体背景而定，不追求全球一致。

以上 4 项生态建筑设计原则，在实际工作中应视作一个整体考虑，直接的表现就是技术合成。建筑设计的思路和措施起码在以上原则的某方面或某几方面有所反映，而其他方面又无重大缺陷，才有可能产生生态建筑。同时，为有效推广这一营建方式，可以像智能建筑和住宅性能评估那样进行分级，如根据建设目标、技术状况、资金条件等设立基本型或提高型标准，鼓励分阶段渐进式发展。

（二）生态建筑技术

生态技术成果的重要价值是为人们从事生态建筑的营造和生态技术的应用提供了一个科学坐标和判断标准。目前，在有关生态建筑的理论研究与实践中存在的最大问题就是对生态建筑缺乏正确的认识和评判标准。人们常常将使用了一些绿色建材的建筑称为“生态建筑”，或者将采用了某种保温隔热措施的建筑以及利用太阳能（光电池发电或热水器）技术的建筑称为“生态建筑”，造成这些认识性错误的原因就是对生态建筑概念缺乏科学界定。生态建筑既然是一门系统性科学，对其理解和判断就必须要用系统化方法。根据生态建筑的系统框架，判断建筑物是否为“生态型”的核心应是建筑物是否经过物流、能流、信息流这 3 个生态子系统的技术整合，是否将人的需求、自然与气候条件、社会经济与技术条件纳入生态建筑技术设计中，所采用的技术方法是否坚持了“技术整合原则”和“适宜技术原则”，具体如：①生态建筑技术是保障可持续发展的重要手段；②生态建筑技术应考虑因地制宜的适用技术；③生态建筑技术应不断创新，朝着科学化与绿色建筑的标准迈进。

只有建立科学的生态建筑观念，运用各种正确的生态建筑技术手段，才能够创造出优秀的生态建筑作品，实现社会可持续发展和保护环境的目标，为我们的子孙后代留下一个美丽地球。

（三）生态建筑学的拓展——建筑仿生学

建筑仿生是一个老课题，也是一种最新的科研趋向，它越来越引起人们的注意，因为人类文化从蒙昧时代进入文明时代，就是在模仿自然和适应自然规律的基础上不断发展起来的，直到近现代时期，特别是飞机和潜水艇的发明也都是仿生的科研成果，人们从飞鸟和鱼类的特性中获得启发，取得了史无前例的新成就。建筑同样如此，古代从巢居、穴居到各类建筑的出现，无不留下了模仿自然的痕迹。但是，随着工业化的高速发展，人类的文明发生了异化，反过来破坏了自己的生存环境，也使自己的创作囿困于僵化的机器制品，束缚了创造性，这就是为什么在近几十年来人类开始重新重视仿生学的原因。

在建筑领域方面，仿生的倾向在近几十年来也在不断发展，其研究意义既是为了建

筑应用类比的方法从自然界中吸取灵感进行创新，也是为了与自然生态环境相协调，保持生态平衡。自然界是人类最好的老师，人们无时无刻不在从自然界中获得启发而进行有益的创造。仿生并不是单纯地模仿照抄，它是吸收动物、植物的生长机理及一切自然生态的规律，结合建筑的自身特点而适应新环境的一种创作方法，它无疑是最具有生命力的，也是可持续发展的保证。

总之，建筑仿生可以是多方面的，也可以是综合性的。如能成功应用仿生原理就可能创造出新颖和适应环境生态的建筑形式，同时仿生建筑学也暗示着人们必须遵循和注意许多自然界的规律，应该注意环境生态、经济效益与形式新颖的有机结合，仿生创新更需要学习和发挥新科技的特点，要做到这一点，建筑师必须善于应用类推的方法，从自然界中观察吸收一切有用的因素作为创作灵感，同时学习生物科学的机理并结合现代建筑技术来为建筑创新服务。建筑仿生学是新时代的一种潮流，今后也仍然会成为建筑创新的源泉和保证环境生态平衡的重要手段。

第四节　太阳能建筑应用理念

一、太阳能光电建筑应用趋势

太阳能光电建筑发展经历了从认识其重要意义和作用到形成推进其发展的政策方针；从技术研发到建立示范工程；从农村用电到市政设施；从单纯的光伏发电到与建筑围护结构形成有机结合等几个发展变化阶段。认识研究这些发展过程，将有助于我们更好地把握其发展方向。

（一）从认识到政策

认识是思想层面，政策是操作层面。太阳能作为可再生资源，既是清洁能源，也是节约能源，更是社会可持续发展的重要内容，战略意义重大。为了促进可再生能源的开发利用，改善能源结构，保障能源安全，国家出台了一系列法律、法规和技术政策，其中，最早的高技术研究计划，又称为“863 计划”；第 2 个称为“973 计划”；第 3 个是为了实施国家的能源战略计划，我国正式颁布《可再生能源法》；第 4 个是产业规划，包括上海的室外屋顶计划，北京的路灯计划，以及沙漠电站工程等。财政部与住房和城乡建设部连续下发了 3 个文件：首先，财政部下发了《财政部、住房城乡建设部关于加快推进太阳能光电建筑应用的实施意见》，明确了当前需要支持开展光电建筑应用和示范，实施太阳能屋顶计划的要求，以及相应的财政扶持政策；其次，财政部又下发了《财政部关于印发 < 太阳能光电建筑应用财政部补助资金管理试行办法 > 的通知》，明确了

具体的资金补助办法；最后，财政部办公厅与住房和城乡建设部办公厅共同下发《关于印发太阳能光电建筑应用示范项目申报指南的通知》。这3个文件的颁布和实施，在全国影响很大，震动很大，充分地调动了业主和建设单位的积极性，调动了太阳能光电工程企业的积极性，随着示范工程的增加，极大地推动了太阳能光电建筑的应用。

（二）从研发到示范

目前，太阳能光电建筑应用技术已经从研发进入示范推广，也就是说，太阳能光电建筑的推广已进入政策性实施阶段。现在，几乎所有大中型城市都开始建设各种各样的示范工程，“威海市民中心广场”就是光伏屋顶的示范工程、样板工程。

（三）从农村到城市

太阳能的开发利用最早开始于农村，特别是在山区，要送上电，需要建高压线，由于太长太远，没办法，就只能用太阳能发电。随着我国国民经济高速发展，大量不可再生能源被消耗的同时，也造成了环境的严重污染。为响应党中央、国务院节能减排的号召，各大城市都在大力推行太阳城计划、屋顶发电计划，城市的路灯照明、信号照明、大屏幕、广告等市政工程纷纷利用太阳能发电，如北京机场T3航站楼的路边，可以看到很多太阳能电池板，它就是通过转化光能为路灯提供电力。

（四）从附加到一体化

以前，我们将多晶硅、单晶硅、薄膜构件等太阳能光电材料附加到建筑物上，现在是将光伏发电和建筑围护结构融为一体即光电建筑一体化，可以说，出现了新型建筑结构，像钢结构、幕墙结构，现在将太阳能光电技术和建筑融合在一起，形成了这样的新型结构，形成了一个有机结合体。

（五）全球范围的竞争与合作

全球范围的竞争与合作是全世界经济社会发展的必然趋势，随着经济全球化和产业国际化的不断发展而更加深入。为了实现能源和环境的可持续发展，世界各国都将光伏发电作为发电的重点。目前，世界光伏发电市场主要在德国、日本、美国，这些国家走在了光伏发电领域的世界前列，这与政府政策引导、目标引导、财政补贴、税收优惠、出口鼓励等方面的作用是分不开的。

二、太阳能光电建筑应用的技术创新

由于起步较晚，我国对太阳能光电技术的研究和应用还不够成熟，与国外先进技术相比还有一定差距。但是，在这个新科技、新知识以幂指数上涨的知识爆炸时代，只要我们加强创新——原始创新、集成创新、引进消化吸收再创新，一定能够赶上和超过先行者的。

（一）光电技术与建筑结构技术一体化的集成创新

光伏发电技术和建筑结构技术是两种不同的技术，光伏构件有光伏构件的特点，建筑构件有建筑构件的特点，这两个技术如何有机结合，形成一个有机结合的整体，有不少技术难题需要思考和研究，这就要求我们创新第 2 代、第 3 代，力争做到光电技术与建筑结构技术一体化的集成创新。

（二）光电工程与建筑外维护结构的维护技术创新

光伏发电组件和建筑外维护结构结合后的维护是个大问题，现在用的硅片、硅胶技术、薄膜技术在20年左右，以后会发生衰减，衰减后怎么办？还有光电建筑的防雷电问题，如果雷电打在光电组件上，会出现什么结果？像北京的沙尘暴、大雾发生时，空气中的离子作用在多晶硅上，结果又会如何？硅胶本身有个衰减过程，需要及时更换，万一高层光电组件出现结构胶硬化，怎么处理？还有像中央电视台配楼着火，如果是光电建筑，光电多晶硅受火烤会是怎样，如何抵抗火灾？这些问题都是不容忽视的大问题，需要我们认真研究，加强技术研发。

（三）光电建筑应用领域的系列化研究创新

光电建筑一体化研究，是综合技术的研究，因为光电建筑本身涉及建筑产业链中的诸多技术，它们有机结合、紧密联系，其中包括材料技术、结构技术、光电构件技术。另外，过去钢结构主要用于标准厂房、标准中小学校用房及房地产开发，现在我们提出工业房地产开发，就是在某个集中地区搞工业标准厂房建设，钢结构也好、幕墙也好，都要号召大力推广太阳能光电建筑。

（四）光电建筑应用集约化制作和施工的工艺创新

建筑有半成品、成品材料制作过程，制作完成后要现场安装和施工，最终形成建筑物，现在，加上光电建筑材料、光电技术应用，新的问题就会出现，建筑工艺怎么办？如何进行集约化生产、安装（包括施工工艺、吊装技术）？以吊装技术为例，大跨度结构吊装，包括轻钢结构、空间结构，都不是简单的问题，还有整体吊装等，在建筑制作安装施工过程中，如何实现新型工业化生产、实现安装施工高效益、高效率？本身就是新课题，加上光电技术，更是新课题中的新课题，需要进行集约化研究施工工艺和施工工法，以适应光电建筑一体化的需要。

三、太阳能光电建筑应用的管理创新

（一）建立健全光电建筑应用法规及标准体系

光电建筑应用是21世纪出现的新技术，相应法规及标准体系还不完善，包括《建筑法》《建设工程质量管理条例》《建设工程安全生产管理条例》在内的一些法律、法规，过去在制定时均未考虑到光电建筑应用。为了更好地推广光电建筑应用，有必要逐步建立健全光电建筑应用法规及标准体系，促使光电建筑应用的市场秩序逐步规范，做到有法可依、执法必严、违法必究，使光电建筑应用标准成为建筑工程设计、施工及验收的依据。尽管我国经过多年的改革开放，市场经济发展状况良好，但是市场中仍存在种种混乱现象，不平等、不正当竞争依然存在，如果管理搞不好，法规及标准体系不健全，对新技术的应用、推广来说，依然会造成大的阻碍。

（二）建立健全光电建筑应用的监督检查和工程验收的技术经济政策

工程检查验收是非常关键的，在20世纪70年代的建筑验收就像老中医看病，采取传统的望、闻、问、切的土方法，而现在看病要扫描、要断层拍片等。在监督检查上，光靠仪表考量、光靠肉眼看质量好不好是不行的，要在监督上下功夫，尤其是在光电技术和建筑结构技术一体化后，如何进行检查，用什么仪器、什么方法、什么手段，都需要创新，如焊接，可以用探伤仪检查，那光电建筑的监督检查和验收用什么样的检查工具和方法？再如光电组件的使用寿命、发电量等，这些都需要我们去研究创新，以保证技术可靠性、工艺可靠性，保证材料寿命质量。

（三）鼓励表彰对光电建筑应用有突出贡献的人员和工程

近几年，党中央对建立创新型国家有贡献的科学家，给予表彰。在光电建筑应用领域，也要表彰有突出贡献的专家、企业，树立有影响力的品牌，要在我国树立新技术标杆、榜样，起到示范、推动作用。

（四）鼓励实施“走出去”战略及国际合作与交流

过去我们最早的光电产品，大部分销往国外，国内没有怎么应用，现在国内应用逐渐增多，当然，国外市场也不错，我国建筑业迟早是要走出去的，要鼓励建筑业及光电建筑应用技术、服务和工程建设走向世界市场。现在世界市场有了一批先驱者，也有了一定的经验和教训，即使在国际市场失败了，也是宝贵财富。我国应制定相应的国际合作战略，加强与国际同行间交流，将国外的先进技术引进来进行消化吸收再创新。

（五）开展光电建筑应用的管理和技术培训

光电技术要靠人做，要充分发挥产学研一体化的作用，要加强光电建筑应用能力的建设，要加强管理，做好相关技术的培训工作，提高技术成熟度，使我国的光电建筑一体化真正做到又好又快，向前发展。

第三章 采暖建筑节能设计

第一节 建筑布局

建筑布局与建筑节能也是密切相关的。影响建筑规划设计布局的主要气候因素有日照、风向、气温、雨雪等。在进行规划设计时，可通过建筑布局，形成优化微气候环境的良好界面，建立气候防护单元，对节能也是很有利的。设计组织气候防护单元，要充分根据规划地域的自然环境因素、气候特征、建筑物的功能等形成利于节能的区域空间，充分利用和争取日照，避免季风的干扰，组织内部气流，利用建筑的外界面，形成对冬季恶劣气候条件的有利防护，改善建筑的日照和风环境，达到节能的效果。

建筑群的布局可以从平面和空间两个方面考虑。一般的建筑组团平面布局有行列式、错列式、周边式、混合式、自由式。如图 3–1 所示。它们都有各自的特点。

1. 行列式

建筑物成排成行地布置。这种布置方式能够争取最好的建筑朝向，若注意保持建筑物间的日照间距，可使大多数居住房间得到良好的日照，并有利于自然通风，是目前广泛采用的一种布局方式。

2. 错列式

可以避免“风影效应”，同时利用山墙空间争取日照。

3. 周边式

建筑沿街道周边布置。这种布置方式虽然可以使街坊内空间集中开阔，但有相当多的居住房间得不到良好的日照，对自然通风也不利。所以这种布置方式仅适于严寒和部分寒冷地区。

4. 混合式

行列式和部分周边式的组合形式。这种布置方式可较好地组成一些气候防护单元，同时又有行列式日照通风的优点，在严寒和部分寒冷地区是一种较好的建筑群组团方式。

5. 自由式

当地形比较复杂时，密切结合地形构成自由变化的布置形式。这种布置方式可以充分利用地形特点，便于采用多种平面形式和高低层及长短不同的体型组合。可以避免互相遮挡阳光，对日照及自然通风有利，是最常见的一种组团布置形式。

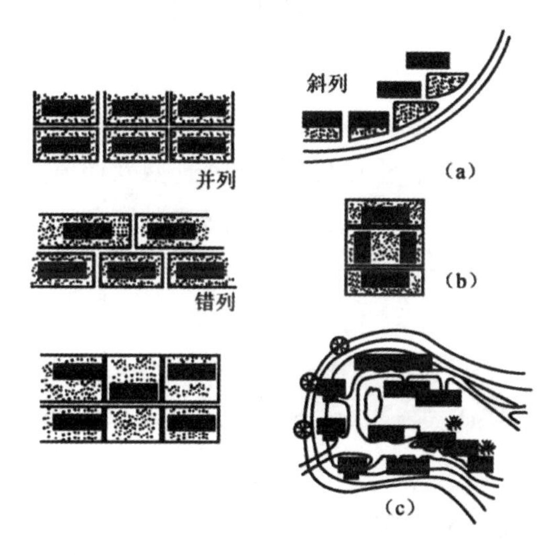

（a）行列式；（b）周边式；（c）自由式

图 3–1　建筑群平面布局形式

另外，规划布局中要注意点、条组合布置，将点式住宅布置在朝向好的位置，条状住宅布置在其后，有利于利用空隙争取日照，如图 3–2 所示。

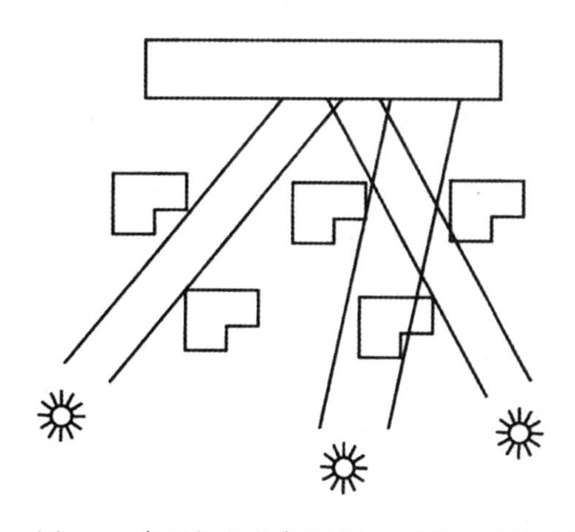

图 3–2　条形与点式建筑结合布置争取最佳日照

从空间方面考虑，在组合建筑群中，当一栋建筑远高于其他建筑时，它在迎风面上会受到沉重的下冲气流的冲击，如3-3（b）所示。另一种情况出现在若干栋建筑组合时，在迎冬季来风方向减少某一栋建筑，均能产生由于其间的空地带来的下冲气流，如3-3（c）。这些下冲气流与附近水平方向的气流形成高速风及涡流，从而加大风压，加大热损失。

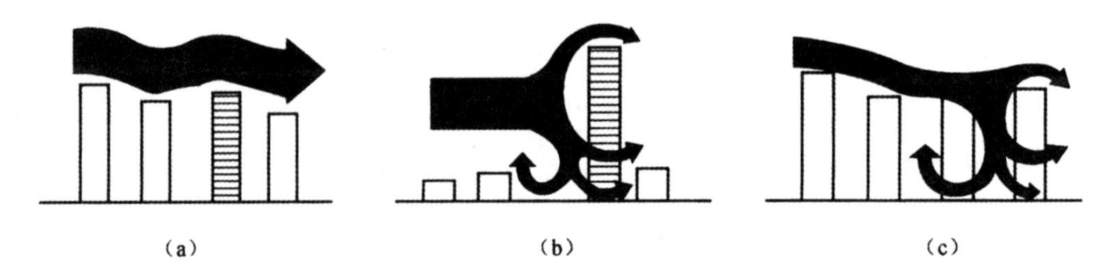

图3-3 建筑物组合产生的下冲气流

在我国南方及东南沿海地区，重点是考虑夏季防热及通风。建筑规划设计时应重视科学合理利用山谷风、水陆风、街巷风、林园风等自然资源，选择利于室内通风、改善室内热环境的建筑布局，从而降低空调能耗。

第二节 建筑体型

一、建筑物体形系数与节能的关系

建筑体型的变化直接影响建筑采暖、空调能耗的大小。所以建筑体型的设计，应尽可能利于节能，具体设计中通过控制建筑物体形系数达到减少建筑物能耗的目的。

建筑物体形系数（S）是指建筑物与室外大气接触的外表面积（S_0）（不包括地面、不采暖楼梯间隔墙和户门的面积）与其所包围的体积（V_0）的比值。即

$$S=\frac{F_0}{V_0}$$

建筑物体形系数的大小对建筑能耗的影响非常显著。体形系数越大，表明单位建筑空间所分担的受室外冷、热气候环境作用的外围护结构面积越大，采暖或空调能耗就越多。研究表明：建筑物体形系数每增加0.01，耗热量指标就增加2.5%左右。

二、最佳节能体型

建筑物作为一个整体，其最佳节能体型与室外空气温度、太阳辐射照度、风向、风速、围护结构构造及其热工特性等各方面因素有关。从理论上讲，当建筑物各朝向围护结构的平均有效传热系数不同时，对同样体积的建筑物，其各朝向围护结构的平均有效传热

系数与其面积的乘积都相等的体型是最佳节能体型（图 3–4），即

$$lh\overline{K}_{f3}=ld\overline{K}_{f1}=dh\overline{K}_{f2}$$

当建筑物各朝向围护结构的平均有效传热系数相同时，同样体积的建筑物，体形系数最小的体型，是最佳节能体型。

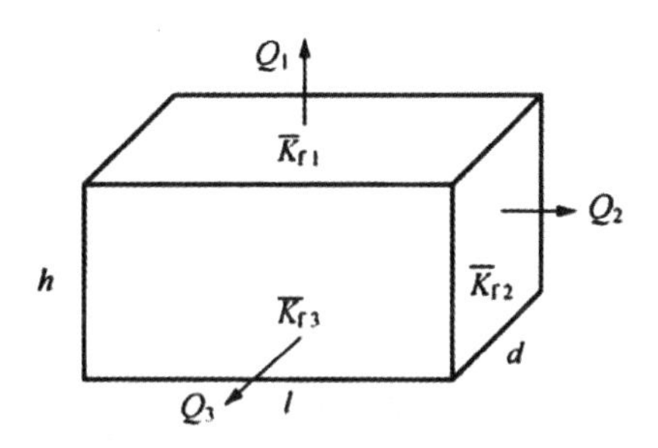

图 3–4　最佳节能体型计算

三、控制建筑物体形系数

建筑物体形系数常受多种因素影响，且人们的设计常追求建筑体型的变化，不满足仅采用简单的几何形体，所以详细讨论控制建筑物体形系数的途径是比较困难的。

提出控制建筑物体形系数的目的，是为了使特定体积的建筑物在冬季和夏季冷热作用下，从面积因素考虑，使建筑物外围护部分接受的冷、热量尽可能最少，从而减少建筑物的耗能量。一般来讲，可以采取以下几种方法控制或降低建筑物的体形系数。

（一）加大建筑体量

即加大建筑的基底面积，增加建筑物的长度和进深尺寸。多层住宅是建筑中常见的住宅形式，且基本上是以不同套型组合的单元式住宅。以套型为 115 ㎡、层高为 2.8 m 的 6 层单元式住宅为例计算（取进深为 10 m，建筑长度为 23 m）。

当为一个单元组合成一幢时，体形系数$S=\frac{F_0}{V_0}=\frac{1418}{4140}=0.34$

当为二个单元组合成一幢时，体形系数$S=\frac{F_0}{V_0}=\frac{2476}{8280}=0.30$

当为三个单元组合成一幢时，体形系数$S=\frac{F_0}{V_0}=\frac{3534}{12420}=0.29$

尤其是严寒、寒冷和部分夏热冬冷地区，建筑物的耗热量指标随体形系数的增加近乎直线上升。所以，低层和少单元住宅对节能不利，即体量较小的建筑物不利于节能。对于高层建筑，在建筑面积相近的条件下，高层塔式住宅耗热量指标比高层板式住宅高 10% ~ 14%。

在部分夏热冬冷和夏热冬暖地区，建筑物全年能耗主要是夏季的空调能耗。由于室内外的空气温差远不如严寒和寒冷地区大，且建筑物外围护结构存在白天得热、夜间散

热现象，所以，体形系数的变化对建筑空调能耗的影响比严寒和寒冷地区对建筑采暖能耗的影响小。

（二）外形变化尽可能减至最低限度

据此就要求建筑物在平面布局上外形不宜凹凸太多，体型不要太复杂，尽可能力求规整，以减少因凹凸太多造成外围护面积增大而提高建筑物体形系数，从而增大建筑物耗能量。

（三）合理提高建筑物层数

低层住宅对节能不利，体积较小的建筑物，其外围护结构的热损失要占建筑物总热损失的绝大部分。增加建筑物层数对减少建筑能耗有利，然而层数增加到 8 层以上后，层数的增加对建筑节能的作用趋于不明显。

第三节　建筑朝向

一、良好的建筑朝向利于建筑节能

建筑物的朝向对建筑节能有很大影响，这已是人们的共识。朝向是指建筑物正立面墙面的法线与正南方向间的夹角。朝向选择的原则是使建筑物冬季能获得尽可能多的日照，且主要房间避开冬季主导风向，同时考虑夏季尽量减少太阳辐射得热。如处于南北朝向的长条形建筑物，由于太阳高度角和方位角的变化，冬季获得的太阳辐射热较多，而且在建筑面积相同的情况下，主朝向面积越大，这种倾向越明显。此外，建筑物夏季可以减少太阳辐射得热，主要房间避免受东、西日晒。因此，从建筑节能的角度考虑，如总平面布置允许自由选择建筑物的形状、朝向时，则应首选长条形建筑体型，且采用南北朝向或接近南北朝向为好。

然而，在规划设计中，影响建筑体型、朝向方位的因素很多，如地理纬度、基址环境、局部气候及暴雨特征、建筑用地条件、道路组织、小区通风等，要达到既能满足冬季保温又可夏季防热的理想朝向有时是困难的，我们只能权衡各种影响因素之间的利弊轻重，选择出某一地区建筑的最佳朝向或较好朝向。

建筑朝向选择需要考虑以下几个方面的因素。

（1）冬季要有适量并具有一定质量的阳光射入室内；（2）炎热季节尽量减少太阳辐射通过窗口直射室内和建筑外墙面；（3）夏季应有良好的通风，冬季避免冷风侵袭；（4）充分利用地形并注意节约用地；（5）照顾居住建筑和其他公共建筑组合的需要。

二、朝向对建筑日照及接收太阳辐射量的影响

处于不同地区和冬夏气候条件下，同一朝向的居住和公共建筑在日照时数和日照面积上是不同的。由于冬季和夏季太阳方位角、高度角变化的幅度较大，各个朝向墙面所获得的日照时间、太阳辐射照度相差很大。因此，要对不同朝向墙面在不同季节的日照时数进行统计，求出日照时数的平均值，作为综合分析朝向的依据。分析室内日照条件和朝向的关系，应选择在最冷月有较长的日照时间和较大日照面积，以及最热月有较少的日照时间和较小的日照面积的朝向。

对于太阳辐射作用，在这里只考虑太阳直接辐射作用。设计参数依据一般选用最冷月和最热月的太阳累计辐射照度。图 3–5 为北京和上海地区太阳辐射量图。从图中可以看到北京地区冬季各朝向墙面上接收的太阳直接辐射热量以南向为最高 16529 kJ/（㎡·d），东南和西南向次之，东、西向则较少。而在北偏东或偏西 30° 朝向范围内，冬季接收不到太阳直射辐射热。在夏季北京地区以东、西向墙面接收的太阳直接辐射热最多，分别为 7184 kJ/（㎡·d）和 8829 kJ/（㎡·d）；南向次之，为 4990 kJ/（㎡·d）；北向最少，为 3031 kJ/（㎡·d）。由于太阳直接辐射照度一般是上午低、下午高，所以无论是冬季或是夏季，建筑墙面上所受太阳辐射量都是偏西比偏东的朝向稍高一些。

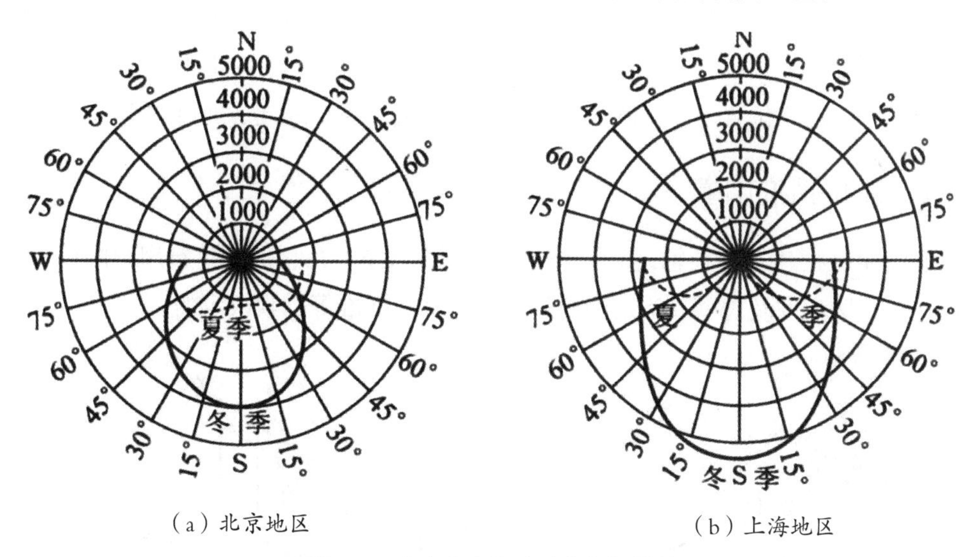

图 3–5　北京和上海地区太阳辐射量

太阳辐射中，紫外线所占比例是随太阳高度角增加而增加的，一般正午前后紫外线最多，日出及日落时段最少。所以在选定建筑朝向时要注意考虑居室所获得的紫外线量。这是基于室内卫生和利于人体健康的考虑。另外，还要考虑主导风向对建筑物冬季热损耗和夏季自然通风的影响。

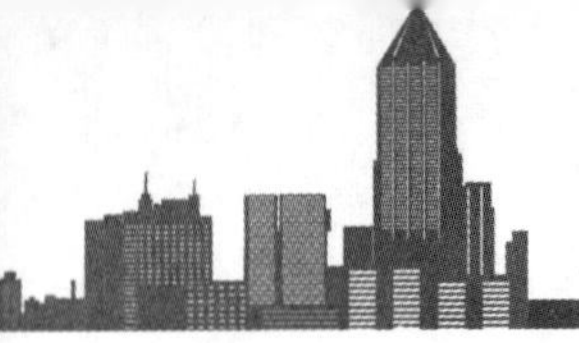

第四节　建筑间距

在确定好建筑朝向后，还应特别注意建筑物之间应有的合理间距，这样才能保证建筑物获得充足的日照。这个间距就是建筑物的日照间距。建筑规划设计时应结合建筑日照标准、建筑节能原则、节地原则，综合考虑各种因素来确定建筑日照间距。

居住建筑的日照标准一般由日照时间和日照质量来衡量。

日照时间：我国地处北半球温带地区，居住及公共建筑总希望在夏季能够避免较强日照，而冬季又希望能够获得充分的直接阳光照射，以满足室内卫生、建筑采光及辅助得热的需要。为了使居室能得到最低限度的日照，一般以底层居室窗台获得日照为标准。北半球太阳高度角全年的最小值是在冬至日。因此，确定居住建筑日照标准时通常将冬至日或大寒日定为日照标准日，每套住宅至少应有一个居住空间能获得日照，且日照标准应符合相关的规定。老年人住宅不应低于冬至日日照时数 2 h 的要求，旧区改建的项目内新建住宅日照标准可酌情降低，但不应低于大寒日日照时数 1h 的要求。

日照质量：居住建筑的日照质量是通过日照时间内，室内日照面积的累计而达到的。根据各地的具体测定，在日照时间内居室内每小时地面上阳光投射面积的累积来计算。日照面积对于北方居住建筑和公共建筑冬季提高室温有重要作用。所以，应有适宜的窗型、开窗面积、窗户位置等，这既是为保证日照质量，也是采光、通风的需要。

一、日照间距的计算

日照间距是指建筑物长轴之间的外墙距离（图 3-6），它是由建筑用地的地形、建筑朝向、建筑物高度及长度、当地的地理纬度及日照标准等因素决定的。

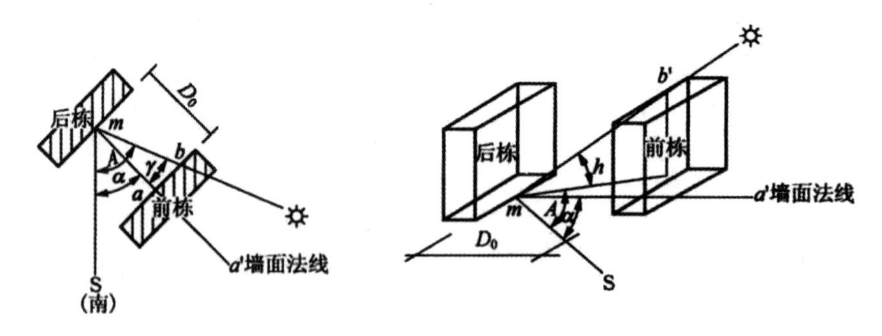

图 3-6　日照间距示意

在居住区规划中，如果已知前后两栋建筑的朝向及其外形尺寸，以及建筑所在地区的地理纬度，则可计算出为满足规定的日照时间所需的间距，计算点定于后栋建筑物底层窗台位置，建筑日照间距由下式确定：

$$D_0=H_0 \cot h \cos \gamma$$

式中：D_0——建筑所需日照间距，m；

H_0——前栋建筑计算高度（前栋建筑总标高减去后栋建筑第一层窗台标高），m；

h——太阳高度角，（°）；

γ——后栋建筑墙面法线与太阳方位角的夹角，（°），即太阳方位角与墙面方位角之差，写成计算式为

$$\gamma=A-\alpha$$

式中：A——太阳方位角，（°），以当地正午时为零，上午为负值，下午为正值；

α——墙面法线与正南方向所夹的角，（°），以南偏西为正，南偏东为负。

当建筑朝向正南时，$\alpha=0$，公式可写成

$$D_0=H_0 \cot h \cos A$$

二、日照间距与建筑布局

在居住区规划布局中，满足日照间距的要求常与提高建筑密度、节约用地存在一定矛盾。在规划设计中可采取一些灵活的布置方式，既满足建筑的日照要求，又可适当提高建筑密度。

首先，可适当调整建筑朝向，将朝向南北改为朝向南偏东或偏西 30° 的范围内，使日照时间偏于上午或偏于下午。研究结果表明，朝向在南偏东或偏西 15° 范围内对建筑冬季太阳辐射得热影响很小，朝向在南偏东或偏西 15° ~ 30° 范围内，建筑仍能获得较好的太阳辐射热，偏转角度超过 30° 则不利于日照。

此外，在居住区规划中，建筑群体错落排列，不仅有利于疏通内外交通和丰富空间景观，也有利于增加日照时间和改善日照质量。高层点式住宅采取这种布置方式，在充分保证采光日照条件下可大大缩小建筑物之间的间距，达到节约用地的目的。

在建筑规划设计中，还可以利用日照计算软件对日照时间、角度、间距进行较精确的计算。

第五节　建筑密度

在城市用地十分紧张的情况下，建造低密度的城市建筑群体是不现实的，因而研究建筑节能必须关注建筑密度问题。

按照“在保证节能效益的前提下提高建筑密度”的要求，提高建筑密度最直接、最有效的方法，莫过于适当缩短南墙面的日照时间。在 9 时至 15 时的太阳辐射量中，上午 10 时至下午 14 时的太阳辐射量占 80% 以上。因此，如果把南墙日照时间缩短为 10 时 ~ 14 时，则可大大缩小建筑间距，提高建筑密度。

除缩短南墙日照时间外，在建筑的单体设计中，采用退层处理、降低层高等方法，也可有效缩小建筑间距，对于提高建筑密度具有重要意义。

此外，尚需考虑建筑组群中公建设施占地问题。据有关资料显示，一般居住小区中的公建面积只占总建筑面积的 10% ~ 15%，而其占地却占总用地面积的 25% ~ 30%，与住宅用地相比，公建用地竟达住宅用地的 50% ~ 60%。这显然是不合理的。造成这种状况的原因，与公建往往以低层铺开、分散稀疏的方式布置有关。如改以集中、多层、多功能、利用临街底层等方式布置，则可节约许多土地。此时，如保持原建筑间距不变，则可增加总建筑面积，取得更好的开发效益；如保持原建筑密度不变，则可适当加大建筑间距，从而取得更好的节能效果。

第六节　采暖建筑节能设计

合理的建筑设计应以供暖或空调设备系统得以有效运行、降低能耗为前提。对于节能建筑，在进行建筑设计时，应该从与建筑节能关系密切的建筑平面设计与组合、窗墙比、建筑体型、建筑体量诸多方面进行考虑，设计出符合新节能标准要求的节能建筑。

一、节能建筑平面设计

（一）建筑平面形状与节能的关系

建筑设计时，原则上应使围护结构的总面积越小越好。设计时应注意使围护结构面积 A 与建筑体积 V 之比为最小。

（二）建筑长度与节能的关系

增加住宅建筑的长度可以节能。长度小于 100m，热耗增加较大。例如，从 100m 减至 50m，热耗增加 8% ~ 10%。从 100m 减至 25m，对于 5 层住宅，热耗增加 25%，对于 9 层住宅，热耗增加 17% ~ 21%。

（三）建筑宽度与节能的关系

对于 9 层住宅建筑，如宽度由 11m 增加到 14m，热耗可减少 6% ~ 7%；如增大到 15 ~ 16m，则热耗可减少 12% ~ 14%。

（四）建筑幢深与节能的关系

建筑幢深即建筑物沿纵向轴线方向的总尺寸。对于单幢建筑物来说，当其层数相同

而幢深不同时，随幢深的加大，建筑的传热耗热指标明显降低，具有显著的节能效果。幢深越大，耗热指标降低幅度越大。若较大体量的建筑配以较大的幢深，效果更好。

（五）建筑平面组合与节能的关系

建筑的平面布局不仅对建筑的合理使用及提高室内热舒适度有着决定性的影响，对于建筑节能尤其是冬季热耗量，也有很大的作用。

1. 热环境的合理分区

由于人们对不同房间的使用要求及在其中的活动状况各异，因而人们对不同房间室内热环境的需求也各不相同。在设计中，应根据这种对热环境的需求而合理分区，即将热环境质量要求相近的房间相对集中布置。这样做，既有利于对不同区域分别控制，又可将对热环境质量要求较低的房间集中设于平面中温度相对较低的区域，要求高的设于温度较高的区域，从而最大限度地利用日辐射，保持室内具有较高温度，同时减少供热能耗。

住宅的起居厅向南，可以充分利用自然能源，改善住宅室内的热环境，更能适应小康生活形势下人们对舒适的建筑热环境的日益迫切的需要。这对我国正在蓬勃发展的、量大面广的住宅建筑来讲，是一个直接有效的节能空间设计。

2. 温度阻尼区的设置

为了保证主要使用房间（或质量要求较高的热环境分区）的室内热环境，可在该热环境区与温度很低的室外空间之间，结合使用情况，设置各式各样的温度阻尼区（Buffer Zone）。这些阻尼区就像是一道“热闸”，不但可使房间外墙的传热损失减少40% ~ 50%，而且大大减少了房间的冷风渗透，从而减少了建筑的渗透热损失。设于南向的温度阻尼区常可当作附加日光间来使用，是冬季减少耗热的一个有效措施。

例如，封闭阳台使阳台空间成为一个阳光室。该空间介于室内与室外之间，具有中介效应。中介效应是指其成为室外和室内两者之间的缓冲区和过渡带，充当着中间协调者的角色，使自然界的冷热变化不会直接作用于居室内部，这样经过阳光室间接传递后的环境作用力大大降低了，从而改善了居室的热舒适环境。

阳台空间是住宅中的一个比较特殊的部位，也是最富有自然情趣的场所。利用它来改善居室的生活品质，创造人与自然的和谐环境，达到节约能源的目的。放低窗台的高度，形成大面积的玻璃窗，这样可以更多地利用太阳能和自然通风。甚至可以取消窗台，做成落地大玻璃，使空气流经居住者的高度，产生良好的通风致凉效果。阳光室和室内宜用玻璃移动门隔开，既起到分隔作用，又具有通透、开敞的效果。如果是跃层住宅，还可以将此空间扩大到两层的高度，使其具有更积极的环境控制作用。

（1）加强阳台空间的保温性能

为了加强阳台空间的保温性能，除了采用保温性能较好的双层或多层玻璃外，还可以设置保温窗帘。在夏天，白天用来遮挡直射阳光，减少热辐射，晚上拉开以利于凉气的引入；冬天则相反，白天拉开让太阳照射到室内，晚上则拉上形成厚厚的“棉被”，防止热量向外流失。某些特殊窗帘如热反射窗帘更能加强其冬季保温、夏季隔热的作用。

（2）增加阳台空间的储热容量

阳台空间的地板是最具有储热作用的部位，因此宜采用石材、地砖等铺装材料，这些材料较之于木地板具有更大的蓄热系数。在这一区域铺设鹅卵石也是一种非常好的蓄热体。

阳台空间的墙体是储存热量的好部位，这些墙体冬季可以充分接受太阳辐射，并将其热量的一部分传给房间，其余的热量加热阳光室。

在进行建筑物的外轮廓设计方案比较时，对不同体型的外轮廓的节能程度应有一大致的概念。如半球形的建筑外轮廓，其外围护结构面积值是最小的。因此，从节能的意义来说，也是最理想的。

对一般的建筑物来说，一个节能程度高的建筑物，应使其外形尽量规整一些，避免过高的层高。举例说，一个正方形的建筑平面，平屋顶，建筑物的总高度为建筑平面的边长的一半左右是比较合适的。

在考察围护结构对节能的影响时，除考虑围护结构总面积外，尚需考虑外墙（含窗）与屋顶保温性能之比。通常的办法，是计算屋顶传热系数与外墙和窗的加权平均传热系数之比。

（3）挖掘阳光室的造型和功能

多层住宅的底层或顶层单元可以充分挖掘阳光室的造型和功能。顶层的阳光室可以形成开敞的居室空间，具有良好的景观效果；底层的阳光室可部分延伸到院子里，既扩大了底层的生活空间，也不影响采光效果。阳光室的屋顶如果做成倾斜玻璃，集热效能将大大增加，但应保证其有足够的强度，以确保安全。

（4）增强节能意识，使阳台空间具有更加主动的调控性

人们如果能更主动地参与周围环境的调控，以适应外界的变化，对环境舒适性的主观满意度也会大大增加，使用者的主动参与，也是可持续建筑设计的重要方面。

二、节能建筑的立面与体型设计

（一）围护结构面积

（1）建筑物围护结构总面积与建筑面积之比 A_t/A_b。这一指标表征建筑物的长度和宽度以及立面的造型。围护结构总面积与建筑面积之比每变化 0.01，对于 5 层住宅，能耗增减 1.25% ~ 1.75%，对于 9 层住宅增减 1.5% ~ 2.0%。

（2）建筑物的外围护结构的面积与其体积之比，这一指标是衡量不同体型建筑物

的经济性的一个重要指标。在同样体积的条件下，建筑物的使用面积越大，则其每单位体积所消耗的热量越少。

（二）表面面积系数及变化规律

扣除得热面南墙面之外其他墙面的热损失称为建筑物的热净负荷。建筑物的热净负荷是与其面积大小成正比的。为此，我们引入“表面面积系数”的概念，即建筑物其他外表面面积之和 A_1（单位㎡）与南墙面面积 A_2（单位㎡）之比，这一比值，较之前述围护结构总面积与建筑总面积之比（A_t/A_b）这一指标，更能反映建筑体型对太阳能利用的影响。其中，地面面积按 30% 计入外表面面积。

可以用表面面积系数来比较建筑物的体型。表面面积系数越小，日照辐射和降低热耗越好。因此，我们也可以用表面面积系数来研究建筑体型对节能的影响。

节能意义上来说，长轴朝向东西的长方形体型最好，正方形次之，而长轴朝向南北方向的长方形体型的建筑的节能效果最差。

（三）窗的设计与节能

窗在建筑设计中是一个独特的构件。一方面，窗要阻挡外界环境变化对室内的侵袭；另一方面，窗是使人在室内能够与室外及大自然沟通的渠道，人们可以通过窗户得到光和热、新鲜空气，观赏室外景物，满足人们心理上的需求。由于窗户同时承担着隔绝与沟通室内外这两个互相矛盾的任务，因此对窗户进行处理的难度就比较大。

窗的热耗在建筑物的总耗热量中所占比例很大。因此，设法减少门窗的耗热是建筑节能的重要内容。

然而，窗并不仅仅是耗热构件，在有阳光照射时，太阳辐射热及天然光将进入室内。可见，将窗户设计成为得热构件也是可能的。

影响窗的热损失的主要因素是窗的传热系数、面积尺寸，其次是窗的朝向、遮挡状况、夜间保温和气密性等。下面分析这些因素与节能的关系。

1. 窗墙比、玻璃层数及朝向对节能的影响

以北京地区气象数据为准，室内温度按采暖计算温度 18℃计算，以 360mm 砖墙、单玻璃钢窗为基本条件，在改变窗面积、层数时计算出的节能率的变化。

设南向窗户为 2.7 ㎡、窗墙比为 0.26 时的节能率为 0，以此为基础，窗墙比增加时，单层窗节能率下降，而双层钢窗却上升，这说明南向双层窗的辐射得热量大于窗的耗热量而使南窗成为得热构件。采暖期的规律与 1 月份大致相同。东向和北向的单层窗节能率也随窗墙比增加而下降，此向用双层窗，窗墙比增加时节能率也略有增加。但三个不同朝向窗墙比增加时节能率变化的灵敏度不同，单层窗时，北向窗的节能率灵敏度大，东向次之，南向最小。双层窗时，南向窗的节能率灵敏度比北向要高，这是由于北窗只

接收散热辐射，采用双层窗时降低耗热与南向相同，但其口辐射得热却少得多的缘故。

还需要注意的是，窗户的日辐射得热还与住宅所在地的气象条件有关。同一时刻各地的太阳辐射强度不同，投射到窗口的日辐射热也不相同，以北京和长春两个城市中不同类型南向窗在冬季各月份净得热或失热量的曲线为例，在北京，冬季使用双层钢窗就可使室内的日辐射得热量大于窗的热耗失量，而在长春，即使采用双层窗也依然是耗热构件。

由上述分析可知，在进行窗的设计时，应根据地区的不同，选择层数不同的窗户构件，使其在本地区尽可能成为得热构件。在窗墙比的选择上，应区别不同朝向。对南向窗户，在选择合适层数及采取有效措施减少热耗的前提下可适当增加窗户面积，充分利用太阳辐射热；而对其他朝向的窗户，应在满足居室光环境质量要求的条件下适当减小开窗面积以降低热耗。

新标准将北向窗户的窗墙面积比由原来的 0.20 改变为 0.25，其主要原因是，原来的窗墙面积比 0.20，窗户面积约为 1.2m × l.4m。这样大小的窗户对于北向面积稍大一些的房间来说常嫌太小，实践中常被突破；此外，由于新标准中围护结构的保温水平已有较大幅度的提高，寒冷地区一般也将采用双玻窗，因此北向窗户稍稍开大些也是合理的。

2. 附加物对窗节能效果的影响

（1）窗的夜间保温对节能的影响

居室的窗帘通常是阻挡视线，保证室内私密性和丰富室内色彩的装饰品，实际上，保温窗帘和保温板对减少晚上和夜间窗的热耗起着重要的作用。

不论何种朝向，当夜间窗户的保温热绝缘系数由 0.156 ㎡·K/W 增加到 3 ㎡·K/W 时，窗户的节能率都随之增加；但是节能率的灵敏度在不同的热绝缘系数阶段也不相同，保温热绝缘系数从 0.156 ㎡·K/W 增至 1 ㎡·K/W 的灵敏度最高，大于 1 ㎡·K/W 以后，再增加夜间保温热绝缘系数则节能率增加有限；同时，三个朝向窗的临界热绝缘系数值有些差别。因此，窗在夜间应加设保温窗帘或保温板，窗的夜间保温热绝缘系数应选择在临界值附近，以取得较好的节能效果。

（2）窗外遮挡对节能的影响

住宅的阳台在冬季对窗接收太阳辐射有一定的遮挡，遮挡的程度取决于阳台的挑出长度，且遮挡的情况还与朝向有关。从南向阳台挑出长度与节能率的关系中看到，阳台挑出长度大于 0.5m 之后，节能率是下降的；而东西向阳台的挑出长度则对节能率影响不大。因此，在满足使用功能的前提下，适当减小南向阳台的挑出长度对节能有利，对其他方向的阳台则不必如此。

（3）窗的气密性与节能

窗的气密性的好坏对节能有很大的影响。窗的气密性差时，通过窗的缝隙渗透入室内的冷空气量加大，采暖热耗也随之增加。一般多层砖房因冷风渗透消耗的热量可达到

采暖耗热总量的 25% ~ 30%。因此，改善窗的气密性是十分必要的。

窗的气密性可用单位时间单位长度窗缝隙所渗透的空气体积表示。房间的气密程度采用换气次数表示。窗的气密性好，空气渗透量小，则房间的换气次数就比较少。

3. 不同气候区窗的设计

采暖期内的热耗与日辐射得热与建筑所在地区的气候条件有密切的关系。这是因为不同地区的太阳辐射强度不同，室外的采暖温度也不相同。在某些地区成为得热构件的窗户到另一地区就可能成为失热构件。例如，在北京地区和哈尔滨地区使用同样的南向窗户，计算出它们的节能率与窗墙比的变化关系。比较可以看到，使用单层钢窗时，哈尔滨地区的节能率随窗墙比的增加急剧下降，北京地区节能率虽也呈下降趋势，但比较平缓。若使用双层钢窗，哈尔滨地区的节能率仍随窗墙比增加而略有减小，而北京地区的节能率则与之相反呈上升趋势。这说明气候对窗的节能有很大的影响，在严寒地区不宜做单层窗，做双层窗能明显地减少热耗，但还需要采取增加夜间保温或改进窗的透过材料等措施才有可能使之成为得热构件。

此外，在窗户采取夜间保温措施时，不同地区节能率随窗户保温热绝缘系数增加而上升的幅度也不相同。严寒地区保温热绝缘系数的临界点比寒冷地区要大。设计窗户夜间保温时也应该注意到它们的区别。

（四）最低耗能体型的选择

所谓最低耗能体型，是指建筑的各面尺寸与其有效传热系数相对应的最佳节能体型。对于长、宽、高不同的各种立方体型建筑的最佳节能尺寸，英国 L.March 等人研究了应用各面外围护结构的平均有效传热系数来确定其与各面尺寸的关系，并得出：单位建筑面积耗热最小的体型条件应是建筑各向尺寸与各该向的平均有效传热系数之比相等，用公式表达为：

$$\frac{K_1}{H}=\frac{K_2}{L}=\frac{K_3}{W}$$

或写成：$WLK_1=WHK_2=HLK_3$

$$Q_1=Q_2=Q_3$$

在式中有效传热系数可以概括各地区和朝向的日辐射强度及构造本身传热系数的因素，使表达式比较简单明确，适合应用。

上述公式表明，最佳节能体型是以各面外围护结构传热特性的比例关系为准的，只有当建筑各面的有效传热系数相等，即 $K_1=K_2=K_3$ 时，则 $W=H=L$，即立方体建筑耗热最少，这时将只由体形系数判定耗热的多少，体形系数小的耗热少，也就是立方体为最佳体型。

在实际中，调节屋顶与外墙之间或东西墙与南北墙之间保温能力的比例关系，均可改变最佳体型尺寸。对朝南的建筑如加强北向墙及窗的保温，使其平均有效传热系数明

显低于东西向，则建筑的最佳幢深尺寸可相对减小，幢深小于 12m 即可接近节能尺寸。这样较容易做到设计合理，同时又减少单位面积热耗。

总之，当各面的平均有效传热系数不同时，传热系数相对较小且有较大面积的体型，是最佳体型；而当各面的平均传热系数相同时，体形系数最小的体型，是最佳体型。

三、节能建筑体量的选择

建筑体量对其单位建筑面积采暖耗热影响很大。体量加大与耗热指标减少之间呈一定的曲线关系，即随着体量增加，开始时耗热指标下降较快，到一定阶段后趋于平缓，在面积增加到一定阶段后再继续加大，则进一步节能的效果就不明显。“耗热指标”在这里是指建筑各外围护结构（墙、窗、屋顶、地面）的总传热耗热损失除以建筑面积所得出的单位面积耗热量，其单位以 W/ ㎡表示。

（一）适当增加总建筑面积

单幢建筑的总建筑面积越大，则单位建筑面积的传热耗热量越小。但这种因面积增加而产生的耗热量的下降是不均匀的，开始时较快，而当面积增加到一定限度后，再继续增加面积，节能效果就不明显了。

以体量（建筑总面积）从 1 000 ㎡增至 8 000 ㎡的耗热指标下降量为 100%，则其中 85% ~ 86% 是体量由 1 000 ㎡增至 4 000 ㎡所产生的，从 4 000 ㎡再增加至 8 000 ㎡，耗热指标只降低其余的 14% ~ 15%。在总下降量中又以建筑总面积从 1 000 ㎡增至 2 000 ㎡的节能效益最为明显，占总下降量的 57% ~ 58%。如以北京市按节能标准建造的 6 层住宅建筑为例，4 000 ㎡的建筑可比 1 000 ㎡建筑耗热指标减少 6.98W/ ㎡（幢深 10m 时）至 7.68W/ ㎡（幢深 11m 时），相当于节省了建筑总耗热量指标的 23.2% ~ 26%。而 8 000 ㎡的建筑只比 4 000 ㎡的建筑耗热指标减少 1.16W/ ㎡（幢深 10m）至 1.28W/ ㎡（幢深 11m），相当于节省总耗热量指标的 3.9% ~ 4%，显然前者效益显著而后者不明显。当然以 4 000 ㎡作为分界不是绝对的。耗热曲线的变化随层数等的不同其过渡阶段大致在 3 000 ~ 5 000 ㎡。从大量数据的分析中得出，在选择体量时，应避免采用建筑面积在 2 000 ㎡以下的小体量建筑，一般以建筑面积等于或大于 3 000 ~ 4 000 ㎡为宜。

（二）适当增加建筑层数

对于单幢建筑物来说，幢深越大、层数越多，体量加大所导致的节能效果越显著；尤其当幢深相同而层数不同时，随着层数的增加，由于体量加大而产生的节能效果是十分显著的。以幢深 12m 建筑为例，1 层时体量从 1 000 ㎡增至 8 000 ㎡，耗热指标只减少 1.62W/ ㎡，相当于减少 3.4%，而 6 层时这一耗热指标与 1 层相比就减少了 8.16W/ ㎡，相当于减少 27%。

因此，一般来说层数多、幢深大的建筑更应采用较大的体量。

（三）选择适当的长宽比

节能建筑应尽量增大南向得热面积。建筑的长宽比对于节能也有很大的影响。对正南朝向来说，往往要求幢深小，一般是长宽比越大得热也越多。但需注意的是，如建筑朝向偏离正南方向，随着朝向的变化，长宽比对日辐射得热的影响就逐渐减小。计算得出对正南朝向（0°）建筑长宽比为 5 ：1 时，其各向墙面的辐射总得热量为方形（长宽比为 1 ：1）的 1.87 倍。但随着朝向的改变，这个比例也就逐渐减小。至偏东或偏西 45° 时成为 1.562 倍。至偏东（西）67.5° 时，各种长宽比体型的得热已相差不多，至东西向时，正方形的得热还比长方形得热稍多。显然，由于各朝向日辐射得热的变化给最佳体型的选择增加了复杂性。

第四章
建筑围护结构节能技术

第一节　外墙节能技术

一、节能墙体系统构成

在冬季，为了保持室内温度，建筑物必须获得热量。建筑物的总得热量包括采暖设备的供热（占 70% ~ 75%）、太阳辐射得热（通过窗户和围护结构进入室内，占 15% ~ 20%）和建筑物内部得热（包括炊事、照明、家电和人体散热，占 8% ~ 12%）。这些热量再通过围护结构（包括外墙、屋顶和门窗等）的传热和空气渗透向外散失。建筑物的总失热包括围护结构的传热耗热量（占 70% ~ 80%）和通过门窗缝隙的空气渗透耗热量（占 20% ~ 30%）。当建筑物的总得热和总失热达到平衡时，室温得以保持。在夏季，建筑物内外温差较小，为了达到室内所要求的空气温度，室内空气必须通过降温处理。室内空调设备制冷量应等于围护结构的传热得热量和通过门窗缝隙的空气渗透得热量。因此，对于建筑物来说，节能的主要途径是：减少建筑物外表面积和加强围护结构保温，以减少冬季和夏季的传热量；提高门窗的气密性，以减少冬季空气渗透耗热量和夏季空气渗透得热量。在减少建筑物总失热或得热量的前提下，尽量利用太阳辐射得热和建筑物内部得热，最终达到节约能源的目的。从工程实践及经验中，改进建筑围护结构热工性能是建筑节能改造的关键，而提高围护结构热工性能的有效途径首推外墙保温技术。

近年来，在建筑保温技术不断发展的过程中，主要形成了外墙外保温和外墙内保温以及夹芯保温等三种技术形式。

（一）外墙内保温

外墙内保温是在外墙结构的内部加做保温层，在外墙内表面使用预制保温材料粘贴、拼接、抹面或直接做保温砂浆层，以达到保温目的。外墙内保温在我国应用时间较长，施工技术及检验标准比较完善。外墙内保温材料蓄热能力低，当室内采用间歇式的采暖或间歇式空调时，可以使室内温度较快调整到所需的温度，适用于冬季不是太冷地区建筑的保温隔热。

1. 主要外墙内保温体系

常见的外墙内保温体系包括以下几种形式：

（1）在外墙内侧粘贴块状保温板，如膨胀聚苯板（EPS 板）、挤塑聚苯板（XPS 板）、石墨改性聚苯板、热固改性聚苯板等，并在表面抹保护层，如聚合物水泥胶浆、粉刷石膏等；（2）在外墙内侧粘贴复合板（保温材料：EPS/XPS/ 石墨改性聚苯板等，复合面层：纸面石膏板、无石棉硅酸钙板、无石棉纤维水泥平板等）；（3）在外墙内侧安装轻钢龙骨固定保温材料（如：玻璃棉板、岩棉板、喷涂聚氨酯等）；（4）在外墙内侧抹浆料类保温材料（如：玻化微珠保温砂浆、胶粉聚苯颗粒等）；（5）现场喷涂类系统（如喷涂纤维保温系统、喷涂聚氨酯系统）。

2. 外墙内保温的优点

内保温在技术上较为简单、施工方便（无须搭建脚手架），对建筑物外墙垂直度要求不高，具有施工进度快、造价相对较低等优点，在工程中常被采用。

3. 外墙内保温的缺点

结构热桥的存在容易导致局部结露，从而造成墙面发霉、开裂。同时，由于外墙未做外保温，受到昼夜室内外温差变化幅度较大的影响，热胀冷缩现象特别明显，在这种反复变化的应力作用下，内保温体系始终处于不稳定的状态，极易发生空鼓和开裂现象。

（二）外墙外保温

外墙外保温是在主体墙结构外侧，在粘结材料的作用下固定一层保温材料，并在保温材料的外侧用玻璃纤维网加强并涂刷粘结浆料，从而达到保温隔热的效果。目前我国对外墙外保温技术的研究开发已较为成熟，外墙外保温技术可分为 EPS 板薄抹灰外墙外保温系统、胶粉 EPS 颗粒保温浆料外墙外保温系统、EPS 板现浇混凝土外墙外保温系统、EPS 钢丝网架板现浇混凝土外墙外保温系统、机械固定 EPS 钢丝网架板外墙外保温系统五大类。《硬泡聚氨酯保温防水工程技术规范》将硬泡聚氨酯外墙外保温工程纳入其中。近几年，外墙外保温技术发展迅速，岩棉外墙外保温系统、XPS 板外墙外保温系统、预制保温板外墙外保温系统、保温装饰一体化外墙外保温系统、夹芯外墙外保温系统等应运而生。外墙外保温技术不是几种材料的简单组合，而是一个有机结合的系统。外墙外保温技术体系融保温材料、粘结材料、耐碱玻纤网格布、抗裂材料、腻子、涂料、面砖等材料于一体，通过一定的技术工艺和做法集合而成。一般分为六层或七层，其中保温材料又可分为模塑聚苯板、挤塑聚苯板、聚氨酯等多种材料；粘结材料一般由胶粘剂、水泥、石英砂组成，按拌和方式分为双组分、单组分砂浆，按使用位置不同，按一定比例组合可成粘结砂浆、抗裂砂浆；面层根据需要，可以是涂料、面砖等；外墙外保温构造形式可分为薄抹灰外墙外保温系统、预制面层外墙外保温系统、有网现浇外墙外保温系统、无网现浇外墙外保温系统等多种形式，各种材料的组合形成不同的外墙外保温构造，外墙外保温系统的质量不仅仅取决于各种材料的质量，更取决于各种材料是否相互融合。

1. 主要墙体外保温体系

（1）膨胀聚苯板（EPS 板）薄抹灰外墙外保温系统

膨胀聚苯板（EPS 板）是以聚苯乙烯树脂为主要原料，经发泡剂发泡而成的、内部具有无数封闭微孔的材料。其特点是综合投资低、防寒隔热、热工性能高、吸水率低、保温性好、隔声性好、没有冷凝点、对建筑主体长期保护。但其燃点低、烟毒性高、防火性能差、自身强度不高。因其优势突出，近 2 年的市场中，许多保温材料生产厂家对 EPS 保温板进行技术改良，极大地提升了其防火性能。

膨胀聚苯板（EPS 板）薄抹灰外墙外保温系统主要由胶粘剂（粘结砂浆）、EPS 保温板（模塑聚苯乙烯泡沫塑料板）、抹面胶浆（抗裂砂浆）、耐碱网格布以及饰面材料（耐水腻子、涂料）构成，施工时可利用锚栓辅助固定。

EPS 板宽度不宜大于 1200mm，高度不宜大于 600mm。EPS 板薄抹灰系统的基层表面应清洁，无油污、脱模剂等妨碍粘结的附着物。凸起、空鼓和疏松部位应剔除并找平。找平层应与墙体粘结牢固，不得有脱层、空鼓、裂缝，面层不得有粉化、起皮、爆灰等现象。粘贴 EPS 板时，应将胶粘剂涂在 EPS 板背面，涂胶粘剂面积不得小于 EPS 板面积的 40%。EPS 板应按顺砌方式粘贴，竖缝应逐行错缝。EPS 板应粘贴牢固，不得有松动和空鼓现象。墙角处 EPS 板应交错互锁。门窗洞口四角处 EPS 板不得拼接，应采用整块 EPS 板切割，EPS 板接缝应离开角部至少 200mm。

（2）挤塑聚苯板（XPS 板）薄抹灰外墙外保温系统

作为膨胀聚苯板薄抹灰外墙外保温系统技术的延伸发展，近年来以 XPS 板（挤塑聚苯乙烯泡沫塑料板）作为保温层的 XPS 板薄抹灰外墙外保温系统，也在工程中得到了大量应用，并且在瓷砖饰面系统中用量较大。

挤塑聚苯板是以 XPS 板为保温材料，采用粘钉结合的方式将 XPS 板固定在墙体的外表面上，聚合物胶浆为保护层，以耐碱玻璃纤维网格布为增强层，外饰面为涂料或面

砖的外墙外保温系统。其特点是综合投资低、防寒隔热、热工性能略好于 EPS，保温效果好、隔声好、对建筑主体长期保护，可提高主体结构耐久性，避免墙体产生冷桥，防止发霉。缺点是燃点低，防火性能较差，需设置防火隔离带，施工工艺要求较高，一旦墙面发生渗漏水，难以修复，其透气性极差，烟毒性高。目前 XPS 板材在我国外墙外保温的市场份额逐渐增大，但将其应用于外墙外保温系统时，应当解决 XPS 板材的可粘结性、尺寸稳定性、透气性以及耐火性等。

对于 XPS 板薄抹灰外墙外保温系统的使用一定要有严格的质量控制措施，如严格控制陈化时间，严禁用再生料生产 XPS 板，XPS 板双面要喷刷界面剂等。

（3）胶粉聚苯颗粒保温浆料外墙外保温系统

胶粉聚苯颗粒保温浆料外墙外保温系统以及类似技术的无机保温浆料（如玻化微珠、膨胀珍珠岩、蛭石等）外墙外保温系统，以胶粉聚苯颗粒保温浆料或无机保温浆料作为保温层，可直接在基层墙体上施工，整体性好，无须胶粘剂粘贴，但基层墙体必须喷刷界面砂浆，以增加其粘结力。

胶粉聚苯颗粒保温浆料与无机保温浆料的燃烧性能要优于 EPS/XPS 板，防火性能好；不利之处是产品导热系数大，很难满足更高的节能要求。另外，浆料类保温材料吸水率高、干缩变形大，湿作业施工后浆料的各项技术指标与理论计算数据或实验室测得数据有较大差异。这种做法若达到计算保温层厚度的要求，施工遍数多、难度大、工期长、费用高，极易出现偷工减料的问题，严重影响工程质量和保温效果，难以达到建筑节能设计标准的要求。

（4）EPS 板现浇混凝土外墙外保温系统

以现浇混凝土外墙作为基层，EPS 板为保温层。EPS 板内表面（与现浇混凝土接触的表面）沿水平方向开有矩形齿槽，内、外表面均满涂界面砂浆。施工时将 EPS 板置于外模板内侧，并安装锚栓作为辅助固定件。浇灌混凝土后，墙体与 EPS 板及锚栓结合为一体。EPS 板表面抹抗裂砂浆薄抹面层，薄抹面层中满铺玻纤网，外表以涂料为饰面层。

无网现浇系统 EPS 板两面必须预先喷刷界面砂浆。锚栓每平方米宜设 2 ~ 3 个。水平抗裂分隔缝宜按楼层设置。垂直抗裂分隔缝宜按墙面面积设置，在板式建筑中不宜大于 30m^2，在塔式建筑中可视具体情况而定，宜留在阴角部位。应采用钢制大模板施工。混凝土一次浇筑高度不宜大于 1m，混凝土需振捣密实均匀，墙面及接茬处应光滑、平整。混凝土浇筑后，EPS 板表面局部不平整处宜抹胶粉 EPS 颗粒保温浆料修补和找平，修补和找平处厚度不得大于 10mm。

（5）EPS 钢丝网架板现浇混凝土外墙外保温系统

以现浇混凝土外墙作为基层，EPS 单面钢丝网架板置于外模板内侧，并安装钢筋作为辅助固定件。浇灌混凝土后，EPS 单面钢丝网架板挑头钢丝和妫钢筋与混凝土结合为一体。EPS 单面钢丝网架板表面抹掺外加剂的水泥砂浆形成抗裂砂浆厚抹面层，外表做饰面层。以涂料为饰面层时，应加抹玻纤网抗裂砂浆薄抹面层。

EPS 单面钢丝网架板每平方米斜插腹丝不得超过 200 根，斜插腹丝应为镀锌钢丝，板两面应预先喷刷界面砂浆。有网现浇系统 EPS 钢丝网架板厚度、每平方米腹丝数量和表面荷载值应通过试验确定。EPS 钢丝网架板构造设计和施工安装应考虑现浇混凝土侧压力影响，抹面层厚度应均匀，钢丝网应完全包覆于抹面层中。$\phi6$ 钢筋每平方米宜设 4 根，锚固深度不得小于 100mm。混凝土一次浇筑高度不宜大于 1m，混凝土需振捣密实均匀，墙面及接茬处应光滑、平整。

（6）机械固定 EPS 钢丝网架板外墙外保温系统

机械固定系统由机械固定装置、腹丝非穿透型 EPS 钢丝网架板（SB1 板）、抹掺外加剂的水泥砂浆形成的抗裂砂浆厚抹面层和饰面层构成。以涂料为饰面层时，应加抹玻纤网抗裂砂浆薄抹面层。机械固定系统不适用于加气混凝土和轻集料混凝土基层。

腹丝插入 EPS 板中深度不应小于 35mm，未穿透厚度不应小于 15mm。腹丝插入角度应保持一致，误差不应大于 3 度。板两面应预先喷刷界面砂浆。钢丝网与 EPS 板表面净距不应小于 10mm。

（7）喷涂硬泡聚氨酯外墙外保温系统

喷涂硬泡聚氨酯外墙外保温系统采用现场发泡、现场喷涂的方式，将硬泡聚氨酯（PU）喷于外墙外侧，一般由基层、防潮底漆层、现场喷涂硬泡聚氨酯保温层、专用聚氨酯界面剂层、抗裂砂浆层、饰面层构成。

其特点是防水保温一体化，连续喷涂无接缝，施工速度快；能够彻底解决墙体防水保温问题，性价比很高；聚氨酯是常用保温材料里热工性能最好的材料，其质量轻、保温效果好、隔声效果好、耐老化，对建筑主体有长期的保护，提高主体结构的耐久性。缺点是防火性能较差，大多数情况下根据相关规定及规范需设置防火隔离带，但聚氨酯是热固性材料，系统形成后系统的防火性能要远远优于 EPS（XPS）薄抹灰外墙外保温系统，系统构造措施合理时系统的防火等级可达到 A 级；现场喷涂，受气候条件影响较大，尤其在低温时系统的造价有显著的增加。

（8）保温装饰一体化外墙外保温系统

保温装饰一体化外墙外保温系统是近年来逐渐兴起的一种新的外墙外保温做法，它的核心技术特点，就是通过工厂预制成型等技术手段，将保温材料与面层保护材料（同时带有装饰效果）复合而成，具有保温和装饰双重功能。施工时可采用聚合物胶浆粘贴、聚合物胶浆粘贴与锚固件固定相结合、龙骨干挂 / 锚固等方法。

保温装饰一体化外墙外保温系统的产品构造形式多样：保温材料可是 XPS、EPS、PU 等有机泡沫保温材料，也可以是无机保温板。面层材料主要有天然石材（如大理石等）、彩色面砖、彩绘合金板、铝塑板、聚合物砂浆 + 涂料或真石漆、水泥纤维压力板（或硅钙板）+ 氟碳漆等。复合技术一般采用有机树脂胶粘贴加压成型，或聚氨酯直接发泡粘贴，

也有采用聚合物砂浆直接复合的。

保温装饰一体化外墙外保温系统具有采用工厂化标准状态下预制成型、产品质量易控制、产品种类多样、装饰效果丰富、可满足不同外墙的装饰要求，同时具有施工便利、工期短、工序简单、施工质量有保障等优点。

另外，保温装饰一体化外墙外保温系统多为块体、板体结构，现场施工时，存在嵌缝、勾缝等技术问题，嵌缝、勾缝材料与保温材料、面层保护材料的适应性以及嵌缝、勾缝材料本身的耐久性都是决定保温装饰一体化外墙外保温系统成败的关键。

（9）其他外墙外保温体系

1）岩棉板保温系统

以岩棉为主作为外墙外保温材料与混凝土浇筑一次成型或采用钢丝网架机械锚固件进行岩棉板锚固。岩棉是一种来自天然矿物、无毒无害的绿色产品，后经工业化高温熔炼成丝的产品。其防火性能好、耐久性好，尤其适用于防火等级要求高的建筑。目前岩棉在墙体保温应用中存在的主要问题是材料本身的强度小，施工性较差，特别是岩棉吸水、受潮后就会严重影响其保温效果，甚至出现墙体霉变、空鼓脱落现象，因此对施工的工艺要求较高。

2）酚醛板外墙外保温体系

所用主体材料酚醛板遇到明火会表面碳化，隔离热源，不产生有毒气体、不产生粉尘，并且在无明火状态下，酚醛板材不会自燃。此系统防寒隔热、热工性能高、保温效果好、耐久性好、隔声效果好，保温材料本身的防火等级为 B1 级，100m 高度内住宅建筑无须设置防火隔离带。主要缺点是酚醛板应用技术不够成熟、完善，且无相关规范及性能指标；综合造价较高。

3）泡沫玻璃保温系统

泡沫玻璃是由碎玻璃、发泡剂、改性添加剂等，经过细粉碎和均匀混合后，再经过高温熔化、发泡、退火制成。泡沫玻璃是一种性能优越、绝热防潮、防火保温的装饰材料，A 级不燃烧与建筑物同寿命。目前最大问题是成本极高，降低成本成为其推广应用的关键。

4）发泡陶瓷保温板保温系统

发泡陶瓷保温板是以陶土尾矿、陶瓷碎片、河道淤泥、掺加料等作为主要原料，采用先进的生产工艺和发泡技术经高温焙烧而成的高气孔率的闭孔陶瓷材料。产品适用于工业耐火保温、建筑外墙防火隔离带、建筑自保温冷热桥处理等场合。产品防火阻燃，变形系数小，抗老化，性能稳定，生态环保性好，与墙基层和抹面层相容性好，安全稳固性好，可与建筑物同寿命。更重要的是材料防火等级为 A1 级，克服了有机材料怕明火、易老化的致命弱点，填补了建筑无机防火保温材料的国内空白，但其保温性能欠缺，不能单独用于外墙保温使用。

2. 墙体外保温体系的优点

（1）提高主体结构的耐久性

采用外墙外保温时，内部的砖墙或混凝土墙将受到保护。室外气候不断变化引起墙体内部较大的温度变化发生在外保温层内，使内部的主体墙冬季温度提高，湿度降低，温度变化较为平缓，热应力减少，因而主体墙产生裂缝、变形、破损的危害大为减轻，寿命得以大大延长。大气破坏力如：雨、雪、冻、融、干、湿等对主体墙的影响也会大大减轻。事实证明，只要墙体和屋面保温材料选择适当，厚度合理，施工质量好，外保温可有效防止和减少墙体和屋面的温度变形，从而有效地提高主体结构的耐久性。

（2）改善人居环境的舒适度

在进行外保温后，由于内部的实体墙热容量大，室内能蓄存更多的热量，使诸如太阳辐射或间歇采暖造成的室内温度变化减缓，室温较为稳定，生活较为舒适；也使太阳辐射得热、人体散热、家用电器及炊事散热等因素产生的“自由热”得到较好的利用，有利于节能。而在夏季，外保温层能减少太阳辐射热的进入和室外高气温的综合影响，使外墙内表面温度和室内空气温度得以降低。可见，外墙外保温有利于使建筑冬暖夏凉。室内居民实际感受到的温度即为室内温度。而通过外保温提高外墙内表面温度使室内的空气温度有所降低，也能得到舒适的热环境。由此可见，在加强外墙外保温、保持室内热环境质量的前提下，适当降低室温，可以减少采暖负荷，节约能源。

（3）可以避免墙体产生热桥

外墙既要承重又要起保温作用，外墙厚度必然较厚。采用高效保温材料后，墙厚可以减薄。但如果采用内保温，主墙体越薄，保温层越厚，热桥的问题就越趋于严重。在寒冷的冬天，热桥不仅会造成额外的热损失，还可能使外墙内表面潮湿、结露、甚至发生霉变和淌水，而外保温则可以避免这种问题出现。由于外保温避免了热桥，在采用同样厚度的保温材料条件下，外保温要比内保温的热损失减少，从而节约了热能。

（4）可以减少墙体内部结露的可能性

外保温墙体的主体结构温度高，所以相应的饱和蒸汽压高，不易使墙体内部的水蒸气凝结成水，而内保温的情况正好相反，在主体结构与保温材料的交接处易产生结露现象，降低了保温效果，还会因冻融造成结构的破坏。

（5）优于内保温的其他功能

第一，采用内保温的墙面上难以吊挂物件，甚至设置窗帘盒、散热器都相当困难。在旧房改造时，存在使用户增加搬动家具、施工扰民、甚至临时搬迁等诸多麻烦，产生不必要的纠纷，还会因此减少使用面积，外保温则可以避免这些问题的发生。

第二，我国目前许多住户在入住新房时，先进行装修。而装修时，房屋内保温层往往遭到破坏。采用外保温则不存在这个问题。外保温有利于加快施工进度。如果采用内保温，房屋内部装修、安装暖气等作业，必须等待内保温做好后才能进行。但采用外保温，

则可与室内工程平行作业。

第三，外保温可以使建筑更美观，只要做好建筑的立面设计，建筑外貌会十分出色。特别在旧房改造时，外保温能使房屋面貌大为改观。

第四，外保温适用范围十分广泛。既适用于采暖建筑，又适用于空调建筑；既适用于民用建筑，又适用于工业建筑；既可用于新建建筑，又可用于既有建筑；既能在低层、多层建筑中应用，又能在中高层、高层建筑中应用；既适用于寒冷和严寒地区，又适用于夏热冬冷地区和夏热冬暖地区。

第五，外保温的综合经济效益很高。虽然外保温工程每平方米造价比内保温工程相对要高一些，但技术选择适当，单位面积造价高的并不多。特别是由于外保温比内保温增加了使用面积近 2%，实际上使单位使用面积造价得到降低。

3. 墙体外保温体系的缺点

由于外保温具有以上的优点，所以外墙外保温技术在许多国家得到长足发展。现在，在一些发达国家，往往有几十种外墙外保温体系争奇斗艳，使其保温效果越来越好，建筑质量日益提高。但是，外墙外保温结构的保温层与外界环境直接接触，没有主体结构的保护，这就产生了很多影响保温层的保温效果和寿命的问题，只有充分了解和掌握外墙外保温的这些薄弱环节，才能使外墙外保温的优点体现出来，从而促进外墙外保温技术的进一步发展。

（1）防火问题

尽管保温层处于外墙外侧，尽管采用了自熄性聚苯乙烯板，防火处理仍不容忽视。在房屋内部发生火灾时，大火仍然会从窗户洞口往外燃烧，波及窗口四周的聚苯保温层，如果没有相当严密的防护隔离措施，很可能会造成火灾灾害，火势在外保温层内蔓延，以至将整个保温层烧掉。

（2）抗风压问题

越是建筑高处，风力越大，特别是在背风面上产生的吸力，有可能将保温板吸落。因此，对保温层应有十分可靠的固定措施。要计算当地不同层高处的风压力，以及保温层固定后所能抵抗的负风压力，并按标准方法进行耐负风压检测，以确保在最大风荷载时保温层不致脱落。

（3）贴面砖脱落问题

所有的面砖粘结层必须能经受住多年风雨侵蚀、温度变化而始终保持牢固，否则个别面砖掉落伤人，后果将不堪设想。

（4）墙体外表面裂缝及墙体潮湿问题

外保温面层的裂缝是保温建筑的质量通病中的重症，防裂是墙体外保温体系要解决的关键技术之一，因为一旦保温层、保护层发生开裂，墙体保温性能就会发生很大的变化，非但满足不了设计的节能要求，甚至会危及墙体的安全。保温墙体裂缝的存在，降低了

墙体的质量，如整体性、保温性、耐久性和抗震性能。

（三）墙体自保温

外墙自保温是指墙体自身的材料具有节能阻热的功能，通过选择合适的保温材料和墙体厚度的调整即可达到节能保温的目的，常见的自保温材料有：蒸汽加压混凝土、页岩烧结空心砌块、陶粒自保温砌块、泡沫混凝土砌块、轻型钢丝网架聚苯板等。

1. 墙体自保温的优点

外墙自保温体系的优点是将围护结构和保温隔热功能结合，无须附加其他保温隔热材料，能满足建筑的节能标准，同时外墙自保温体系的构造简单、技术成熟、省工省料，与外墙其他保温系统相比，无论从价格还是技术复杂程度上都有明显的优势，建筑全寿命周期内的维护成本费用更低。

2. 墙体自保温的缺点

虽然外墙自保温体系具有许多优势，但就像其他的新兴技术一样，在其广泛应用之前都会存在一些细节问题，诸如自保温体系的设计标准、施工规程以及新型的自保温材料的开发和性能改进。

（四）墙体夹芯保温

外墙夹芯保温技术是将保温材料设置在外墙中间，有利于较好地发挥墙体本身对外界环境的防护作用，做法就是将墙体分为承重和保护部分，中间留一定的空隙，内填无机松散或块状保温材料如炉渣、膨胀珍珠岩等，也可不填材料做成空气层。对保温材料的材质要求不高，施工方便，但墙体较厚，减少使用面积。采用夹芯保温时，圈梁、构造柱由于一般是实心的，难以处理，极易产生热桥，保温材料的效能得不到充分发挥。由于填充保温材料的沉降、粉化等原因，内部易形成空气对流，也降低了保温效能。在非严寒地区，采用夹芯保温的外墙与传统墙体相比偏厚。因内外侧墙体之间需有连接件连接，构造较传统墙体复杂，施工相对比较困难。夹芯保温墙体的抗震性能比较差，建筑高度受到限制。因保温材料两侧的墙体存在很大的温度差，会引发内外墙体比较大的变形差，进而会使墙体多处发生裂缝及雨水渗漏，破坏建筑物主体结构。此种墙体有一定的保温性能，但其缺点也是非常明显的，其应用范围受到很大的约束。

（五）墙体内外组合保温

内外组合保温是指，在外保温操作方便的部位采用外保温，外保温操作不便的部位采用内保温。

内外组合保温从施工操作上看，能够有效提高施工速度，对外墙内保温不能保护到的热桥部分进行了有效的保护，使建筑物处于保温中。然而，外保温做法使墙体主要受

室温影响，产生的温差变形较小；内保温做法使墙体主要受室外温度影响，因而产生的温差变形也就较大。

采用内外保温结合的组合保温方式，容易使外墙的不同部位产生不同速度和尺寸的变形，使结构处于更加不稳定状态，经年温差必将引起结构变形、产生裂缝，从而缩短建筑物的寿命。因此，内外混合保温做法结构要谨慎采用。

二、自保温墙体

（一）自保温墙体

1. 墙体保温现状

目前建筑市场上主流的外墙保温做法有四种：外墙外保温、外墙内保温、夹芯墙、混凝土复合保温砌块砌体。

外墙外保温是在主体墙（钢筋混凝土、砌块等）外面粘挂 XPS（绝热用挤塑聚苯乙烯泡沫塑料）、EPS（绝热用模塑聚苯乙烯泡沫塑料）、岩棉、喷涂聚氨酯等导热系数低的高效保温材料，以减小墙体传热系数来满足要求。除了这几种外保温构造形式，还有 FS 外模板现浇混凝土复合保温技术（即免拆模外保温复合板技术）、EPS 单面钢丝网架现浇混凝土外保温体系、EPS 单面钢丝网架机械固定外保温体系等几种做法。

FS 外模板现浇混凝土复合保温系统（免拆模复合保温板技术）是以水泥基双面层复合保温板为永久性外模板，内侧浇筑混凝土，外侧抹抗裂砂浆保护层，通过连接件将双面层复合保温模板与混凝土牢固连接在一起而形成的保温结构体系。该体系属于现浇钢筋混凝土复合保温结构体系，适用于工业与民用建筑框架结构、剪力墙结构的外墙、柱、梁等现浇混凝土结构工程。所以，在外墙外保温体系中的梁柱、剪力墙部位，采用 FS 外模板现浇混凝土复合保温板技术。

EPS 单面钢丝网架现浇混凝土外保温体系是外保温开始起步时的几种做法之一，俗称大模内置保温板。EPS 单面钢丝网架保温板是在钢丝网架夹芯板（泰柏板）的基础上，结合剪力墙的支模浇筑体系研制而成。支模时置于现浇混凝土外模内侧，并以锚筋钩紧钢丝网片作为辅助固定措施，与钢筋混凝土外墙浇筑为一体。拆模后，在保温板上抹聚合物抗裂水泥砂浆做保护层，裹覆钢丝网片，表面做涂料或面砖饰层。该保温体系属于厚抹灰层。

外墙内保温是在主体墙（钢筋混凝土、砌块等）内侧敷设高效保温材料，形成复合外墙减小墙体传热系数来满足要求。我国刚开始推进建筑节能时，在外墙内部用双灰粉、保温砂浆等，就是典型的内保温形式。

夹芯墙是在墙体砌筑过程中采用内外两叶墙中间加绝热材料的构造做法，如东北地区用聚苯板建造夹芯墙，甘肃地区的太阳能建筑用岩棉建造夹芯墙等。

复合保温砌块砌体是新近发展迅速的一种构造，是用高热阻的夹芯复合砌块直接砌筑满足要求的外墙。

这几种做法各有特点：外墙外保温是现在提倡的主流做法，有消除热桥、增大使用面积、保护主体结构等优点，缺点是施工技术难度高、工序多、施工周期长，且近几年各地外墙外表面开裂、脱落的现象时有发生，所以其耐久性一直是困扰其发展的瓶颈。内保温的优点是施工方便、保温材料的使用环境好，不受紫外线、风雨、高温、冷冻等恶劣条件影响。缺点是不能阻断热桥、减小房屋使用面积、装修容易破坏保温层等。夹芯墙体的优点是保温隔热性能好、可阻断大部分热桥、与外保温相比造价低、墙面不易出现裂缝。缺点是施工难度大、砌筑质量要求高、工期长。

2. 墙体自保温与建筑工业化

已有的外墙保温体系归纳起来主要有以下 3 个主要问题：第一，建筑保温与结构不同寿命；第二，火灾隐患无法避免；第三，外保温通病无法克服。

有没有一种结构形式，既能够达到建筑要求，又能够与建筑同寿命，同时提高施工效率？这样的墙体自保温技术逐渐进入人们视野。按人们的预期，墙体自保温技术集成了节能、工业化等各种要素。

预制构件形式近年来得到大力发展，是新型建筑工业化的主要内容。发展新型建筑工业化才能更好地实现工程建设的专业化、协作化和集约化，这是工程建设实现社会化大生产的重要前提。

新型建筑工业化是实现绿色建造的工业化。绿色建造是指在工程建设的全过程中，最大限度地节约资源（节能、节地、节水、节材）、保护环境和减少污染，为人们建造健康、舒适的房屋。建筑业是实现绿色建造的主体，是国民经济支柱产业，全社会 50% 以上固定资产投资都要通过建筑业才能形成新的生产能力或使用价值。新型建筑工业化是城乡建设实现节能减排和资源节约的有效途径、是实现绿色建造的保证、是解决建筑行业发展模式粗放问题的必然选择。其主要特征具体体现在：通过标准化设计的优化，减少因设计不合理导致的材料、资源浪费；通过工厂化生产，减少现场手工湿作业带来的建筑垃圾、污水排放、固体废弃物弃置；通过装配化施工，减少噪声排放、现场扬尘、运输遗洒，提高施工质量和效率；通过采用信息化技术，依靠动态参数，实施定量、动态的施工管理，以最少的资源投入，达到高效、低耗和环保。绿色建造是系统工程、是建筑业整体素质的提升、是现代工业文明的主要标志。建筑工业化的绿色发展必须依靠技术支撑，必须将绿色建造的理念贯穿到工程建设的全过程。

概言之，新型建筑工业化是以构件预制化生产、装配式施工为生产方式，以设计标准化、构件部品化、施工机械化为特征，能够整合设计、生产、施工等整个产业链，实现建筑产品节能、环保、全生命周期价值最大化的可持续发展的新型建筑生产方式。

在此基础上，随着建筑节能政策和技术标准推进发展起来一种集结构和保温功能于

一体的围护结构形式——自保温墙体，根据荷载可分为称重结构体系和非承重的填充墙结构体系，根据施工顺序可分为预制构件体系和现场施工体系。住房和城乡建设部已经发布了关于自保温技术的行业标准和技术规程，比如《自保温混凝土复合砌块》和《自保温混凝土复合砌块墙体应用技术规程》，《自保温混凝土复合砌块》规定了填插砌块空心的XPS、EPS、聚苯乙烯颗粒保温浆料、泡沫混凝土等材料的技术要求。以及之前发布的《烧结保温砖和保温砌块》，自保温砌体结构用的保温砖和保温砌块的产品标准技术规程基本齐全。

夹芯混凝土砌块自保温墙体是一种实现外墙保温和围护两种功能的墙体，优点是不影响房屋使用面积、施工方便、工期短，与复合保温墙体相比造价低，并且保温材料在墙体内可以有效延长使用周期，是一种发展前景良好的建筑保温结构工法。

（二）自保温墙体热工性能

1. 自保温砌块形式

自保温砌块也有的称之为复合保温砌块、夹芯砌块等，就是中间加有高效保温隔热材料的砌块，顾名思义就是该材料可以达到围护和保温的双重目的。其保温隔热性能取决于3个要素：基材、孔型、夹芯材料。

目前混凝土砌块的基本材质有普通混凝土、泡沫混凝土、轻骨料混凝土等几种；其孔型有单排孔、2排孔、3排孔、4排孔等；空心填充材料有聚苯板、珍珠岩、泡沫混凝土、聚氨酯等。通常情况下，孔型可根据要求更换成型机模具来满足，夹芯材料基本上多用EPS，自保温墙体因为诸多优点，受到人们广泛的接受。但是其热性能并没有被准确理解，在应用过程中还存在一些认识上的误区。下面进行一组自保温砌块砌筑的自保温墙体传热系数计算，从中可以了解该类墙体的热工性能。

2. 夹芯砌块及砌体的传热性能

夹芯混凝土砌块及砌体是非均质材料，其传热性能以平均热阻或传热系数表示均可。按习惯用法，砌块的传热性能用热阻表示，砌体的传热性能用传热系数表示。夹芯砌块的热阻及砌体的传热系数计算的理论依据是《民用建筑热工设计规范》中复合结构的传热问题。

该砌块热阻和砌体的传热系数计算如下，并以此为例说明夹芯砌块及其砌体的自保温墙体传热特点。

（1）夹芯砌块的热阻

砌块的平均热阻按以下公式计算：

$$\overline{R}=\left[\frac{F_0}{\frac{F_1}{R_1}+\frac{F_2}{R_2}+\cdots\cdots+\frac{F_n}{R_n}}-(R_i+R_e)\right]\varphi$$

式中：$\overline{R}$——砌块平均热阻，$m^2 \cdot K/W$；

F_1、F_2……F_n——按平行于热流方向划分的各个传热面积，m^2；

R_1、R_2……R_n——各个传热面积部位的传热阻，$m^2 \cdot K/W$；

R_i——内表面换热阻；

R_e——外表面换热阻；

φ——修正系数。

其中 R_1、R_2……R_n 按单层均质材料考虑，其值由公式以下计算得出：

$$R=\frac{d}{\lambda}$$

式中：R——材料层的热阻，$m^2 \cdot K/W$；

d 材料层的厚度，m；

λ——材料的导热系数，W/（m・K）。

（2）夹芯砌体的传热系数计算

以上通过计算得到的是砌块的平均热阻。下面进一步计算用该砌块砌筑的砌体的传热性能。

砌块在实际使用时要砌筑成砌体。计算砌体的热阻、传热阻、传热系数时，要考虑砌筑砂浆的厚度和导热系数，以及抹面砂浆的厚度和导热系数。在这种情况下，需分步计算：

1）先计算砌体中砌块的面积和砌筑砂浆灰缝的面积；2）计算出砌筑砂浆灰缝的热阻（砌筑砂浆可按均质材料计算）；3）根据砌体中砌块和砌筑砂浆所占面积比例，按面积加权的方法计算出砌体主体部位的平均热阻；4）测量抹面砂浆的厚度，计算抹面砂浆的热阻；5）再按多层材料复合结构热阻计算公式，计算出砌体最终的热阻；6）将上面得到的砌体最终热阻代入以下公式，计算出砌体的传热阻和传热系数。

$$R_0=R_i+R+R_e$$

$$K=\frac{1}{R_0}=\frac{1}{R_i+R+R_e}$$

式中：K——传热系数，$W/m^2 \cdot K$；

R——砌体热阻，$m^2 \cdot K/W$；

R_0——砌体传热阻，$m^2 \cdot K/W$。

3. 夹芯砌块自保温砌体传热特点

（1）夹芯砌块热阻影响因素

通过上面的计算可以得知，影响夹芯砌块热阻的因素有：砌块的规格尺寸、砌块孔型、砌块混凝土基材、夹芯材料的厚度及导热性能等，主要取决于两部分：一部分是砌块基材，另一部分是夹芯的保温隔热材料。

（2）夹芯砌块孔型的设计不能照搬空心砌块的设计思路。

空心砌块应尽量设置多排孔以充分利用空气层增大砌块热阻，使得相同砌块体积具有最大的热阻，但是夹芯砌块的孔型设置应尽量简单整齐以充分利用夹芯高效保温材料的热阻，提高砌块的热阻，减小砌体的传热系数。

（3）夹芯砌块自保温墙体“三大”热桥——“热格栅”

对于夹芯砌块砌筑的砌体外墙而言，用夹芯砌块、砌筑砂浆砌筑而成的自保温墙体而言，其热阻主要由砌筑砂浆、砌块基材、中间的保温材料和内外表面换热阻几部分组成，其中内外表面的换热阻取决于墙体内外的热环境，一般不会有大的变化，行业内已经积累了比较丰富的经验值，热工设计规范给出了各种状态下的取值范围。因此，砌体中可变的有三部分：砌筑砂浆、砌块基材和中间的保温材料。这个砌体与建筑物的梁柱构成建筑物围护结构的自保温墙体。这种墙体存在三大热桥：（a）砌块边壁和肋是导热系数较高的材料，形成第一个热桥；（b）砌筑砂浆形成第二个热桥；（c）建筑物围护结构的梁板柱部位的材料通常是钢筋混凝土，其导热系数高达 1.74 W/（m·K），会形成第三个热桥。这样的结构可以很形象地称之为“热格栅”。由于采用夹芯保温结构时，基于经济等因素考虑主体墙不可能再做内外保温层，可能会出现虽然砌块平均热阻达到要求，但砌筑砌体形成热桥，在严寒或寒冷地区如果使用不当，会产生严重的漏热甚至引起受潮结露等现象。

（4）夹芯砌块自保温墙体构造关键节点

通过以上的分析可知，要想得到满足设计要求的自保温墙体，必须进行精心设计块型和优选保温材料，利用低导热系数的砌块基材、低导热系数的砌筑砂浆，然后在梁板柱部位用聚苯板或聚氨酯做外保温，并处理好外保温部分和砌块砌体交错处的节点处理，防止开裂。这种复合保温方式可以有效解决热桥，使整个围护结构的外墙做到无热桥，从而建造传热均匀的墙体，尽量满足建筑节能设计标准的传热要求。

第二节　屋面节能

一、屋面节能设计分类

屋面的节能设计涉及面很大，可包括屋顶的自然通风、太阳能技术的应用、屋顶的天然采光、屋顶的保温隔热、屋顶间的利用、住宅屋面结合退台的绿化、太阳能热水器与住宅屋面的一体化设计、屋顶面的绿化、利用屋顶面作为采集太阳能的构件等。因此，结合我国国情，屋面的节能设计主要体现在以下方面。

（一）自然通风屋顶

除了保证穿堂风以外，强化自然通风的有效方法之一是设置通风管道、住宅中的通风管道可保证室内在静风或弱风条件下正常通风。

自然通风是由来自室外风速形成的“风压”和建筑表面的气流进出洞口间位置及温度造成的“热压”形成的室内外空气流动。按照热力学原理，建筑室内温度有沿高度逐渐向上递增的特点。当室内存在贯穿整栋建筑的“竖井”空间时，可利用其上下两端的温差来加速气流，带动室内通风。屋顶是形成温差、组织气流的重要环节，在整个自然通风系统中起着重要的作用。

通常，室内自然通风的实现依赖于门窗洞的开设，从而形成穿堂风。但因门窗密闭性差或材料本身热阻小，在冬季浪费了大量能源。除了保证穿堂风以外，强化自然通风的有效方法之一是设置通风管道。目前一些发达国家的做法是在外墙设小型通风道，每个房间有气流控制阀，保证房屋的正常通风。通风管道可保证室内在静风或弱风条件下正常通风。屋顶作为整个建筑自然通风的一个组成部分，利用天窗、烟囱、风斗等构造为气流提供进出口。

另外，屋顶本身也可以成为一个独立的通风系统。这种屋顶内部一般设有一个空气间层，利用热压通风的原理使气流在空气间层中流动，以提高或降低屋顶内表面的温度，进而影响到室内温度。

（二）水蓄热屋面

效率较高的隔热屋面由水袋及顶盖组成，这是因为水比同样重量的其他建筑材料能储存更多的热量。

冬天时，水袋受到太阳光照射而升温，热量通过下面的金属天花板传递至室内，使房间变暖。夏天，室内热量通过金属天花板传递给水袋，在夜间，水袋中的热量以辐射、对流等方式散发至天空，水袋上有活动盖板以增强蓄热性能。夏季，白天盖上盖板，减少阳光对水袋的辐射量，夜晚打开盖板，使水袋中的热量速散发到空中。使其可以吸纳较多的室内热冬天，白天打开盖板使水袋尽量吸收太阳的热辐射，夜晚盖上盖板使水袋中的热量向室内散发。

美国加利福尼亚州一项实验表明，当全年室外温度在 10 ~ 33℃波动时，采用这种屋面构造的建筑室内温度为 22.6 ~ 27.31。

（三）植草屋面

植草屋面在西欧和北欧乡间传统住宅上应用较为广泛，目前越来越多地应用于城市型低层及多层住宅建筑上。植草屋面具有降低屋面反射热、增强保温隔热性能、提高居

住区绿化效果等优点。传统植草屋面的做法是在防水屋上覆土再植以茅草。随着无土栽植技术的成熟，日前多采用纤维基层栽植草皮。日本的“环境共生住宅”采用植草屋面，其基本构造为野草生长基下为可“呼吸”的轻质滤层，其下为齿状保水槽、多重防水层和木板。这种技术在我国已得到初步发展并开始批量生产。但是在实际的项目中，因为造价过高以及维护费用昂贵，所以在城市多层住宅屋面中使用尚少。

除了植草屋面的物质功能，其郁郁葱葱的屋面与大自然融为一体，建筑与环境有机结合，蕴含了一种朴素的生态观，时至今日植草屋面也开始成为现代建筑师们思考现代建筑如何与绿化共生的切入点。位于东京国分寺市的“蒲公英之家”是东京大学建筑历史教授设计的住宅，这座坐落在一片草坪上，屋顶和墙上开满蒲公英的住宅源于藤森照信对自然与建筑的共生的思考，他认为建筑屋顶绿化设计中人工建筑与自然绿化在视觉上是分离的，与其说是自然与建筑的共生，不如说是寄生，建筑之中生长出自然，建筑壁体的绿化才是人工与自然融合的正道。

住宅主体为正方体，屋顶之四面坡在空中收束为一点，形成设计者希望的山形，使建筑“像从大地上生长出来一般”把根扎在大地上。作为住宅主角的蒲公英带状的种植在墙壁及屋顶上，稚嫩的黄花绿叶从灰紫调的石饰百板间探出头来，摇曳着春天。在钢筋混凝土结构上固定着石饰面板以及放置土壤的钢构架。为了解决土壤排水、通风及减轻结构自重等问题，特地选用了穿孔金属板材。

“蒲公英之家”用天然建筑材料石、木、泥土及花草在工业化都市的今天构筑温馨的家的氛围，是藤森关于建筑绿化这一课题的有意义的尝试，也是世纪住宅生态化的方向之一。

屋顶绿化和地面绿化一样，具有非常可观的生态效益，如可以提升城市景观的美感和质量；改善城市环境，创造舒适的小气候，净化城市空气、水分，吸收二氧化碳，交换出氧气，保障居民身心健康；丰富城市居民的文化精神生活等方面的作用。

（四）太阳能屋面

全球常规能源的日益匮乏，环保呼声的日益高涨，世界各国对可再生能源的需求越来越大，而其中太阳能的利用受到了越来越多的关注。“我国的太阳能资源非常丰富，太阳能年辐照总量每平方米超过 5000MJ、年日照时数超过 2200h 以上的地区约占我国国土面积的 2/3 以上，若将全国太阳能年辐射总量的 1% 转化为可利用能源，就能满足我国全部的能源需求”。众所周知，太阳能资源是取之不尽、用之不竭的，是最廉价最环保的能源之一，无污染的绿色能源，在当前全球可持续发展战略的倡导下，大范围的开发、利用已是大势所趋。

太阳能的应用主要是供能系统和供水系统。在供能系统中，它采用高强度透明玻璃制成密封盒子。冬天当其受到阳光照射时，其内部温度可达 30 ~ 70℃。热量可直接释放到室内或通过管道传至以卵石为主要材料的储热室，夜晚时再释放出来。由于技术与资金的原因，在我国，现在使用太阳能供暖的住宅还比较少。

目前，大量的是使用太阳能热水器。在供水系统中，按照中等日照条件，太阳能热水器每平方米采光面每天所获得的有效热能对于一般小康住宅来说，每人日均耗水的20 ~ 30L用于生活热水，一个四口之家，配备100L左右的太阳能热水器可以满足要求。太阳能热水器最与众不同的一点就是基本不耗费能源，运行费用为零，和使用其他能源的热水器相比，一年所节约的能源是十分可观的。因此，被人们所接受，在住宅中越来越普及。但是，在太阳能热水器大量使用的过程中也出现了很多的问题，如与住宅设计相抵触，损害了住宅和小区生活和视觉环境，未能达到一体化设计，因此带来了一些负面效果。这些问题也引起了人们的重视。

除此之外，太阳能技术在住宅中的运用可分为三种类型。

1. 被动式接受技术

通常通过透明的建筑围护结构和相应的构造设计，直接利用阳光中的热能来调节建筑室内的空气温度。这种类型的典型表现为太阳能温室或者被动式太阳房。在这类住宅中，屋顶是接收太阳能最有利的位置，大多数太阳能温室设在屋顶层，采用高强度透明玻璃制成密封盒子，白天受阳光照射，温室内部温度升高，夜晚热量可直接释放到室内。

2. 太阳能集热技术

通常通过集热器将阳光中的热能储存到水或其他介质中。在需要的时候，这些储存的能量可以在一定程度上满足建筑物的能耗需求。这种利用技术根据储存能量的介质不同可表现为：太阳能集热板和太能热水。太阳能集热板通常设置在屋面上，白天集热板将吸收的热量储存在储热室，夜晚再将热量释放出来。太阳能热水器是将太阳能集热器吸收的热量储存在水中，用以提供人们对热水的需要的装置。一般被放置在屋顶上，朝向太阳照射的方向。

3. 太阳能光伏系统的运用

通过太阳能电池把光能直接转化为电能，可以直接为住宅提供照明等能源需求。光伏系统与建筑结合的方式可分为两种，一种是建筑与光伏系统结合，即把封装好的光伏组件安装在建筑屋顶上，再与逆变器、蓄电池、控制器负载等装置相连。屋顶上的光伏组件主要是用于收集太阳能的电池板，其安装在屋顶上的方式有固定式和可调节式两种。另外一种建筑与光伏器件的结合是指用光伏器件替代部分建筑构件，如将建筑的屋顶、雨篷、遮阳、窗户等构件用光伏材料制作，不仅使这些传统的建筑组成部分拥有新的功能，又不让额外的光伏系统构件破坏建筑的整体形象，可谓一举两得。

除了在住宅中得到应用外，太阳能技术也逐渐应用于公共建筑中，以达到节约能源、美化城市景观的目的。

（五）屋面结合退台的绿化

近年来，由于城市向高密度化、高层化发展，城市绿地越来越少，城市居民对绿地的向往和对舒适优美环境中户外生活的渴望，促使屋顶绿化迅速发展。利用屋顶进行绿化，不仅增加了单位面积区域内的绿化面积，改善了人们视觉卫生条件（避免眩光和辐射热）和建筑屋顶的物理性能隔热、防渗、减噪等，而且对美化城市环境，保持城市生态平衡起着独特的作用。此外，屋顶绿化植物处于较高位置，能起到低处植物所起不到的作用，其作用与价值不可低估。

同时，屋顶绿化也是现代社会人们心理上的一种需求，而且已经成为住宅可持续设计的重要内容，关系着住宅屋面空间形态设计的优劣。

住宅屋面结合退台进行绿化设计要为人们提供优美的生活环境。因此，它应该更精致美观。由于场地窄小，大约 $1m^2$ 左右，小品和绿化植物更应该仔细推敲，比较适合这种小环境的绿化，充分利用屋顶的竖向和平面空间，既要与主体建筑物及周围大小环境保持协调一致，又要有独特的风格。以植物造景为主，利用棚架植物、攀岩植物、悬挂植物等实现立体绿化，尽可能增加绿化量。

针对场地狭小，且位于强风、缺水和少肥的环境，以及光照强、时间长、温差大等条件。选择生长缓慢、耐寒、耐旱、喜光、抗逆性强、易移栽和病虫害少的植物。

屋面结合露台进行绿化设计，可以把屋面与绿化很好地结合起来，屋顶集合了两者优点，既克服了传统屋面比较封闭的缺点，也使屋面内部空间利用更加合理，立面丰富多彩。

平坡结合的屋顶是住宅绿化的载体之一，露台上的绿化不仅可以改善环境，增加湿度，防风降噪，充分利用露台，可以有效地扩大住宅区的绿化面积，对于空间景观效果不亚于地面绿化。当露台上遍布着自然形态的绿色植物时，原来单调生硬的墙壁变得又生机勃勃起来，重复不变的屋顶露台也各具特色。

住宅屋面的生态化设计还包括很多的方面，随着能源危机、建筑技术、建筑理论的不断发展和人们对于生活质量的不断追求，生态化趋势必将成为住宅和住宅屋面设计的发展方向。

二、寒冷地区住宅屋面节能设计

我国的寒地城市冬寒夏热十分突出，而大量的建筑物是在采取节能措施之前建造的，其保温隔热和气密性较差，采暖系统热效率低，单位住宅建筑面积能耗约为发达国家的3倍。

（一）屋顶节能构造

屋顶是建筑外围护结构之一，屋顶的耗热量占建筑总能耗的8.6%，是不可忽视的节

能重点部位。寒冷地区，屋顶保温的主要措施是采用保温材料作为保温层，增大屋顶热阻。综合各种保温材料的节能效果和经济性分析评价，建议选用聚苯乙烯泡沫塑料板、水泥聚苯板、岩棉等轻质高效保温隔热材料。

寒冷地区屋顶保温一般有两种形式，即将保温层做在结构层的外侧或内侧，如果采用外侧保温，由于混凝土的热容量非常大，在夏天，接受太阳辐射热后，便将热量蓄积于内部，到了夜间，又把热释放出来。若是采用内侧保温，虽然绝热材料可以阻止混凝土向室内传热，但是，当绝热材料下侧的室内空气的温度很高时，绝热材料本身也会相应地具有很高的温度。夏天，室内空气温度容易高于室外气温，这主要是由于太阳辐射影响，使空气加热，温度升高，热空气停留于房间上部的缘故。一到夜间，又加上混凝土板向室内的传热，则保温材料表面或顶棚的内表面温度就会比人体的表面温度高得多，从而对人体进行热辐射，使人感到似“烘烤”一样。

为了防止这种“烘烤”现象，可以设法通风换气，使顶棚底部的空气温度下降至低于人体的温度，而最主要的还是设法减少混凝土受太阳辐射后的蓄热量。如果采用外侧绝热，便可减少混凝土的蓄热量，此时，混凝土板的温度只有30℃左右，人体自然就不会感到热辐射的“烘烤”了。当外侧保温时，由于靠内侧的混凝土热容量大，当室内温度较高的空气与混凝土相接触时，温度不会有明显的上升。这种现象不仅表现在屋顶处，而且在西墙上也是如此。所以，为了防止热效应，最好将保温材料布置在外侧。

另外，外侧保温还防止了混凝土底部由于金属吊钩引起的结露问题。

（二）老虎窗节能构造

对被开发利用的屋面阁楼，为保证阁楼内基本的卫生条件，阁楼必须进行通风换气。对未被开发利用的阁楼，从冬季屋面传热耗能角度考虑，阁楼不进行换气比进行换气的耗热量少；从阁楼内结露角度考虑，不进行换气的阁楼内温度有所提高，表面上看有减少阁楼内部结露的可能性，但阁楼不进行换气，冬季水蒸气会充满阁楼，造成大量结露，影响保温材料的保温性能，而且夏季阁楼内闷热。因此，住宅宜采用阁楼进行通风换气的构造做法，通风换气可以排出水蒸气解决结露问题。阁楼的换气处理可以采用在檐口和山墙处设置换气口、设老虎窗等构造做法。

老虎窗是屋面传统的开窗方式，造型丰富、视线好、物美价廉、应用广泛，目前在住宅建筑中应用较多。老虎窗采用塑钢窗，塑钢窗耐腐蚀、耐潮湿，而且具有良好的热工和密闭性能，加工精度高、外观好、价格便宜。由于塑钢窗具有以上的优点，因此，在民用建筑中应用广泛，目前已经成为国家大力发展的一种窗型。

塑钢窗通常为单层框，严寒地区为了解决保温的问题，一般设置2～3层玻璃。在实际工程中有时会出现窗框内侧墙体结露的现象，在老虎窗处尤甚，影响了室内的环境。产生结露的主要原因是：过去采用双层木窗时，两层窗之间的空隙在室外和室内之间形

成了一个中间温度区。室外的低温界面在向室内侵袭的过程中逐渐衰减，最终在两层窗框之间与室内温度界面平衡，所以就不易产生结露现象。

采用塑钢窗时，由于只有一层窗框，其厚度只有 80mm 左右，导致室外的温度平衡界面位于室内一侧，就容易产生结露现象。为了解决老虎窗墙体结露的问题，主要应当在老虎窗有关部位的细部构造上下功夫，重点要解决的问题是：改变只在老虎窗侧面墙体设保温层的做法，在正面墙体及窗口外侧墙体设置保温层。保温层宜采用聚苯板、PG 板或挤塑泡沫板，由于老虎窗侧面墙体的厚度较薄（一般为 100 ~ 150mm），某些保温板材不易施工，因此，也可以采用如稀土保温砂浆之类的膏状保温材料，但要在其外侧设有可靠的保护层，避免受潮变性。在老虎窗内侧墙体及屋顶表面抹膏状保温层，也会极大地改善此处的热工状况。

（三）热反射窗帘

热反射窗帘是在一定的化纤布表面上涂一层厚度小于 μm 的特种金属后制成的。这种特殊的窗帘在冬季能够保温，在夏季可以隔热，使室内冬暖夏凉，减少能耗。人体和一切物体按其自身湿度的不同，都会向外发出不同波长的热射线，在常温下则发出长波红外线，是一种散热的主要方式。对于这种常温下的红外辐射热，窗玻璃、墙壁材料与白色油漆的吸收率都在 90% 以上，仅有微量反射。

冷天，这些材料吸收室内热辐射后，便逐渐传到室外，使室内温度降低。如果使用热反射窗帘则不同，这种窗帘布的反射率在 60% ~ 80%，从室内人体与物体辐射的绝大部分热量，都会被反射回来，只有少部分热量能够传出去。因此，与不挂热反射窗帘的房间比较，冬天室内温度可提高 2℃左右。冷天当人靠近窗户时，由于人与窗之间存在着辐射换热，人会感到冷。若使用了热反射窗帘，窗帘表面温度要比玻璃温度高很多，这时，人在窗户附近不会感到冷。

据测试，挂上一层热反射窗帘的单层窗比不挂窗帘的单层窗可节能 54%。太阳光和周围物体向室内辐射的热量，在夏季主要是通过窗户进入的。白天，挂上热反射窗帘，能够将大部分热量反射回去，不让热量进入室内，以保证室内阴凉。到了夜里，室外温度下降，就可以拉开窗帘让凉风进入室内。因此，这种窗帘对于节约能源，改善室内热环境，都有明显的效果。

第三节　外窗与门户的节能技术

窗户（包括阳台的透明部分）是建筑外围护结构的开口部位，是阻隔外界气候侵扰的基本屏障。窗户除需要满足视觉的联系、采光、通风、日照及建筑造型等功能要求外，作为围护结构的一部分应同样具有保温隔热，得热或散热的作用。因此，外窗的大小、形式、材料和构造就要兼顾各方面的要求，以取得整体的最佳效果。

从围护结构的保温节能性能来看，窗户是薄壁轻质构件，是建筑保温、隔热、隔声的薄弱环节。窗户不仅有与其他围护结构所共有的温差传热问题，还有通过窗户缝隙的空气渗透传热带来的热能消耗。对于夏季气候炎热的地区，窗户还有通过玻璃的太阳能辐射引起室内过热，增加空调制冷负荷的问题。但是，对于严寒及寒冷地区南向外窗，通过玻璃的太阳能辐射对降低建筑采暖能耗是有利的。

以往我国大多数建筑外窗保温隔热性能差，密封不良，阻隔太阳辐射能力薄弱。在多数建筑中，尽管窗户面积一般只占建筑外围护结构表面积的 1/3 ~ 1/5 左右，但通过窗户损失的采暖和制冷能量，往往占到建筑围护结构能耗的一半以上，因而窗户是建筑节能的关键部位。也正是由于窗户对建筑节能的突出重要性，使窗户节能技术得到了巨大的发展。

在不同地域、气候条件下，不同的建筑功能对窗户的要求是有差别的。但是总体说来，节能窗技术的进步，都是在保证一定的采光条件下，围绕着控制窗户的得热和失热展开的。我们可以通过以下措施使窗户达到节能要求。

一、控制建筑各朝向的窗墙面积比

窗墙面积比是影响建筑能耗的重要因素，窗墙面积比的确定要综合考虑多方面的因素，其中最主要的是不同地区冬、夏季日照情况（日照时间长短、太阳总辐射强度、阳光入射角大小），季风影响，室外空气温度，室内采光设计标准，

通风要求等因素。一般普通窗户的保温性能比外墙差很多，而且窗的四周与墙相交之处也容易出现热桥，窗越大，温差传热量也越大。因此，从降低建筑能耗的角度出发，必须限制窗墙面积比。建筑节能设计中对窗的设计原则是在满足功能要求基础上尽量减少窗户的面积。

（一）严寒和寒冷地区居住建筑的窗墙比

严寒和寒冷地区的冬季比较长，建筑的采暖用能较大，窗墙面积比的要求要有一定的限制。北向取值较小，主要是考虑卧室设在北向时的采光需要。从节能角度上看，在受冬季寒冷气流吹拂的北向及接近北向主面墙上应尽量减少窗户的面积。东、西向的取值，主要考虑夏季防晒和冬季防冷风渗透的影响。在严寒和寒冷地区，当外窗 K 值降低到一定程度时，冬季可以获得从南向外窗进入的太阳辐射热，有利于节能，因此南向窗墙面积比较大。由于目前住宅客厅的窗有越开越大的趋势，为减少窗的耗热量，保证节能效果，应降低窗的传热系数。

一旦所设计的建筑超过规定的窗墙面积比时，则要求提高建筑围护结构的保温隔热

性能（如选择保温性能好的窗框和玻璃，以降低窗的传热系数，加厚外墙的保温层厚度以降低外墙的传热系数等），并应进行围护结构热工性能的权衡判断，检查建筑物耗热量指标是否能控制在规定的范围内。

（二）热冬冷地区居住建筑窗墙比

我国夏热冬冷地区气候夏季炎热，冬季湿冷。夏季室外空气温度大于 35℃的天数约 10 ~ 40 天，最高温度可达到 40℃以上，冬季气候寒冷，日平均温度小于 5QC 的天数约 20 ~ 80 天，相对湿度大，而且日照率远低于北方。北方冬季日照率大多超过 60%，而夏热冬冷地区从地理位置上由东到西，冬季日照率逐渐减少。最高的东部也不超过 50%，西部只有 20% 左右，加之空气湿度高达 80% 以上，造成了该地区冬季基本气候特点是阴冷潮湿。

确定窗墙面积比，是依据这一地区不同朝向墙面冬、夏日照情况，季风影响，室外空气温度，室内采光设计标准及开窗面积与建筑能耗所占的比率等因素综合确定的。从这一地区建筑能耗分析看，窗对建筑能耗损失主要有两个原因：一是窗的热工性能差所造成夏季空调，冬季采暖室内外温差的热量损失的增加；另外就是窗因受太阳辐射影响而造成的建筑室内空调采暖能耗的增加。从冬季来看，通过窗口进入室内的太阳辐射有利于建筑的节能，因此，减少窗的温差传热是建筑节能中窗口热损失的主要因素。

从这一地区几个城市最近 10 年气象参数统计分析可以看出，南向垂直表面冬季太阳辐射量最大，而夏季反而变小，同时，东西向垂直表面最大。这也就是为什么这一地区尤其注重夏季防止东西向日晒、冬季尽可能争取南向日照的原因。

夏热冬冷地区人们无论是过渡季节还是冬、夏两季普遍有开窗加强房间通风的习惯。一是自然通风改善了空气质量，二是自然通风冬季中午日照可以通过窗口直接获得太阳辐射。夏季在两个连晴高温期间的阴雨降温过程或降雨后连晴高温开始升温过程，夜间气候凉爽宜人，房间通风能带走室内余热蓄冷。因此这一地区在进行围护结构节能设计时，不宜过分依靠减少窗墙比，应重点提高窗的热工性能。

以夏热冬冷地区六层砖混结构试验建筑为例，南向四层一房间大小为 5.1m（进深）× 3.3m（开间）× 2.8m（层高），窗为 1.5m × 1.8m 单框铝合金窗，在夏季连续空调时，计算不同负荷逐时变化曲线，可以看出通过墙体的传热量占总负荷的 30%，通过窗的传热量最大，而且通过窗的传热中，主要是太阳辐射对负荷的影响，温差传热部分并不大。因此，应该把窗的遮阳作为夏季节能措施的另一个重点来考虑。

（三）夏热冬暖地区居住建筑窗墙比

夏热冬暖地区位于我国南部，在北纬 27° 以南，东经 97° 以东，包括海南全境、福建南部、广东大部、广西大部、云南小部分地区。

该地区为亚热带湿润季风气候（湿热型气候），其特征为夏季漫长，冬季寒冷时间很短，甚至几乎没有冬季，长年气温高而且湿度大，太阳辐射强烈，雨量充沛。由于夏季时间长达半年左右，降水集中，炎热潮湿，因而该地区建筑必须充分满足隔热、通风、防雨、防潮的要求。为遮挡强烈的太阳辐射，宜设遮阳，并避免日晒。夏热冬暖地区又细化成北区和南区。北区冬季稍冷，窗户要具有一定的保温性能，南区则不必考虑。

该地区居住建筑的外窗面积不应过大，各朝向的窗墙面积比，北向不应大于0.45，东、西向不应大于0.30，南向不应大于0.50。居住建筑的天窗面积不应大于屋顶总面积的4%，传热系数不应大于4.0W/（㎡·K），本身的遮阳系数不应大于0.5。当设计建筑的外窗或天窗不符合上述规定时，其空调采暖年耗电指数（或耗电量）不应超过参照建筑的空调采暖年耗电指数（或耗电量）。

（四）公共建筑窗墙比

公共建筑的种类较多，形式多样，从建筑师到使用者都希望公共建筑更加通透明亮，建筑立面更加美观，建筑形态更为丰富。所以，公共建筑窗墙比一般比居住建筑要大些，并且也没有依据不同气候区进一步细化。但在设计中要谨慎使用大面积的玻璃幕墙，以避免加大采暖及空调的能耗。

我国现行标准中对公共建筑窗墙比作了如下规定：建筑每个朝向的窗（包括透明幕墙）墙面积比均不应大于0.7。窗（包括透明幕墙）的传热系数 K 和遮阳系数SC应根据建筑所处城市的气候分区符合相应的国家标准。当窗（包括透明幕墙）墙面积比小于0.4时，玻璃（或其他透明材料）的可见光透射比不应小于0.4。屋顶透明部分的面积不应大于屋顶总面积的15%，其传热系数 K 和遮阳系数SC应根据建筑所处城市的气候分区符合相应的国家标准。

夏热冬暖地区、夏热冬冷地区（以及寒冷地区空调负荷大的地区）的建筑外窗（包括透明幕墙）要设置外部遮阳。以降低夏季空调能耗的需求。

三、提高窗的气密性，减少冷风渗透

完善的密封措施是保证窗的气密性、水密性以及隔声性能和隔热性能达到一定水平的关键。目前我国在窗的密封方面，多只在框与扇和玻璃与扇处作密封处理。由于安装施工中的一些问题，使得框与窗洞口之间的冷风渗透未能很好处理。因此为了达到较好的节能保温水平，必须要对框一洞口，框一扇，玻璃一扇三个部位的间隙均作为密封处理。至于框一扇和玻璃一扇间的间隙处理，目前我国采用双级密封的方法。国外在框一扇之间却已普遍采用三级密封的做法。通过这一措施，使窗的空气渗透量降到1.0m^3（m·h）以下。

从密闭构件上看，有的密闭条不能达到较佳的效果，原因是：①密闭条采用注模法

生产，断面尺寸不准确且不稳定，橡胶质硬度超过要求；②型材断面较小，刚度不够，致使执手部位缝隙严密，而在窗扇两端部位形成较大的缝隙。因此，随着钢（铝）窗型材的改进，必须生产、采用具有断面准确，质地柔软，压缩性比较大，耐火性较好等特点的密闭条。

我国的国家标准《建筑外窗空气渗透性能分级及其检测方法》中将窗的气密性能分为五级。其中5级最佳，节能标准中规定“设计中应采用密封性良好的窗户(包括阳台门)，低层和多层居住建筑（1 ~ 6层）中应等于或优于3级，高层和中高层居住建筑（7 ~ 30层）应等于或优于4级，当窗户密闭性不能达到规定要求时，应加强气密措施，保证达到规定要求”。

普通单层钢窗 $q_1 < 5.0$，属1级；普通双层钢窗 $q_1 > 3.5$，属2级，因此，都不能满足节能要求。在钢窗中，只有制作和安装质量良好的标准型气密窗、国标气密条密封窗，以及类似的带气密条的窗户，才能达到3 ~ 5级。平开铝窗、塑料窗、塑钢复合窗等能达到5级。推拉铝窗、塑料窗能达到4 ~ 5级。

三、窗的遮阳

大量的调查和测试表明，太阳辐射通过窗进入室内的热量是造成夏季室内过热的主要原因。日本、美国、欧洲的一些国家以及中国香港地区都把提高窗的热工性能和阳光控制作为夏季防热以及建筑节能的重点，窗外普遍安装有遮阳设施。

夏季，南方水平面太阳辐射强度可高达1000W/ ㎡以上，在这种强烈的太阳辐射条件下，阳光直射到室内，将严重地影响建筑室内热环境，增加建筑空调能耗。因此，减少窗的辐射传热是建筑节能中降低窗口得热的主要途径。应该采取适当的遮阳措施，防止直射阳光的不利影响。

在严寒地区，阳光充分进入室内，有利于降低冬季采暖能耗。这一地区采暖能耗在全年建筑总能耗中占主导地位，如果遮阳设施阻挡了冬季阳光进入室内，对自然能源的利用和节能是不利的。因此，遮阳措施一般不适用于北方严寒地区。

在夏热冬冷地区，窗和透明幕墙的太阳辐射的热夏季增大了空调负荷，冬季则减小了采暖负荷，应根据负荷分析确定采取何种形式的遮阳。一般而言，外卷帘或外百叶式的活动遮阳实际效果比较好。

遮阳是通过技术手段遮挡影响室内热环境的太阳直射光，但并不影响采光条件的手段和措施。

四、提高窗保温性能的其他方法

窗的节能方法除了以上几个方面之外，设计上还可以使用具有保温隔热特性的窗帘、窗盖板等构件增加窗的节能效果。目前较成熟的一种活动窗帘是由多层铝箔——密闭空

气层——铝箔构成，具有很好的保温隔热性能，不足之处是价格昂贵。采用平开式或推拉式窗盖板，内填沥青珍珠岩、沥青蛭石、沥青麦草、沥青谷壳等，可获得较高的隔热性能及较经济的效果。现在正在试验阶段的另一种功能性窗盖板，是采用相变贮热材料的填充材料。这种材料白天可贮存太阳能，夜晚关窗的同时关紧盖板，该盖板不仅具有高隔热特性，可阻止室内失热，同时还将向室内放热。这样，整个窗户当按 24 小时周期计算时，就真正成为了得热构件。只是这种窗还须解决窗四周的耐久密封问题，及相变材料的造价问题等之后才有望商品化。

夜墙（Night wall），国外的一些建筑中实验性地采用过这种装置。它是将膨胀聚苯板装于窗户两侧或四周，夜间可用电动或磁性手段将其推置窗户处，以大幅度地提高窗的保温性能。另外，一些组合的设计是在双层玻璃间用自动充填轻质聚苯球的方法提高窗的保温能力，白天这些小球可以被机械装置吸出收回，以便恢复窗的采光功能。

第五章
建筑设备系统节能

第一节　建筑空调系统节能

一、热泵技术

（一）热泵的工作原理和特点

在自然界中，水总由高处流向低处，热量也总是从高温传向低温。但人们可以用水泵把水从低处提升到高处，从而实现水的由低处向高处流动，热泵同样可以把热量从低温环境转移到高温环境。所以热泵实质上是一种热量提升装置，热泵的作用是从周围环境中吸取热量，并将其传递给被加热的对象（温度较高的物体），其工作原理与制冷机相同，都是按照逆卡诺循环工作的，所不同的只是工作温度范围不一样。

一台压缩式热泵装置，主要有蒸发器、压缩机、冷凝器和膨胀阀四部分组成。热泵在工作时，把环境介质中储存的能量 Q_i 在蒸发器中加以吸收；它本身消耗一部分能量，即压缩机耗电 Q_p；通过工质循环系统在冷凝器中进行放热 Q_o，$Q_o=Q_i+Q_p$，由此可以看出，热泵输出的能量为压缩机做的功 Q_p 和热泵从环境中吸收的热量 Q_i；因此，采用热泵技术可以节约大量的电能。

热泵是以冷凝器放出的热量来供热的制冷系统，它被形象地称为“热量倍增器”，热泵与一般制冷机的主要区别如下。

1. 使用的目的不同

热泵的目的在于制热，着眼点是工质在系统高压侧通过换热器与外界环境之间的热量交换；制冷机的目的在于制冷或低温，着眼点是工质在系统低压侧通过换热器与外界之间的换热。

2. 系统工作的温度区域不同

热泵是将环境温度作为低温热源，将被调节对象作为高温热源；制冷机则是将环境温度作为高温热源，将被调节对象作为低温热源。因而，当环境条件相当时，热泵系统的工作温度高于制冷系统的工作温度。

在小型空调器中，为了充分发挥它的效能，在夏季空调降温或在冬季取暖，都是使用同一套设备来完成的，这就存在运行模式转换的问题。热泵系统通过四通阀改变冷媒循环模式从而实现系统工况转变，如图 5-1 所示。在夏季空调降温时，按制冷工况运行，由压缩机排出的高压蒸汽，经换向阀（又称四通阀）进入冷凝器，制冷剂蒸汽被冷凝成液体，经节流装置进入蒸发器，并在蒸发器中吸热，将室内空气冷却，蒸发后的制冷剂蒸汽，经换向阀后被压缩机吸入，这样周而复始，实现制冷循环。在冬季取暖时，先将换向阀转向热泵工作位置，于是由压缩机排出的高压制冷剂蒸汽，经换向阀后流入室内蒸发器（作冷凝器用），制冷剂蒸汽冷凝时放出的潜热，将室内空气加热，达到室内取暖目的，冷凝后的液态制冷剂，从反向流过节流装置进入冷凝器（作蒸发器用），吸收外界热量而蒸发，蒸发后的蒸汽经过换向阀后被压缩机吸入，完成制热循环。这样，将外界空气（或循环水）中的热量“泵”入温度较高的室内，故称为“热泵”。

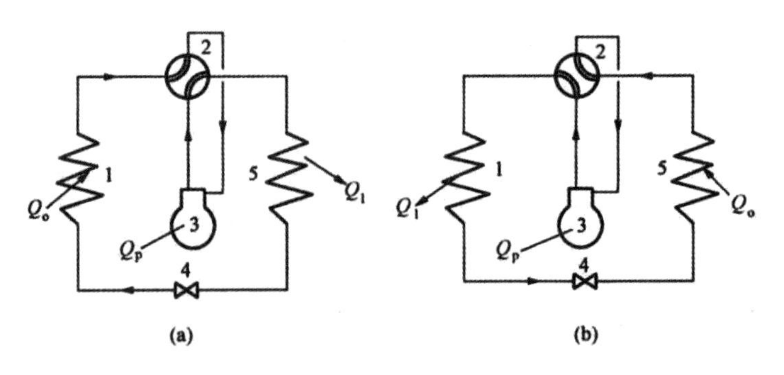

图 5-1　热泵工作原理

（二）热泵的种类

根据热泵吸取热量的低温热源的种类的不同，热泵大致可分为：空气源热泵，地源热泵，复合热泵。

1. 空气源热泵

空气源热泵以空气作为“源体”，通过冷媒作用，进行能量转移。目前的产品主要是家用热泵空调器、商用单元式热泵空调机组、多联式空调机组和热泵冷热水机组。热泵空调器已占到家用空调器销量的 40% ~ 50%，多联式空调机组和热泵冷热水机组自 90 年代初开始，在夏热冬冷地区得到了广泛应用，而且应用范围继续扩大。

2. 地源热泵

地源热泵（也称地热泵）是利用地下常温土壤和地下水相对稳定的特性，冬季热泵机组从地源（浅层水体或岩土体）中吸收热量，向建筑物供热；夏季，热泵机组从室内吸收热量并转移释放到地源中，实现建筑物空调制冷。根据地热交换系统形式的不同，地源热泵系统分为地下水地源热泵系统和地表水地源热泵系统和地埋管地源热泵系统。

地源热泵就是一种在技术上和经济上都具有较大优势的解决供热和空调的替代方式。在美国地源热泵空调系统占整个空调系统的 40%，是美国政府极力推广的节能、环保技术。美国能源部颁布法规，要求在全国联邦政府机构的建筑中推广应用地埋管土壤换热器地源热泵空调系统。为了表示支持这种技术，美国总统布什在他的得克萨斯州的别墅中也安装了这种地源热泵空调系统。现在，在中北欧的瑞士、瑞典、奥地利、丹麦等国家，地源热泵（土壤换热器）技术利用处于领先地位，地埋管土壤换热器热泵得到广泛的应用。

3. 复合热泵

将不同形式的热泵相互结合或将热泵与其他可再生能源利用设备集成应用可以组成效率更高的复合热泵系统。比如太阳能与地源热泵、土壤热泵与地表水或地下水热泵结合、空气源热泵与水源热泵相结合都可以组成不同类型的高效复合能源系统。建筑物复合能源系统可取长补短，弥补单独采用某种热泵技术时的不足，使其热泵的性能得到更充分的发挥。比如太阳能与地源热泵复合能源系统，冬季运行时，太阳能集热器可以作为地源热泵系统的辅助热源，减小地下换热器的负担，提高制热运行效率；在不需要供暖或热负荷较低时，太阳能集热器可用来制备生活热水。夏季运行时，使用单一地源热泵系统供冷，此时太阳能集热器可以用来制备生活热水。在过渡季节，热泵系统停止使用，太阳能集热器全部用来制备生活热水。

二、空调变频技术

（一）变频调速系统的节能原理

在中央空调系统的节能改造中，变频技术起着相当重要的作用。变频器分为交 – 交和交 – 直 – 交的两种形式，交 – 交变频可将工频交流直接变换成频率、电压均可调节的交流电，又称直接式变频器。而交 – 直 – 交变频器是先将工频交流电变换成直流电，然后再将直流电变换成频率、电压均可调节的交流电，又称间接式变频器。

中央空调系统的水泵、风机的电机容量是按照天气最热，即热交换量最大时设计的，由于季节和昼夜温差的变化、环境气候的差异以及人员的流动，实际上，很多时间热交换

值远小于设计值。热交换量的大小取决于热泵流量，而流量取决于电机的转速。若电机的转速能根据热负荷来调整，那么电机的功耗可大大减少，从而节约了电能。水泵、风机的负载转矩 $M \propto n^2$，输出功率 $P=0.1105M \cdot n$，则 $P \propto n^3$，即电机的输出功率与转速的三次方成正比。所以，电机的转速稍有下降，输出功率就会大幅度减小，节能效果也愈加显著。电机转速 $n=60f(1-S)/P$，电机转速可通过频率调节实现，则 $P \propto n^3 \propto f^3$。

电机为直接启动或 Y/D 启动时，启动电流等于 3 ～ 7 倍额定电流，这样会对机电设备和供电电网造成严重的冲击，而且对电网容量要求也相应提高，启动时产生的大电流和震动对设备的使用寿命极为不利，而启、停时的水锤效应极易造成管道破裂。如果采用变频调速技术，可通过频率调节而使电机在很宽的范围内利用变频器的软启动功能，将使启动电流从零开始，最大值也不超过额定电流。实现真正意义上的软启动，不但减轻了对电网的冲击和对供电容量的要求，而且能延长设备使用寿命，减少设备维修费用。

中央空调进行变频节能系统，需要硬件及软件技术的组合，利用矢量控制手段将动态过程相应补偿、恒转矩调压、瞬流干扰负向抑制技术综合使用。变频调速技术通过同步跟踪、调压、调相、调节频率、瞬流抑制于一体，具有如下特点。

（1）恒转矩的条件下调节控制电压，限制电流，使电机负载处于最适当、最小、最省电力的电压和电流运行状态；（2）矢量控制和模糊逻辑控制的优化调频技术，具有最先进通用变频器的全部功能；（3）由微机采样跟踪，实现功率因数动态补偿；（4）瞬流干扰抑制技术，过滤瞬流波动减小其所造成的损失和干扰。

正是由于这些优势，使中央空调变频节能有实施的理论依据和进行控制的可行性。

（二）变频技术在中央空调中的应用

1. 中央空调末端送风的变频控制

在中央空调系统中，在输送介质（水）温度恒定的情况下，改变送风量可以改变带入室内的制冷（热）量，从而较方便地调节室内温度。这样，便可以根据自己的要求来设定需要的室温。调整风机的转速可以控制送风量。使用变频器对风机实现无级变速，在变频的同时，输入端的电压亦随之改变，从而节约了能源，降低了系统噪声，其经济性和舒适性是不言而喻的。变风量控制的优点有：节电效果明显；降低空调机组噪声；减轻操作人员的劳动强度；变频器软启动和调速平稳，减少对电网冲击。缺点是一次投入费用较大。

2. 冷却塔风机系统变流量节能原理

空调主机冷却水出水的温度和流量都是跟随空调负荷变化的，冷却塔风机系统应将吸热后的冷却水，通过风机强制吹风降温，使冷却水降温到设定值，再进入空调主机吸收其热量，进入稳态循环。当空调负荷加重时，冷却水流量增加，转移的热量增加，冷却塔风机的风量必须加大，才能散发冷却水的吸热量；当空调负荷减轻时，冷却水流量减小，转移的热量减少，冷却塔风机的风量必须减小，就能散发冷却水热量。这就是冷却塔风机系统的风量跟踪空调负荷变化的节能原理。

3. 中央空调循环水泵变频控制

对冷冻水系统，其出水温度取决于蒸发器的设定值，回水温度取决于大厦的热负荷，中央空调冷冻水出水温度与冷冻水的回水温度设计最大温差 5℃。如图 5-2 所示，现采用蒸发器的出水管和回水管路上装有检测其温度的变送器、PID 温差调节器和变频器组成闭环控制系统，通过冷冻水的温差（例如 ΔT=5℃）控制，即可使冷冻水泵的转速相应于热负载的变化而变化。对于冷却水系统，由于低温冷却水（冷凝器进水）温度取决于环境温度与冷却塔的工况，只需控制高温冷却水（冷凝器出水）的温度，即可控制温差。采用温度变送器、PID 调节器和变频器组成闭环控制系统，冷凝器出水温度控制在 T_2（例如 37℃），使冷却水泵的转速相应于热负载的变化而变化。

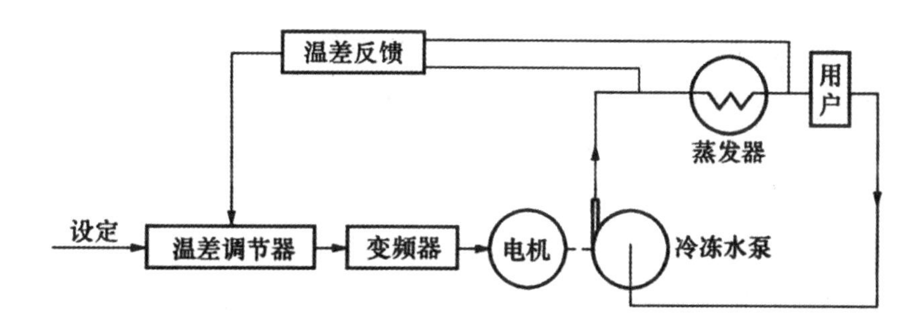

图 5-2　冷冻水泵控制方案

对循环水泵实施变频改造后的效果如下。

第一，对空调系统而言，确保冷水机组进出水温差、压差在最佳工作范围，流量可根据负荷需要自动调节，并消除节流损失，消除系统的瞬流干扰，消除系统的有害超负荷，不但能有效地节能，而且能有效地控制主机高压力低流量的情况，提高主机及空调系统工作效率，大大减少设备发生故障的次数，改善整个空调系统的工作状况。

第二，实现电机软启动（最大启动电流小于额定电流）和设备的软运行，并实现了过压、过流、缺相等多种保护功能，消除了电流、电弧冲击，减少设备损耗和降低温升及噪声，从而保护电网系统，延长设备寿命，减少可能发生事故的次数，减少维修费用。

在中央空调水系统中，变频控制技术在冷媒水二次泵及高层建筑高区空调水系统中的应用得到推广，在一次泵冷媒水系统和冷却水系统中的应用也是可行的，但需针对工程的具体情况进行精心的设计，才能既达到应有的节能效果，又保证空调系统和设备的安全运行。

变频技术用于空调系统中，有以下优点：①可以最大限度地节省水泵运行能耗；②变频器具有调频调压功能，水泵电机启动为软启动，对电网影响小。变频器无级调速，电机平滑启动，无冲击杂音，能改善其使用寿命；③选择合理时，冬、夏可合用一套循

环水泵，水系统的季节性变化由变频器调节，不存在水泵效率下降的问题。④多台水泵并联运行时，可减少水泵投入台数，同时可实现对制冷机的自动控制，水泵运行、启停均由程序控制，便于管理。

（三）央空调系统变频的控制方式

在中央空调水系统的变频调速方案中，可行的控制方式主要有两种。

1. 以压差为主的控制方式

即以制冷主机的出水压力和回水压力之间的压差作为控制依据，使循环于各楼层的冷冻水能够保持足够的压力，进行恒压差控制。如果压差值低于规定下限值，电动机的转速将不再下降。当压差较小，说明系统负荷不大，减小水泵的转速，压差上升；当压差较大，说明系统负荷较重，增加水泵的转速，压差下降。这样一来，既考虑到了系统负荷的因素，又改善了节能效果。

2. 以温差为主的控制方式

这种方式同样对压差进行检测，压差低于规定下限值，电动机的转速将不再下降，确保各楼层的管路具有足够的压力。但所不同的是非恒压差控制。以制冷主机的回水温度和出水温度之间的温差信号为反馈信号，使循环于各楼层的冷冻水能够保持足够的低温，进行恒温差控制。当温差较小，说明系统负荷不大，减小水泵的转速，温差上升；当温差较大，说明系统负荷较重，增加水泵的转速，温差下降。不管使用何种调节方法，其流量调节的范围不应低于系统的报警限值。严格地说，排除冷冻水在传输途中的损失的话，制冷主机的回水温度和出水温度之差表明了冷冻水从房间带走的热量，相比压差更能反映系统供冷负荷，应该作为控制依据，因此在控制系统中采用温差为主的控制方式。制冷主机的出水温度一般较为稳定，一般为设定值，其差值一般为5℃。因此实际上，也可以只根据回水温度进行控制。

采用以温差为主的控制方式，非常适合对已有空调的变频改造。相比其他控制方式，无需在各支路增加电动二通调节阀，又能保证系统运行的可靠性。各支路并没有采用自主调节的电动二通阀门，阀门的开度还是根据初调节决定的。这样经过改造后的变流量系统，在泵进行调速时，流量还是按照原先的比例进行分配。绝大多数情况下，各个房间的负荷急剧变化的情况很少出现，可以近似认为是相似工况，所以按照过去比例分配流量是可行的。

采用温差控制方式将定流量系统改造为变流量系统有以下优点：

（1）改造费用低。可利用原有阀门，节省电动二通阀的费用，更重要的是没有改变管路的原有特性。在经过校核计算冷冻机最小流量的前提下，设定泵的转速的最小频率，不需要增加二次泵；（2）施工难度低。不需要对系统进行大的改造，全部改造在机房内就可完成；（3）运行管理和维修保养相对简便。由于改造涉及部分只有变频器、温度和压传感器等少数设备，并不增加管理人员的工作量；（4）采用温差控制所需具备的工程条件；（5）制冷机和水泵有多台，至少有一台可做备用的；（6）系统的出回水温差大多数时间小于设计温差，末端设备多数时间在低速就可满足绝大多数工况；（7）各个房间负荷快速变化的情况较少。

由上述分析可知，以温差为主的控制方式是一种相对简便有效的变流量控制方式。而且由于电机的功率与频率或转速的三次方成正比，从理论上讲，在采用变频器之后，如果水系统的流量下降为水泵工频时的 70%，水泵电机功率只有工频时的 34.3%，能耗下降十分明显，因而变频改造之后有很大的节能潜力。

以温差作为被调量，在设计上要考虑管路的传热时间延迟、房间存在的热惰性和末端设备的非线性，整个管网构成了复杂具有惯性、延迟、非线性系统，其控制上考虑的因素比进行单纯的流量控制要复杂。

在确定以温差为主的系统控制方式之后，研究如何根据温差对水泵频率进行控制，既保证供冷负荷，又是水泵频率尽量降低，实现节能的目的。

（四）变频控制系统要实现的目标

（1）负荷变化时冷冻水温度保持基本恒定；（2）水泵能在系统负荷最大和最小时为所有盘管提供足够的供水压力；（3）在满足供冷负荷情况下，冷冻和冷却水泵都能在尽可能低的转速下工作，保持运行能耗最小；（4）制冷机组运行能耗随负荷的减少而减少。

（五）变频适用的环境条件

在中央空调自动控制系统中，通常为了节能才使用变频器，而且基本上都用于控制水泵和风机。选择变频器时，应遵从与电动机相匹配的原则，即变频器的输出功率是不能低于电动机功率的，尤其是在负载的启停过程中就更加重要。只有在水泵和风机都处于满载的状态下，但仍然不能满足负载要求时，才开启另一台水泵或风机。因此，虽然变频器的运行是为了节能，但仍然存在满载的运行状态的可能性，否则节能效果就不能达到满意的程度。

1. 安装条件

（1）安装场所应湿气少，无水侵入；（2）无爆炸性、易燃性和腐蚀性气体和液体，粉尘少；（3）变频器容易搬入和搬出；（4）定期的设备维修和检查应易于进行；（5）应与易受高次谐波干扰设备隔离。

2. 使用环境

（1）环境温度：-10 ~ 40℃；（2）相对湿度：20% ~ 90%；（3）海拔：1000m 以下，每超过 100m，额定容量减少 10%；（4）安装处振动加速度应限制在 $0.29mm/S^2$ 以内，否则应采取减振措施。

3. 通风散热措施

变频器一般安装在机柜内，变频器的最高允许温度为50℃，周围环境温度为40℃时，只允许变频器在机柜内的温升为10℃，因此，变频器安装机柜一般均应采取强制通风措施，以降低温升。

安装机柜不采用强制通风时，变频器产生的热量，通过机柜内部的空气，由柜表面自然散热，这时散热所需要机柜有效面积以满足散热量的要求。

当采用通风机强制通风散热时，换气量应满足散热量的要求。使用强制通风时应注意下列要点：

（1）使用机柜强制通风时，随着吸入外部空气，也会同时吸入尘埃，所以在入口处应设有空气过滤器，在门扉部有屏蔽垫，在电缆引入口有精梳板，当引入电缆后，就会密封起来；（2）有空气过滤器时，如吸入口的面积太小，则吸入风速增高，以致过滤器在短时间内堵塞，而且压力损失增高，导致降低通风机的换气能力；（3）考虑到电源电压的波动而使风扇能力降低，应选定20%裕量的通风机；（4）通风机工作时，机柜下部供给外部空气，向上排除内部空气；（5）若需并排安装两台或多台变频器时，必须留有足够距离，竖排安装时，其间隔至少50cm，两台变频器之间加隔板，采取导流措施，使上排变频器的散热效果得到提高。

（六）变频压缩机简介

变频压缩机是指相对转速恒定的压缩机而言，通过一种控制方式或手段使其转速在一定范围内连续调节，能连续改变输出能量的压缩机。变频压缩机可以分为两部分，一部分是变频控制器，就是常说的变频器；另一部分是压缩机。变频控制器的原理是将电网中的交流电转换成方波脉冲输出。通过调节方波脉冲的频率（即调节占空比），就可以控制驱动压缩机的电动机转速。频率越高，转速也越高。变频控制器还有一个优点是，驱动电动机起动电流小，不会对电网造成大的冲击。

传统空调压缩机依靠其不断地“开、停”来调整室内温度，其一开一停之间容易造成室温忽冷忽热，并消耗较多电能。变频空调则依靠空调压缩机转速的快慢达到控制室温的目的，室温波动小、电能消耗少，其舒适度大大提高。运用变频控制技术的变频空调，可根据环境温度自动选择制热、制冷和除湿运转方式，使居室在短时间内迅速达到所需要的温度，并在低转速、低能耗状态下以较小的温差波动，实现了快速、节能和舒适控温效果。变频空调的核心是变频器，它通过对电流的转换来实现电动机运转频率的自动调节，把5OHZ的固定电网频率改为变化的频率；同时，还使电源电压范围增大，彻底解决了由于电网电压不稳而造成空调器不能工作的难题，使空调完成了一个划时代的变革。

变频空调通过提高空调压缩机工作频率的方式，增大了在低温时的制热能力，最大制热量可达到同类空调器的 1.5 倍，低温下仍能保持良好的制热效果。此外，一般的空调分体机只有四挡风速可供调节，而变频空调器的室内风机自动运行时，转速会随空调压缩机的工作频率在 12 挡风速范围内变化，由于空调风机的转速与空调器的能力配合较为合理、细腻，实现了低噪声的宁静运行，最低噪声只有 30dB 左右。变频空调在每次开始启动时，先以最大功率、最大风量进行制热或制冷，迅速接近所设定的温度后，空调压缩机便在低转速、低能耗状态下运转，仅以所需的功率维持设定的温度，这样不但温度稳定，还避免了空调压缩机频繁启停所造成的对寿命的衰减，而且耗电量大大下降，实现了高效节能。

三、蓄冷空调技术

空调用电的特点是能耗大，日周期性很明显，使用的多为高峰电。蓄冷空调系统则尽可能地利用非峰值电力，使制冷机在满负荷条件下运行，将空调所需的制冷量以显热或潜热的形式部分或全部地储存于蓄冷介质中，一旦出现空调负荷，便释放出来，满足空调系统的需要。

电网的负荷是随用电量的情况变化而变化，电能不易储存的特性要求发电机组的发电量也要跟随此变化而变化，形成了电网负荷的峰谷值差。差值增大将增大调峰发电机组的容量，同时输电线路、变电设备的容量也要依据增大了的最大负荷确定。用电量的周期性变化采用能耗高的调峰机组调节，降低了整个能源系统的利用效率。合理的解决途径之一是采用经济和技术手段，使部分可转移的高峰电力负荷转移到低谷时使用，由此可见，蓄冷空调技术在我国的发展具有很大的空间。

（一）蓄冷技术的分类及特点

1. 分类及特点

蓄冷空调系统是在传统空调系统中加装一套蓄冷装置形成蓄放冷循环后的空调系统。

从热力学角度分析，蓄冷空调的蓄冷方式基本上有两种：一种是显热蓄冷，它是在蓄冷介质状态不变的情况下，使其降温释放热量后蓄存冷量的方法；另一种是潜热蓄冷，它是在蓄冷介质温度不变的情况下，使其状态变化释放相变潜热后蓄存冷量的方法。

蓄冷系统工作模式有两种：一种是全量蓄冷工作模式，另一种是分量蓄冷工作模式。全量蓄冷工作模式是利用非空调时间储存足够的冷量来供给全部的空调负荷，将用电高峰期的空调负荷全都转移到电网负荷的低谷期；分量蓄冷工作模式是利用非空调时间蓄存一定的冷量，在用电高峰期制冷机仍然工作直接供冷，同时利用非空调时间蓄存的冷量供给部分的空调负荷，将用电高峰期的空调负荷部分地转移到电网的低谷期。

根据蓄冷介质的不同，蓄冷系统分为三种基本类型：一类是水蓄冷，即以水作为蓄冷介质的蓄冷系统；另一类是冰蓄冷，即以冰作为蓄冷介质的蓄冷系统；再一类是共晶盐蓄冷，即以共晶盐作为蓄冷介质的蓄冷系统。水蓄冷属于显热蓄冷，冰蓄冷和共晶盐蓄冷属于潜热蓄冷。

水的热容量较大，冰的相变潜热很高，而且都是易于获取和廉价的物质，是采用最多的蓄冷介质，因此水蓄冷和冰蓄冷是应用最广的两种蓄冷系统。

蓄冷中央空调系统与传统中央空调系统相比，最突出的特点是：可全部或部分地转移制冷设备的运行时间，从而能较大幅度地降低电网的高峰负荷、充填低谷负荷、进行移峰填谷，是终端用户移峰填谷的主要技术手段。一方面，在供电方提高电网运行的可靠性和经济性，降低了供电成本；另一方面，在需电方使空调用电避开电网负荷高峰时段的高价电力，充分利用负荷低谷时段的廉价电力，节省了电费开支。对于供电资源短缺的电网还可以部分地缓解电力供应的压力，对于负荷增长较快的电网会减少增建电厂和输配电系统的电力投资。对于要求较高的空调用户，采用蓄冷空调相当设置一个备用冷源，一旦临时停电可作为应急冷源，启用蓄冷装置和自备电源投入运行，可以保障主要部位的空调负荷。

蓄冷空调能给电力供需双方带来更多的功效，为供需双方开展合作共同推动蓄冷空间的应用创造了更多的机会。随着市场经济的发展和劳动生活条件的改善，电网负荷的峰谷差还会增大，尤其是南方大中城市的空调负荷约占地区电网的 20% ~ 40%，其中中央空调将占相当大的比例，蓄冷空调必将成为需求方管理在节约电力方面一个重要的技术支持手段。

蓄冷空间也存在明显的缺欠：一是它的系统运行效率比传统中央空调要低，主要是增添了蓄冷系统后增加了换热、传热和工质损失，以及冰蓄冷制冷机蒸发温度低导致制冷效率下降；二是它的占地比传统中央空调要大，主要是增加了蓄冷设备及其管路和附属部件等。

2. 水蓄冷空调

水蓄冷是利用水的显热进行冷量储存。它是利用 4 ~ 7℃的低温水进行蓄冷。它的主要特点是制冷效率高、蓄冷设备简单、易于改造、见效快。

（1）传统中央空调的制冷机、风机、水泵、空调箱、管路等主要部件不必更换，可直接使用；（2）以水作为蓄冷介质，获取方便，价格低廉；（3）不需降低制冷机的蒸发温度，制冷深度不变，可保持较高的制冷效率；（4）蓄冷设备比较简单，容易将传统中央空调系统改造为水蓄冷空间系统，投资少，工期短，见效快。

水蓄冷空调的主要缺欠是蓄冷介质的蓄冷密度低，蓄冷设备占地大和蓄冷效率低。理论上，在水和冰两种蓄冷介质同样体积下，冰蓄冷能力约为水蓄冷能力的 15 倍。因此，在提供相同蓄冷量条件下，水蓄冷设备用占地要比冰蓄冷占地大得多，因而受场地条件

约束大。若能够与消费水池共用，不但可以节省占地，而且还可以减少投资。另外，水蓄冷的蓄冷槽内不同温度的冷冻水易于掺混，且受庞大蓄冷槽的水表面散热损失较大等因素的影响，使其蓄冷效率偏低。

3. 冰蓄冷空调

冰蓄冷是利用冰的相变潜热进行冷量储存。由于冰的蓄冷密度高，使得冰蓄冷槽的体积比水蓄冷槽大为减少，冰蓄冷槽的冷损失比水蓄冷槽小。

冰蓄冷空调的主要特点是蓄冷密度大，蓄冷能力强，蓄冷效率高，并可实现低温送水运风，水泵和风机容量较小。

（1）由于其蓄冷介质的蓄冷密度大，故蓄冷设备占地比水蓄冷设备占地小得多，这在大中城市高层楼宇设置蓄冷空调是一个相对有利的条件；（2）冰蓄冷设备内的蓄冷温度比水蓄冷设备内的蓄冷温度低，蓄冷设备内外温差大，但其外表面积远小于水蓄冷设备的外表面积，故而散热损失低，蓄冷效率高；综合考虑各种因素的影响，冰蓄冷槽的跑冷量为其蓄冷量的 1% ~ 3%，而水蓄冷槽为 5% ~ 10%；（3）冰蓄冷可提供低温冷冻水和低温送风系统，使得水泵和风机的容量减少，也相应地减少了管路直径，有利于降低蓄冷空调的造价；（4）临时停电时，冰蓄冷系统可以作为一个蓄冷库当作应急冷源。

冰蓄冷空调的主要缺欠是在蓄冷工况时的制冷效率低，制冷能力下降。一般制冷剂的蒸发温度每下降 1℃，系统的制冷功率要下降 3%。水蓄冷空调制冷机制冷剂的蒸发温度与传统式中央空调相同，一般在 2 ~ 3℃，而在蓄冰工况时制冷剂的蒸发温度一般在 –7 ~ –8℃，大致相差 10℃。因此，相同容量的制冷机，冰蓄冷的制冷能力要下降 30% 左右，即相当水蓄冷空调制冷机容量的 70%。理论上，在环境条件不变的前提下蓄冷工况的单位冷吨用电量，冰蓄冷约为水蓄冷的 1.43 倍。应当指出：蓄冷用电量是填谷电量，既可以缓解电网压电的困难，又有利于平稳系统负荷；对用户来说，从移峰填谷电价差中所获得的收益，往往高于效率损失的花费。此外，冰蓄冷系统的装置比较复杂，操作技术要求高，投资也比较大，施工期也比较长，更适合于大中型新建筑物采用。

4. 共晶盐蓄冷

共晶盐蓄冷是潜热蓄冷的另一种方式。共晶盐蓄冷介质是由无机盐、水、成核剂、稳定剂组成的混合物。在空调蓄冷工程中较常用的是相变温度约为 8 ~ 9℃的共晶盐蓄冷材料，其相变潜热约为 95kJ/kg。将此蓄冷材料装在球形或长方形的密封体里，并堆积在有载冷剂（或冰冻水）循环通过的贮槽内组成蓄冷装置。目前国外已开发出多种结冰温度的共晶盐蓄冷材料。这些盐的结冰温度分别为 5℃、8℃、10℃。对用于蓄冷介质的共晶盐，要求具有融解潜热量大、导热系数高、密度大和无毒、无腐蚀性等特性。

采用共晶盐蓄冷系统，因其相变温度在 0℃以上，可以克服冰蓄冷要求很低的蒸发温度的缺点，可直接使用普通的空调冷水机组，很容易将现有空调系统改造成蓄冷空调系统。这将较多地节省投资和运行费用。另一方面由于共晶盐蓄冷材料的释冷温度较高，目前较理想的共晶盐材料品种单一，价格较高，应用场合也受到一定的限制。

共晶盐蓄冷系统可使常规冷水机组提供的5C冷水对蓄冷槽蓄冷。由于蓄冷系统一般用于负荷相对较大的场合，所以主机用离心式冷水机组较多。当然往复式和螺杆式也有使用，蓄冷系统只要加一个蓄冷槽和相应的管道及一些辅助设备，就可以连到现有的空调系统中了，且现有的空调系统无须改动或改动很少。

（二）空调蓄冷的应用条件与范围

空调蓄冷是一种重要的节能措施，但其节能效果和经济效益随着具体条件的不同在很大范围内变化，在使用时应特别注意。

空调蓄冷的应用条件与范围如下：（1）空调蓄冷特别适用于间歇空调以及峰谷负荷差较大的连续运行空调系统。例如办公大楼、影剧院、体育馆、图书馆、机场候机楼、乳品加工厂、宾馆、饭店、旅馆以及非三班制的工厂车间等。尤其是空调峰值负荷与电网峰值负荷同时或接近同时出现时，更为适用；（2）夜间谷值电价低廉，且峰谷电价差价越大时，空调蓄冷的节能效果和经济效益将越显著；（3）水蓄冷时，可采用任何形式的制冷机作冷源，而冰蓄冷时宜采用活塞压缩式、螺杆式等制冷机，以保证其蒸发温度达到 -15 ~ -10℃左右的制冷工况要求。当采用冷水机组时，应考虑到与蓄冷槽的系统连接；（4）当采用冰蓄冷时，还应考虑到是否有适合的蓄冷槽或空调冰蓄冷机组产品，或自行设计和加工这些产品；（5）当采用空调蓄冷系统时，应当进行设计工况及运行工况的能耗分析，并对各工况进行优化，以期达到最大可能的节能效果，并获得最大的经济效益；（6）当采用空调蓄冷时，应当配备具有一定技术水平的运行管理人员，有条件时，可采用计算机管理和控制。

综上所述，在考虑采用空调蓄冷时，应十分注意具体的应用条件，根据空调负荷的特点进行能耗分析和优化设计，并加强管理，方能达到最佳的节能效果和最大的经济效益。

四、地板供暖技术

（一）、地板供暖的概念及分类

地板供暖的全称为低温地板辐射供暖，通常简称为地暖。低温辐射地板供暖是通过埋设于地板下的加热管——地暖专用管或发热电缆，把地板加热到表面温度18 ~ 32℃，均匀地向室内辐射热量地板供暖而达到采暖效果。地暖因符合足暖头凉的人体采暖需求，被誉为最舒适的家庭采暖方式。常见地暖的种类有水地暖、电地暖和新型碳晶地暖，其中电地暖和水地暖在我国已经使用多年，特别是水地暖，它的历史甚至

可以追溯到2000年前的古罗马以及土耳其等国。

水地暖通过埋设于地面内的热水（≤60℃）盘管，把地面（水泥、瓷砖、大理石实木复合、强化地板）加热，以整个地面作为散热面，用对流的热传递方式，均匀的向室内辐射热量，是一种对房间微气候进行调节的节能采暖系统。

电地暖和水地暖的工作原理一样，只不过热媒不一样，使用效果也有所差别。电地暖是将外表面允许工作温度上限为65℃的发热电缆埋设在地板中，以发热电缆为热源加热地板，以温控器控制室温或地板温度，实现地面辐射供暖的供暖方式，主要有舒适、节能、环保、灵活、不需要维护等优点。

碳晶地暖是一种新型的地暖种类，碳晶地暖系统的全称是碳素晶体地面低温辐射采暖系统，碳晶地暖是以碳素晶体发热板为主要制热部件而开发出的一种新型的地面低温辐射采暖系统。碳晶地暖系统充分利用了碳晶板优异的平面制热特性，采暖时整个地（平）面同步升温，连续供暖，地面热平衡效果好。

（二）地板供暖的特点

1. 地板供暖的优点

（1）提高了室内环境的舒适度，低温地板供暖采暖给人以脚暖头凉的舒适感，符合人体的生理学调节特点。热容量大，热稳定性好；（2）节约能源，低温地板供暖采暖可以在比室内正常设计温度低2～3℃情况下达到对流散热供暖相同的舒适度，比传统的采暖方式要节约能源。另外，低温地板辐射采暖可方便地实现分户热计量控制；（3）扩大了房间的有效使用面积，采用暖气片采暖，一般100㎡占有效使用面积达2㎡左右，而且上下立横管诸多，给用户装修和使用带来不便；（4）对热能温度要求不高，当热能温度低于50℃时，有较强的适应性。

2. 地板供暖的缺点

（1）初投资较高，由于地板采暖管材（铰链管、铝塑管）价位较高，以至于初投资较大；（2）层高及荷载增加，由于地板采暖管敷设于地板上需占用60～100mm的层高，为保证建筑物的净高，必须提高层高，从而导致结构荷载增大；（3）土建费用增加，因地板采暖管敷设于地板内，增加了地板厚度60～100mm，致使楼板荷载增加多达2.4kN/㎡，相应地建筑物层高增加，梁柱截面和结构荷载增大，地基处理复杂，使土建费用提高；（4）可维修性较差，由于地板采暖属隐蔽性工程，一旦加热盘管渗漏或堵塞，维修工作相当麻烦。但可采取有效措施，克服这一缺点，如隐蔽加热盘管，不允许有接头，管网系统中加过滤器等。

（三）关于地板供暖的节能问题

地板供暖与散热器采暖相比，具有一定的节能效益。

（1）由于地板供暖所产生的平均辐射温度较高，而且室内沿高度方向上温度分布均匀，温度梯度小，人处于加热区内，而散热器温度最高区在房间上方，温度梯度大，当人感觉温度相同时，地板辐射供暖房间的室内空气平均温度要低于对流采暖房间的空气温度，降低房间热负荷；（2）地板辐射供暖采用低温热水，而温度较低的热水在传输过程中比散热器传输时散热损失小；（3）可利用低位能源，如余热，太阳能等，节约高位能源；（4）散热器置于窗下靠墙，会有一小部分热量短路至室外，而地板供暖没有这一弊端；（5）当冬季进行通风时，由于室内外温差较对流系统的温差小而节约能量。

但需说明的是，地板的加热能力通常会比房间热负荷大，若不对房间温度实行严格控制措施，则有些用户可能会超标准用热而造成额外能耗。

地板供暖具有舒适、节能、不占室内面积等优点，随着建筑保温程度的提高和管材质量及施工水平的提高，使用日益广泛。特别是配合太阳能集热系统、水源热泵系统使用时，更具节能与环保意义。由于地板供暖系统与生活热水往往同一热源，可节省设备投资。有利于系统布置。对于夏季不太炎热、较为干燥的地区或仅要求一定程度降温的场合，可考虑同时使用夏季地板供冷。管路系统共用，冷热源可使用同一热泵，可节省设备投资。

五、辐射吊顶技术

（一）辐射吊顶技术的类型

与传统空调相比，可节能 30% ~ 60%。我国亦有推行辐射吊顶系统的条件，值得在我国大力推广。许多暖通空调工程师及房地产开发商对这一新型空调末端装置表现出极大的兴趣。但目前辐射吊顶的推广仍然很缓慢，仅用于一些高档楼盘和办公楼。造成这一现象的主要原因是辐射吊顶的应用还涉及水处理、热交换、空气除湿、自控等多个专业。人们对这一新的概念缺乏了解，对这一空调末端技术特性参数缺乏了解，这一新型空调缺乏常规空调系统的估算值。

辐射吊顶分为三种类型：混凝土板预埋管冷吊顶、毛细管网栅冷吊顶和金属辐射吊顶。

1. 混凝土板预埋管冷吊顶

混凝土预制辐射板是沿袭辐射楼板思想而设计的辐射板，是将特制的塑料管或不锈钢管在楼板浇筑之前将其排布并固定在钢筋网上，浇筑混凝土后，就形成“水泥核心”结构。这种辐射板结构工艺较成熟，造价相对较低。考虑到初投资问题，目前国内管材主要采用聚丁烯管材。聚丁烯管材无论是从耐温耐压方面还是从施工性能方面而言，均有其他管材无法比拟的优点。由于混凝土楼板具有较大的蓄热能力，可利用该辐射板实

现蓄能。混凝土板的换热能力（热工性能、供热供冷能力）主要影响因素为供水温度和埋管间距，埋管管径和管子埋深对其影响不大。通常，冷水进水温度为 16 ~ 20℃，埋管间距宜取 100 ~ 250mm，埋管管径宜取 15 ~ 30mm，管子埋深宜取 30 ~ 100mm，混凝土板供冷能力为 30 ~ 45W/ ㎡。

混凝土辐射末端为目前国内主要采用的辐射末端，合理的设计辐射系统与新风系统的匹配，采用新风系统弥补混凝土辐射末端供冷能力的不足。另外，可通过调节新风系统来弥补该末端使用过程中难以调控的不足。

2. 细管网栅冷吊顶

毛细管网栅为毛细管的模块化产品，网栅可以根据安装应用需求，做成相应的尺寸，安装灵活多变，既可用于新建建筑也可用于既有建筑，其材质为聚丙烯。聚丙烯共聚物是一种高分子物质，具有很强的耐温能力、硬度和抗张强度。毛细管网栅产品具有高延展性，抵抗能力强。如果设计和安装准确，寿命周期可超过 50 年。管道平滑无孔，表面不粗糙，这样可减少壁面阻力，减少压力损失。通常毛细管管径在 3.0 ~ 6.5mm 之间，壁厚在 0.5 ~ 1mm 之间，集管管径在 16 ~ 20mm 之间，壁厚在 2.0 ~ 3.5mm 之间。系统运行压力 400 ~ 2000kPa。毛细管网宽幅一般在 1.2m 以内，长度最长可达 6m。一般根据建筑房间的尺寸和设计长度，由工厂定做。毛细管组集管之间采用专用设备热熔对接。毛细管平面辐射供暖 / 制冷系统末端是将毛细管组网水平敷设在房间的顶棚上、墙壁上或者地面。顶棚可做成石膏板吊顶或是直接用水泥沙浆抹平，也可做成金属吊顶。毛细管网冷吊顶供冷能力为 55 ~ 95W/ ㎡。

3. 金属轻射板冷吊顶

金属冷吊顶单元是以金属为主要材料的模块化辐射板产品，适合安装于各种常用规格的金属顶棚板内，也可用于开放式系统或是相龙骨式吊顶相结合。金属冷板单元单位面积供冷功率大，运行成本低。而且金属冷板单元质量大，耗费金属多，价格偏高，表面温度不均匀。辐射面板一般采用具有小孔的金属板，用来增强对流，同时具有吸声功能。金属辐射冷吊顶的供冷能力为 80 ~ 110W/m。

毛细管网末端和金属辐射末端对水温变化响应的灵敏度高，较混凝土末端具有较小的延迟性，为实现真正意义上的室温单独控制带来可能。目前限制的主要因素是对这一系统缺乏真正意义上的了解，设计施工不够成熟，毛细管、金属辐射板材以及露点控制系统价格昂贵。因此，加大对毛细管末端和金属辐射末端的性能研究，以及毛细管管材及相应露点控制系统的国产化研发，将促进毛细管末端和金属辐射末端在我国的应用及扩展。

（二）空调效果对比分析

辐射换热对人体的舒适感具有重要意义，冷吊顶辐射供冷弥补了传统空调中以对流制冷为主的不利因素，增加了人体的辐射热量，有助于提高人体舒适度。另外，冷却顶板使得人的头部冷，脚部暖，更符合人体的舒适性。采用冷却吊顶时，用户可在相对较高的室内温度下感到舒适，辐射末端冷吊顶冷媒和环境之间的热阻小，具有传热好、温度匀、重量轻的特点。管内水流速度较慢，大约在0.1 ~ 0.2m/s之间，系统运行时噪声较低。毛细管网能够提供非常连续的温度，没有温度波动。这就意味着每一个用户可以拥有同样的空调条件，而传统空调存在室内舒适不均匀的特点。毛细管网可以在较短的时间内实现温度调节，几分钟后室内温度明显改变。毛细管网辐射末端制冷较快，容易出现结露现象。据调查，目前的毛细管项目中，靠近门的位置容易出现结露现象。设计时，要特别注意门厅，因为门厅人流量大，湿度难以控制，而且围护结构有冷热桥。

金属辐射面板一般采用铝材料，比重小而导热性能好，表面具有微穿孔以消除噪声和增强传热；背面使用U型塑料弯管作为循环水通道。金属辐射板的主要优点是美观大方、易于与装修配合，可以直接作为吊顶装饰面使用，适合作为较高档办公楼的空调选择。从辐射供冷理论上讲，金属辐射板相对于混凝土预制辐射板和毛细管网栅可提供更强的供冷能力。但由于结露，其循环水进口水温不能低于室内设计空气状态的露点温度，因此在高湿地区供冷能力得不到最大程度地发挥，但是金属吊顶板是3种辐射供冷中制冷最快的一种，负荷的反应迅速灵敏，一般不超过5min。

（三）启停控制及运行调控

由于混凝土楼板具有较大的蓄热能力，系统惯性大、启动时间长、动态响应慢，有时不利于控制调节，需要很长的预冷或预热时间。系统整体可以调温差，单个用户不能调节。可通过调节新风系统，来满足部分负荷下室温的调节以及人体的个性化需求。

毛细管网辐射末端对供水温度反应敏感，响应快，每一单独区域可配合自动调温器自行调节，调节效果明显，几分钟后室内温度明显改变。

与毛细管网辐射末端一样，金属板辐射吊顶对供水温度反应灵敏，可以实现灵活控制及运行调控。

（四）露点控制

防结露问题一直是辐射冷吊顶应用关注的焦点问题，也是辐射吊顶在我国推行受到许多业主质疑的问题。特别是在我国南方高湿地区，冷吊顶的结露问题尤为突出，做好防结露工作至关重要。欧洲国家主要配置露点传感器控制冷吊顶水路来解决结露问题，但这一方法主要针对毛细管冷吊顶及金属板冷吊顶。我国目前辐射末端主要采用混凝土预埋管辐射末端。由于混凝土预埋管辐射末端的延迟滞后特性，反应缓慢，采用国外露点控制器的方法并不合理。合理的设计新风系统及系统控制策略是关键。风系统设计必须满足除湿要求。系统启动时，应先启动新风系统降低室内含湿量，再启动辐射系统，辐射系统运行时，风系统必须同时进行。对于室内湿量突增等突发现象，应当对新风系统设置传感器，根据室内湿量的变化调节新风除湿量。

对于毛细管网冷吊顶及金属板冷吊顶，设置露点传感器控制冷吊顶是防结露的主要措施。露点传感器控制方法主要有两种：

一种是定水温。当吊顶温度低于室内露点温度时，通过露点控制器切断冷吊顶。

另一种是根据室内相对湿度变水温。定水温操作模式的不利之处是当吊顶表面存在结露时，必须关闭吊顶。采用变水温的控制方法时，供水温度的增加会使得吊顶供冷能力下降，但冷吊顶不需要关闭。另外，在热湿天气中，为避免人员经常开窗受室外湿空气的影响，窗户处可配置感应器。

即使将冷吊顶与通风系统结合使用，安装露点控制器这一安全措施仍然必不可少。因为通风系统由于损坏、关闭等问题出现故障时，系统仍然存在结露的可能。

对于金属冷吊顶，另一种简单可行的方法是对辐射板表面进行憎水层工艺处理，它充分利用了自然界“荷叶效应”原理，通过增加物体表面的粗糙度，从而提高水滴与辐射板表面的接触角，减少了板面与水珠之间的接触面。由于吊顶表面与水珠形成的表面张力不足以克服水珠本身的重力，故空气中的水蒸气无法凝结在辐射板表面上。

第二节　建筑热水系统节能

一、热泵热水器

（一）热泵热水器的分类与特点

热泵热水器是通过热泵循环产生热水的装置。其中家用热泵热水器由于良好的节能效果与应用前景，得到广泛关注，其应用逐步扩展开来，成为新一代最有前途的热水器。热泵热水器运用逆卡诺循环原理，通过压缩机做功，使工质产生物理相变（气态－液态－气态）），利用这一往复循环相变过程不断吸热和放热，由吸热装置吸取空气中的热量。经过热交换器使冷水逐步升温，制取的热水通过水循环系统进至用户。热泵热水器主要组成部分也分为压缩机、蒸发器、冷凝器、节流器和风机。蒸发器和冷凝器均是换热器设备，而节流器主要为膨胀阀。根据热媒的不同，目前热泵热水器分为空气源热泵热水器、水源热泵热水器和地源热泵热水器。

（二）空气源热泵热水器

空气源热泵热水器目前占据着市场的主流。空气源热泵的热源来自环境中的空气，蒸发器从环境空气中吸收热量，通过压缩机，将热量传递给另外一侧的水介质，从而得到热水。

空气热源的主要缺点是：（1）空气的比热较小，换热过程中需要较大的换热器面积；（2）空气参数（温、湿度）随地域和季节、昼夜均有很大变化，其变化规律对空气热源热泵的设计与运行有重要影响；（3）空气流经蒸发器被冷却时，

在蒸发器表面会凝露甚至结霜（低温时）。蒸发器表面微量凝露时，可增强传热效率50%～60%。但阻力有所增加。当蒸发器表面结霜时，不仅流动阻力增大，而且热阻随霜层的增加而提高。环境温低、相对湿度高时易结霜。当室外温度很低，且空气中含湿量比较低时，结霜并不严重。除霜时，热泵不仅不供热，还要消耗热量。

空气源热泵主要有以下优点：（1）空气源充足，空气能广泛存在，可以自由提取和利用，不受限制，特别适合用于普通家庭；（2）运行时无任何排放及污染，符合环保要求，由于空气一般不具有腐蚀性，因此换热设备不需要特殊处理；（3）热泵热水器的结构简单，设计和使用非常方便，运行可靠。

基于以上特点，目前家用热泵热水器一般为空气源热泵热水器。空气源热泵热水器安装不受建筑物或楼层限制，使用不受气候条件限制，既可用于家庭的热水供应，也能为单位集体供应热水。

（三）水源热泵热水器

水源热泵热水器的热源来自水。蒸发器从水中吸收热量，通过转换将冷凝器中的水温升高来制热水的设备，称为水源热泵热水器。热泵机组从地下水、废热废水，空调冷却水、空调冷冻水中提取热量，加热自来水至50～60℃的热水，其能效比高于空气源热泵20%～30%，运行更加节能。水源热泵热水器的最大特点在于机组不受空气环境温度的影响，一年四季运行稳定。产热水量不受天气变化的影响，对设备和使用环境的要求要高于空气源热泵热水器。只要具备10℃左右的水源场所，此类热水器均可使用。

水源热泵热水器的优点是：（1）水的比热容大，传热性能好，因而换热设备较为紧凑。在同样的换热能力条件下，水源热泵需要的换热设备尺寸小；（2）水温一般较稳定，特别是地下水资源，从而可使热泵运行性能良好。

水源热泵热水器的缺点是：（1）必须靠近水源，或必须有一定的蓄水装置；（2）对水质有一定的要求，输送管路和换热器的选择必先经过水质分析，才能防止可能出现的腐蚀；（3）在选用换热设备方面，需要考虑采用比较耐腐蚀的材料，这样会增加设备的成本。

可供热泵作为低位热源用水包括地表水、河川水、湖水、海水等和地下水（深井水、泉水、地下热水等）。无论是深井水、还是地下热水，都是热泵的良好低位热源。地下水位于较深的地层中，因隔热和蓄热作用，其水温随季节气温的变化较小，特别是深井水的水温常年基本不变，所以对热泵运行十分有利。大量使用深井水会导致地面下沉，最终造成水源枯竭。因此，如以深井为热源可采用“深井回灌”的方法，并采用“夏灌冬用”和

"冬灌夏用"的措施。

（四）地源热泵热水器

地源热泵热水器采用地下土壤作为热源，蒸发器从土壤中吸收热量。通过热泵循环，制备生活或工业热水。土壤热源的主要优点是温度稳定，不需通过采用风机或水泵采热，没有噪声，也不需要进行除霜。但由于土壤的传热性能欠佳，需要较多的传热面积。导致占地面积较大。此外，在地下埋设管道时成本较高，运行期间产生故障时不容易检修。土壤受热干燥后，其导热能力显著下降，夏季难以向外排热，成为不可逆的运行。埋入土壤中的导管可以是金属管或塑料管。通常不直接使热泵工质进入地热盘管，而多用盐水、乙二醇等载热介质在管道中循环。

土壤的传热性能取决于其热导率、密度和比热容。潮湿土壤的热导率比干燥土壤大很多。当地下水位高而使埋管接近或处于水层中时，土壤的热导率大为提高，如地下水流动速度增加时，传热性能还会提高。当换热器附近的土壤冻结时，不仅使得导热率增大，而且冷冻土的膨胀性使得土层与管表面接触紧密，有助于增强传热效果。

（五）太阳能热泵热水器

太阳能作为热泵热源的应用实际上是指热泵与太阳能供热的联合运行。热泵与太阳能供热可以有直接方式和间接方式。间接方式是先将太阳能的热量吸收进蓄热槽内，然后再进行循环。对于直接方式，太阳能的集热板本身就是热泵的蒸发器。在不同季节的白天和晚上，均可采用蓄热和放热的方式提供冷量与热量，称为太阳能热泵装置。由于太阳能热泵热水器集成了太阳能技术和热泵技术，其节能效果更好，但是技术难度和设备投资方面均比空气源热泵热水器要高。目前，对于太阳能热泵热水器的研究工作，国内外开展得较多。

无论是空气源热泵热水器还是水源热泵热水器，节能是其最大的优点，特别是当前我国能源形势紧张，节能和环保是社会和国民经济发展长期重点考虑的目标。热泵热水器从根本上消除了电热水器漏电、干烧及燃气热水器工作时产生有害气体等安全隐患，克服了太阳能热水器阴雨天不能工作等缺点，除具有高效节能、安全环保、全天候运行、使用方便等诸多优点外，压缩机能在制热工况下工作十几年，使用年限远高于其他类型的热水器。与目前市场目前的其他热水器相比，热泵热水器具有其他热水器无法比拟的优点，与电热水器相比，热泵热水器可节电 75%，且在运行过程中不像电热水器一样会出现漏电等安全问题，与天然气和锅炉热水器相比，其能源成本不仅大大降低，而且不污染环境。

二、热电冷联产技术

热电冷联产是同时生产电能（或机械能）、热能和冷媒水的一种联合生产方式。由热电联产发展而来，是热电联产技术与制冷技术（吸收式或压缩式）的结合。热电冷联产装置的选择范围很大。就动力装置而言可选择外燃烧式蒸汽动力装置和内燃烧式燃气动力装置；就制冷而言可选择压缩式、吸收式或其他热驱动制冷方式。还可以根据用户性质、条件选择大规模热电冷联产装置和设在用户现场的三联产装置。

在热电联产应用中，背压式汽轮机常常受到区域供热负荷的限制不能按经济规模设置，多数是容量相当小和效率低的。而燃气轮机则通过技术革新已经生产出了尺寸小、质量轻、机械效率高和排气温度高的产品。产品的容量从小于750kW到大于75MW，甚至有容量超过300MW和小于80kW的。它们用于热电联产时，机械效率为30%～40%，热效率为70%～80%。所以在有燃气和燃油的地方，燃气轮机正日益取代汽轮机在热电联产中的地位。

（一）外燃烧式热电冷联产

外燃烧式热电冷联产系统是由锅炉产生高压高温蒸汽，利用汽轮机将蒸汽的热能转变为机械能，并带动交流发电机发电。汽轮机的抽汽或排汽对外供热和驱动吸收式制冷机制冷。此外，该系统还可有如下变化：用制冷压缩机取代交流发电机，或在抽汽式汽轮机的抽汽处装第二台带动制冷压缩机的汽轮机。

热电冷联产提高了设备利用率，但是与凝汽式发电相比，供热汽轮机组电效率降低，外燃烧式热电联合生产热能是以发电量的减少为代价的。

利用联产热供暖供冷与用锅炉或直燃热相比总是节能的。总体上，利用外燃烧式热电联产的热能供热制冷，需要汽轮机有较高的进汽压力和热驱动制冷机较高的性能系数，才能与具有较高性能系数的电动制冷机和热泵相竞争。汽轮机直接拖动的压缩式制冷一次能耗率取决于制冷机的COP，与电动制冷类似。

二、内燃烧式热电冷联产

在内燃烧式热电冷联产系统中，内燃机或燃气轮机通过一或两个轴，向交流发电机和/或制冷压缩机提供机械能。由自动调节系统调节交流发电机和制冷压缩机提供能量的比例。内燃机或汽轮机的排汽余热可以直接或间接（通过余热锅炉）用于供热及吸收式制冷机组制冷。回收排汽余热所得蒸汽也可先带动汽轮机发电或产生机械功，构成燃气－蒸汽联合循环，进一步提高热能动力装置的效率。然后再由汽轮机的抽汽或排汽供热及由吸收式制冷机组制冷。

内燃烧式热电联产热能是从回收燃气轮机或内燃机排出的烟气或冷却汽缸的余热所得。若未采用燃气－蒸汽联合循环，既不影响发电量又提高了热能利用率，所以可视为废热利用，从能源的有效利用来看比外燃烧式热电联产更为有利。

在区域供热和供冷应用中有条件地以内燃烧式或燃气－蒸汽联合循环联产装置取代

外燃烧式联产装置是一种趋势。当然还需针对不同供能对象和负荷条件进行设计，解决好能量利用的合理性与用户条件的现实性的矛盾，才能收到预期的节能效果。

三、空调与热水器一体化技术

空调热水器是一种集普通空调器和热水器功能于一身的多功能电器设备。这种近年来新推出的新型电器设备在宾馆、饭店等商业公共建筑中正在推广应用。同时将热水器和空调器合二为一节约了大量的原材料，能为我国构建资源节约型、环境友好型社会作出有力贡献。更重要的是其高效节能的优良运行性能既能大大提高我国广大居民的生活品质，更是我国节能减排、保护环境行动的巨大潜在推动力。

空调热水器应用热泵原理技术通过消耗少量电能，把空气中的热量转移到水中制取热水。空调热水器除夏季制冷、冬季制热的空调功能外，还有一年四季都产生热水的热水器功能。

家用空调热水器设计应注意的几个问题：（1）为适应空调室外机安装位置的需要，家用空调热水器的水箱最好设计成压力膨胀式。如果室外机安装位置能满足热水用水的压力要求，可以选用开放式水箱；（2）如果要求热水温度大于45℃，可以将电磁阀温控器动作温度调节到所需温度值，但应明确提高水温需要延长空调运行时间；（3）由于制冷压缩机内的润滑油位是由生产厂家根据其设计的换热面积确定的，在增加了热回收水箱后，将引起润滑油油位降低，故对该系统，应适当增加润滑油，制冷剂填充量也应增加；（4）由于在热回收用冷凝器内存在制冷剂泄漏至水中的可能，此系统仅适用于洗涤、淋浴等非饮用场合。

四、热水器的经济性

（一）能源价格体系变动对热水器经济性的影响

热水器的经济性受能源价格体系、当地气候条件、初投资、设备容量、运行管理等多重因素的影响。燃气价格和电价是常规热水器使用费用的主要影响因素，能源价格体系的变动势必引起热水器的经济性发生变化。

（二）太阳能热水器在不同城市的经济性

以南方14个代表城市典型气象年逐时气象数据和当前能源价格体系为基础，对平板型太阳能热水器进行逐时模拟和经济性分析说明，虽然南方太阳能资源条件较差，但太阳能热水器在大部分地区能获得较好的性能。与常规热水器相比，太阳能热水器是否具有竞争力，主要取决于其技术经济性。

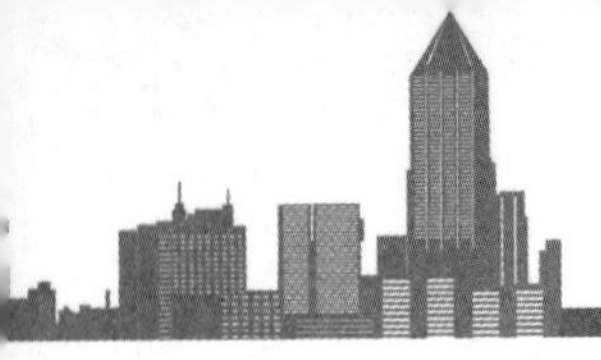

第三节　建筑热回收技术

建筑中有可能回收的热量有排风热（冷）量、内区热量、冷凝器排热量、排水热量等。这些热量品位比较低，因此需要采用特殊措施来回收。

一、建筑排风热回收

在空调通风系统中，新风能耗占了较大的比例。例如，办公楼建筑大约可占到空调总能耗的 17% ~ 23%。建筑中有新风进入，必有等量的室内空气排出。这些排风相对于新风来说，含有热量（冬季）或冷量（夏季）。在许多建筑中，排风是有组织的，因此有可能通过新风与排风的热湿交换，从排风中回收热量或冷量，减少新风的能耗。

（一）排风热回收的效率评价指标

当排风与新风之间只存在显热交换时，称为显热回收；当它既存在显热交换也存在潜热交换时，称为全热回收。评价热回收装置好坏的一项重要指标是热回收效率。热回收效率包括显热回收效率、潜热回收效率和全热回收效率（也称为焓效率）。分别适用于不同的热回收装置。

（二）排风热回收系统的适用条件

当建筑物内没有集中的排风系统且符合下列条件之一时，建议设计热回收装置。

（1）当直流式空调系统的送风量大于或等于 3000m^3/h，且新、排风之间的设计温差大于 8℃时；（2）当一般空调系统的新风量大于或等于 4000m^3/h，且新、排风之间的设计温差大于 8℃时；（3）设有独立新风和排风的系统时。

过渡季节较长的地区，新、排风之间全年实际温差数应大于 10 000℃ · h/a。

对于使用频率较低的建筑物（如体育馆）宜通过能耗与投资之间的经济分析比较来决定是否设计热回收系统。新风中显热和潜热能耗的比例构成是选择显热和全热交换器的关键因素。在严寒地区宜选用显热回收装置；而在其他地区，尤其是夏热冬冷地区，宜选用全热回收装置。当居住建筑设置全年性空调或采暖系统，并对室内空气品质要求较高时，宜在机械通风系统中采用全热或显热热回收装置。

（三）排风热回收装置与系统形式

1. 转轮式全热交换器与热回收系统

转轮式全热交换器的转轮是用铝或其他材料卷成，内有蜂窝状的空气通道，厚度为 200mm。基材上浸涂氯化锂吸湿剂，以使转轮材料与空气之间不仅有热交换，而且有湿交换，即潜热交换。因此，这类换热器属于全热交换器。

转轮式全热交换器适用于排风不带有害物质和有毒物质的情况。一般情况下，宜布置在负压段。为了保证回收效率，要求新、排风的风量基本保持相等，最大不超过1：0.75。如果实际工程中新风量很大，多出的风量可通过旁通管旁通。转轮两侧气流入口处，宜专设空气过滤器。特别是新风侧，应装设效率不低于30%的粗效过滤器。在冬季室外温度很低的严寒地区，设计时必须校核转轮上是否会出现结霜、结冰现象，必要时应在新风进风管上设空气预热器或在热回收装置后设温度自控装置；当温度达到霜冻点时，发出信号关闭新风阀门或开启预热器。

2. 板翘式热交换器及热回收系

板翘式热交换器由若干个波纹板交叉叠置而成，波纹板的波峰与隔板连接在一起。如果换热元件材料采用特殊加工的纸（如浸氯化锂的石棉纸、牛皮纸等），既能传热又能传湿，但不透气，属全热交换器。

当排风中含有害成分时，不宜选用板翘式热交换器。实际使用时，在新风侧和排风侧宜分别设有风机和粗效过滤器，以克服全热回收装置的阻力并对空气进行过滤。

3. 热管式热交换器及热回收系统热管式热交换器

热管式热交换器及热回收系统热管式热交换器由若干根热管组成。热交换器分两部分，分别通过冷、热气流。热气流的热量通过热管传递到冷气流中。为增强管外的传热能力，通常在外侧加翅片。热管式热交换器的特点是：只能进行显热传递；新风与排风不直接接触，新风不会被污染；可以在低温下传递热量，能在-40～500℃进行工作，热交换效率为50%～60%。

二、空调冷凝热回收

常规空调系统的通过冷却塔或直接将制冷过程中的冷凝热量排到室外空气中。对于电动冷水机组，排热量约为制冷量的1.2～1.3倍；对于热吸收式冷水机组，排热量约为制冷量的1.8～2.0倍。比较容易实现的冷凝热量利用是用作生活热水预热或游泳池水加热等。冷凝热回收可以采用以下几种方案。

（一）冷却水热回收

此方案是在冷却水出水管路中加装一个热回收换热器，如图5-3所示。这样可以使热水系统从冷却水出水中回收一部分热量。虽然热水的出水温度小于冷却水的出水温度，但是冷水机组的制冷量与COP基本不变。此方案中，回收换热器可作为生活水系统的预热器，也可以作为热泵的蒸发器，利用热泵系统进行热回收。

（二）排气热回收

此方案是在冷水机组制冷循环中增加热回收冷凝器，在冷凝器中增加热回收管束以及在排气管上增加换热器。目前常见的是采用热回收冷凝器，如图 5-4 所示。从压缩机排出的高温高压的制冷剂气体会优先进入到热回收冷凝器中将热量释放给被预热的水。冷凝器的作用是将多余的热量通过冷却水释放到环境中。值得注意的是，热水的出水温度越高，冷水机组的效率就越低，制冷量也会相应减少。

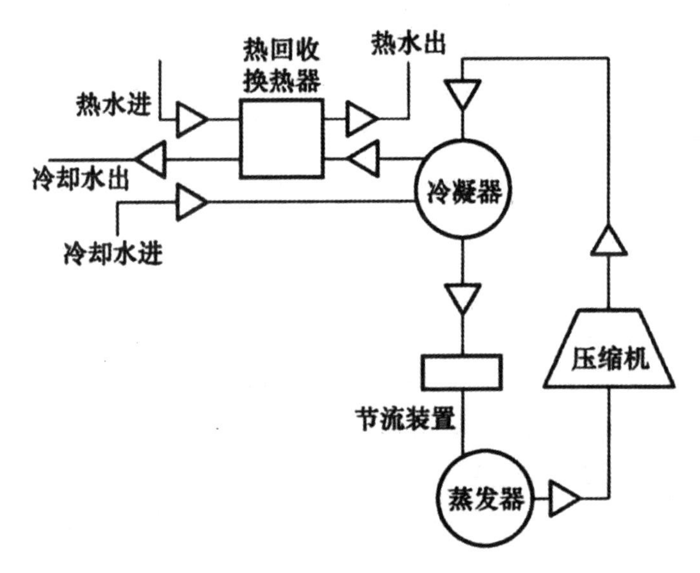

图 5-3 冷却水热回收系统

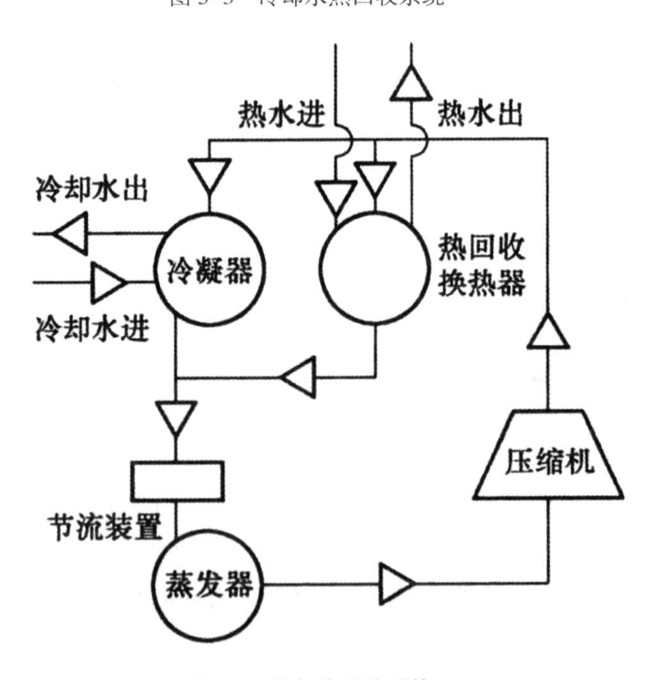

图 5-4 排气热回收系统

另外，建筑排水中蕴藏着大量的热量。据测算，城市污水全部充当热源可以解决城市近 20% 建筑的采暖。利用热泵技术可将污水中的热量提取出来用作生活热水加热或采暖。

第四节　建筑设备系统的运行管理与节能

一、空调环境新风量的控制

对室内新风量控制，目前主要有两种方案：根据利用新、回风焓差控制新风量以及 CO_2 浓度变化控制新风量。控制新风量以保证以最小新风量供给时满足室内人员的舒适要求。

（一）焓差控制新风量

为了充分合理地回收回风能量和利用新风能量，根据新、回风焓值比较来控制新风量与回风量的比例，可以实现最大限度地减少人工冷量与热量。

（二）CO_2 浓度控制新风量

通过 CO_2 浓度传感器测得室内 CO_2 浓度值，将其与设定浓度（1300ppm）进行比较，当 CO_2 浓度小于设定值时，新风阀维持原来的最小开度；当 CO_2 浓度值大于设定值时，通过 PID 算法得到一个新风增量，从而使新风阀稳定于一个新的开度。

新风负荷一般占空调负荷的 30% ~ 50%，因此减少新风负荷可有效地节省空调系统的能耗。

二、空调环境气流组织优化

（一）分层空调技术的应用

对于高度超过 10m 的高大空间空调，基于节能的考虑，一般可采用分层空调的技术处理。所谓分层空调，即采用密集射流，把一个高大的空间分隔成上下两个区域：下部 3 ~ 5m 以下的空调区和 3 ~ 5m 以上的非空调区。由于密集射流的分隔作用，可有效地阻止上下两区之间的对流传热，从而使下部空调区内保持合理的垂直温度梯度。

（二）置换通风方式的应用

针对传统的上送下回混合式空调气流组织的一种改进。在置换式通风空调情况下，送风空气以比常规空调稍高的温度和稍低的风速，由下部送出，直接进入工作区。随后

逐步吸收室内的余热，携带着受污染的气体缓缓上升，通过上部回风口或排风口，排出房间。显然，这样的气流组织，除取得显著的节能效果外，还可提高室内工作区的空气品质（如图 5–5 所示）。

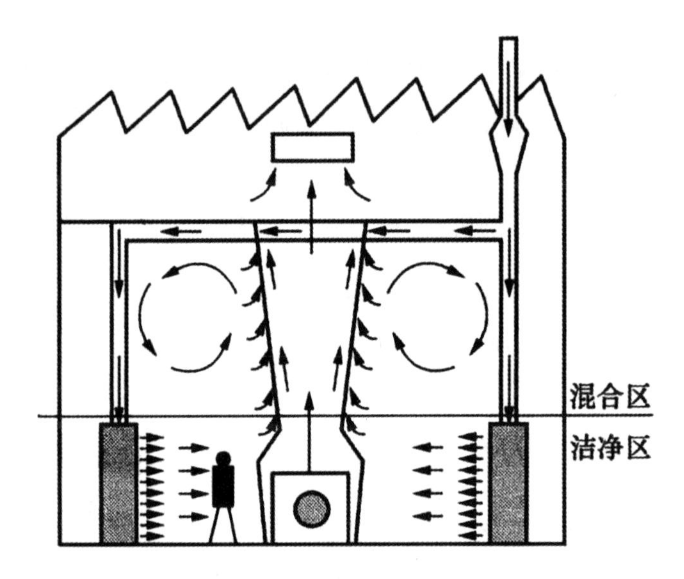

图 5–5　置换通风原理示意图

供冷时可采用较常规空调稍高的进风温度，提高冷冻水供水温度，从而提高冷水机组的运行 COP 值；另外，在利用新风空气降温时，可延长春秋季新风空气降温的利用时间，进一步缩短制冷机组的必要运行时间。

置换通风所形成的室内活塞运动状气流 / 避免了送风空气与整个室内空气的掺混，系统的实际送风温差可大于常规空调，送风量及相应的输送能耗也小得多。

置换通风可以采用地板送风、工作点进风、工作台送风和座椅送风等送风方式。

对于室内人员分布密度小、面积大的空调房间和厂房，采用工作区岗位空调或局部空调是十分节能的一种方式。这种送风方式只考虑对有人的局部区域进行空调，对无人的区域不送风，不做空调处理，或只考虑降低要求的背景空调。

采用地板送风也具有类似置换式通风的特点。将经处理过的送风空气，在进入室内与污染空气混合之前，先送至人的活动区，既节能，又可提高工作区的空气品质。在一些大型公共建筑，如剧院观众厅的应用，可取得良好的效果。此外，在采用地板送风空调情况下，还可利用夏季夜间温度相对较低的室外空气，通过自然通风或机械通风途径，对室内进行换气，同时对房间的建筑构件进行预冷却蓄冷，以便在第二天白天，利用构件的蓄冷来放冷，从而减小白天的冷负荷。

三、空调温湿度独立控制

空调系统承担着排除室内余热、余湿、CO_2 与异味的任务。由于排除室内余湿与排

除 CO_2、异味所需要的新风量与变化趋势一致，可以通控制过新风同时满足排除余湿、CO_2 与异味的要求。排除室内余热的任务则通过其他的系统来实现，可用较高温度的冷源实现排除余热的控制任务。温湿度独立控制空调系统中，采用温度与湿度两套独立的空调控制系统分别控制、调节室内的温度与湿度，可以满足不同房间热湿比不断变化的要求，从而避免了热湿联合处理所带来的损失，且可以同时满足温、湿度参数的要求，避免了室内湿度过高（或过低）的现象。

室内环境控制系统优先考虑被动方式，尽量采用自然手段维持室内热舒适环境，缩短空调系统运行时间。在温湿度独立控制情况下，自然通风采用以下的运行模式：当室外温度和湿度均小于室内温湿度时，直接采用自然通风或机械通风来解决建筑的排热排湿；当室外温度高于室内温度，但湿度低于室内湿度时，采用自然通风或机械通风满足建筑排湿要求，利用吸收显热的末端装置解决室内温度控制。

高温冷源、余热消除末端装置组成了处理显热的空调系统。采用水作为输送媒介，其输送能耗仅是输送空气能耗的 1/10 ~ 1/5。显热系统的冷水供水温度可由常规空调系统中的 7℃提高到 18℃左右，为天然冷源的使用提供了条件，如用深井水、通过土壤源换热器获取冷水等。深井回灌与土壤源换热器的冷水出水温度与使用地的年平均温度密切相关，我国很多地区可以直接利用该方式提供18℃冷水。在某些干燥地区（如新疆等地）可通过直接蒸发或间接蒸发的方法获取 18℃冷水。即使采用机械制冷方式，由于要求的压缩比很小，制冷机的性能系数也有大幅度的提高。余热消除末端装置可以采用辐射板、干式风机盘管等多种形式。由于供水的温度高于室内空气的露点温度，因而不存在结露的危险。

处理潜热的系统由新风处理机组和送风末端装置组成，采用新风作为媒介，同时满足室内空气品质的要求。制备出干燥的新风是处理潜热系统的关键环节。对新风的除湿处理可采用溶液除湿、转轮除湿等方式。转轮除湿的运行能效难以与冷凝除湿方式相比。溶液调湿新风机组是以吸湿溶液为介质，可采用热泵（电）或者热能作为其驱动能源。热泵驱动的溶液调湿新风机组，夏季实现对新风的降温除湿处理功能，冬季实现对新风的加热加湿处理功能。机组冬夏的性能系数均超过 5，溶液调湿新风机组还可采用太阳能、工业废热等热源驱动，其性能系数可达 1.5。在温湿度独立控制空调系统中，新风可通过置换送风的方式从下侧或地面送出，也可采用个性化送风方式直接送入人体活动区。

综合比较，温度湿度独立控制空调系统在冷源制备、新风处理等过程中比传统的空调系统具有较大的节能潜力。实测结果表明：这种空调系统比常规空调系统节能 30% 左右。

四、冷却塔供冷技术

冷却塔“免费供冷”技术是指在室外空气湿球温度较低时，关闭制冷机组，利用流经冷却塔的循环水直接或间接地向空调系统供冷，提供建筑物所需要的冷量，从而节约冷水机组的能耗。是近年来国外发展较快的节能技术。

一般情况下，由于冷却水泵的扬程不能满足供冷要求，水流与大气接触时的污染问题等，较少采用直接供冷方式。采用间接供冷时，需要增加板式热交换器和少量的连接管路，但投资并不会增大很多。同时，由于增加了热交换温差，使得间接供冷时的免费供冷时间减少了。这种方式比较适用于全年供冷或供冷时间较长的建筑物，如大内区的智能化办公大楼等内部负荷极高的建筑物。

五、低温送风系统

低温送风空调是随着冰蓄冷技术的发展而兴起的，低温冷冻水具有相对大的冷量。在输送中可以减少管道的尺寸，减少泵的电耗。在空气处理设备中，由于低温水的送入，可减少空气处理设备的尺寸，同样也可减少风机电动机的电耗。在与冰蓄冷系统相结合的集中空调系统中，应用低温送风，具有降低一次投资、降低峰值电力的作用，同时可减少电耗，节省建筑物面积和空间。

（一）低温送风系统及分类

低温送风空调是指从集中空气处理机组送出温度较低的一次空气，经高诱导比的末端装置（空气混合箱）送入空调房间的送风系统，低温送风空调的一次风送风温度，一般在 3 ~ 11℃之间。

按送风温度的不同，将低温送风系统划分为三类：

1. 送风温度介于 8.9 ~ 11.1℃

这类送风系统的制冷侧用常规冷水机组即可，通过表冷器的冷冻水温升一般在 11.7 ~ 13.3℃之间。风机功率可减少 10% ~ 20%，管道尺寸亦可减少 20% 左右。采用常规的 VAV 作为末端装置，管道和末端装置也不需要特别的保温，室内设计干球温度可增加约 0.6℃。

2. 送风温度介于 5.6 ~ 8.3℃

这类低温送风系统需要和冰蓄冷系统结合，利用蓄冰系统提供的低温水，通过表冷器的冷冻水温升可达 13.3 ~ 16.7℃。风机功率可减少 30% ~ 50%，空调装置的尺寸亦可减少 20% ~ 30%，管道尺寸则可减少 30% ~ 36%。送风末端装置需采用风机动力箱，或高诱导率的末端设备。所有管道及末端装置均需进行保温处理，防止冷凝结露，室内设计干球温度可提高 1.4℃左右。

3. 送风温度介于 3.3 ~ 5℃

这类低温送风系统主要与冰晶蓄冷系统或直接膨胀式非蓄冷系统结合使用，其目的是使风系统侧的初投资最省；需要专门设计的有高诱导率和良好混合特性的送风末端装置。

（二）低温送风系统的特点

低温送风系统与常规空调系统相比，在技术上有了很大进步，其一次性投资减少，运行费用降低，电力需求量减小，空气质量优良，使人体舒适感提高。而冰蓄冷系统在用电谷段进行蓄冷，降低了运行电费。在用电峰段进行释冷，补充设备制冷量的不足。将冰蓄冷系统与低温送风技术结合起来，既能起到转移高峰电力的作用，又能减少整个系统的投资。与常规空调系统相比低温送风空调系统有以下特点：

（1）一次投资低

常规空调系统送风温差一般为 8 ~ 10℃，而低温空调送风温差可达 13 ~ 20℃。所以减少送风风量，同时缩小空气处理设备，减少送风机功率和风管尺寸，从而可减少一次投资。

（2）降低电增容费及运行电费

低温送风系统由于风机功率减少，降低了峰值电力需求，减少电增容费和运行的电费。

（3）对改建工程能提高原通风管道系统的利用程度

与冰蓄冷相结合的低温送风系统特别适合于既需要增加冷负荷，又受电网增容及空间限制的改建扩建工程。在这类工程，增设冰蓄冷系统来满足增加冷负荷要求。在原有风道、送风风机基础上，增大送风温差，减少送风风量，来满足建筑物增加的空调负荷。这样，既节省空间，又可降低改建、扩建费用。

（4）节省建筑空间，降低建筑物造价

低温送风系统中，由于送风量减少，使空气处理设备及送风管尺寸亦减小。对于新建的建筑物，通风管道的减小，可使建筑的层高降低随之减少。

（5）能获得良好的室内空气品质

低温送风空调系统，具有较强的除湿能力，在空气处理设备中冷水温度低于常规空调的冷水温度，从而降低了循环风出风的露点温度。在露点温度下降时，可以通过提高干球温度来增加人体的舒适感。低温空调送风系统的空气相对湿度较低，所以通过适当提高干球温度便可获得更好的舒适感。房间空气干球温度提高后，房间冷负荷降低，制冷机的能耗减少。同时，低温送风还有效地减少了空调区域内细菌生存的湿热环境。抑制了细菌的繁衍，提高了空气的质量，增加了空气的新鲜感，在人体感到舒适的同时还有利于人体健康。

第五节 环境友好制冷空调技术

一、环境友好的制冷工质

由于常用制冷剂中氯原子对臭氧层的破坏以及含氟原子造成的温室效应，各相关领域的专业人士都在关注新型制冷剂的发展动向。21 世纪以来，国内外制冷剂科研工作者不断地探索和开发新型环保制冷剂产品。

评价新型环保制冷剂的条件有：（1）基本构成元素为 H、C、N、O、F、S、Br，不能含 Cl；（2）环境的影响较小，以零 ODP 和低 GWP（< 150）为主要标准；（3）安全性较好，可燃性和毒性较小；用于系统的性能较高；（4）性能稳定且与润滑油的相溶性好；（5）与现有制冷系统有好的适应性；（6）生产成本低；（7）与各种法规的不冲突性等。

新系统中制冷剂的选择标准各个国家、地区是不同的，但其最终目标则是向着世界环境的可持续发展而进步。制冷剂的发展与世界的可持续性发展是密切相关的，是环境可持续发展的要求。

制冷剂包括人工合成和天然两大类。应用人工广泛的合成制冷剂主要包括 CFCs，HCFCs，HFCs。

目前，国际上广泛关注的制冷剂长期替代物的备选工质主要分两类：一类是天然工质（CO_2、碳氢化合物 HCs 等）；另一类是氢氟烃（HFCs）类制冷剂（HFC-32、HFC-125、HFC-134a、HFC-143a、HFC-152a、HFC-227ea、HFC-245ca、HFC-236fa 和 HFC-236ea 等）。

另外，日本学者还在氢氟醚（HFE）物质中寻找有望成为新制冷剂的候补化合物，如：用 HFE-143m（CF3OCH3）替代 CFC-12 和 HFC-134a，用 HFE-245mc（CF3CF2OCH3）替代高温热泵工质 CFC-114 等。

CO_2 作为制冷剂具有其他非天然工质不可比拟的环保优势。目前，在汽车空调、水－水热泵循环和热泵干燥系统中，CO_2 工质系统的研究应用较多。天津大学对 CO_2 制冷剂跨临界循环系统的主要设备进行了优化分析。挪威、德国、丹麦、美国、日本等国家的一些研究机构对 CO_2 工质系统中的压缩机和热交换器进行了大量的理论与实验研究。

碳氢化合物价格便宜，对环境无害，热物性好，化学性能稳定，无毒，与常用的工程材料和润滑油都能兼容。丙烷（R290）已经有许多年作为大型制冷装置工质的经验，具有接近氨的优良的热力性能，传热性能虽稍次于氨，但比 CFC、HCFC 和 HFC 要好得多。在欧洲，绿色环保组织极力把碳氢化合物作为环保制冷剂推广使用。异丁烷（R600a）已在小型制冷系统中用作 CFC 的替代工质。

碳氢化合物的主要缺点在于其可燃易爆性。目前各研究机构和制冷剂生产厂商对易

燃问题的解决方法一般是加入热工性能好的灭火剂（如 HFC-227ea 等），从抑制可燃机理上找突破口。选配适当的比例形成安全可靠、高效、低 GWP、能直接替换充灌的混合工质。混合工质的另一个优点是从整体上更易于满足制冷设备方面的特殊要求。例如，选择在用 R12 离心式冷水机组制冷剂的替代物，除了应遵循替代物筛选的一般原则和规律外，还应遵循替代物摩尔质量与 R12 摩尔质量相近等特殊要求。

目前已有许多 CFC、HCFC 的替代混合工质商业化或正在推广应用，如由 HFC-32 和 HFC-125 组成的二元混合制冷剂 R410A 和 R409A 三元混合制冷剂；清华大学推出了清华系列绿色环保制冷剂 THR01 ~ THR04（R415A、R415B、R418A）和 LXR2a 等；格林柯尔替代 CFC、HCFC 的各类制冷剂 R411A、R411B 等。

二、热电制冷技术

（一）热电制冷特点

（1）结构简单：主要由热电堆和导线连接而成，没有机械运动部件，故无噪声，无摩擦、可靠性高、寿命长，而且维修方便；（2）环境友好：不使用制冷工质，不存在制冷工质对环境的危害；（3）体积小：特别在小体积、小负荷的用冷场合使用热电制冷有其独到的好处；（4）启动快、控制灵活：冷却速度和制冷温度部可以通过调节工作电流简单而方便地实现，可以实现冷却对象温度和区域的精确控制；（5）操作具有可逆性：既可以用来制冷，又可以改变电流方向用于制热。因而可以用来制作高于室温到低于室温范围内的恒温器；（6）主要缺点是效率低，耗电多。由于缺少更好的半导体材料，限制了其发展。另外，半导体电堆的元件价格高。在大容量情况下，热电制冷的效率不及蒸气压缩式制冷，且热电堆庞大、价格昂贵。在小容量情况下，热电制冷的效率高于压缩式制冷。

（二）热电制冷技术与建筑节能

1. 分布式制冷空调系统

展望建筑通风的发展未来，通风与热过程部分分离将成为一种发展趋势；通风以微环境为主要对象以满足个性化的需要；CFD、DDC、MEMS 等技术相互融合，对整个系统和微环境各项指标都能灵敏反应，并能实时做出调整。

人们预期一类分布式（MEMS）能源转化系统将在建筑领域得以应用，为建筑 HVAC 系统的运行带来前所未有的精确性和控制性。一系列尺寸为厘米级小机器取代传统的尺寸为米级的机器而并列运行，效能更高，更加稳定和经济，同时大幅度降低负荷振荡。然而，真正的潜能在于 MEMS 能够将能源转换设备分散性地布置于整个建筑中。这种针对局部条件进行局部控制的系统可使室内空气品质、建筑能源效率的控制提升到

一个新水平。

热电制冷装置与机械压缩式、吸收式制冷系统比较具有下述优点：无转动部件、无制冷工质、结构简单、便于微型化、可控性强、使用寿命长等。热电制冷装置非常便于建筑微环境分布性布置；比较其他类型的微型机电装置生产工艺相对简单，运行更加稳定可靠。

热电制冷装置与 MEMS 系统结合，为建筑环境分布式制冷空调系统的开发提供了建设性技术途径。

2. 建筑废热利用

建筑能流分析表明：建筑物废热（冷）排放具有以下特点：

（1）冷或热排放量较大；废水、废气大部分接近室内温度，废热（冷）与所需能源品位比较接近；（2）建筑热能利用与废热排放有一定的周期性；（3）集中与分散并存，废热排放和热能利用地点接近；（4）利用废热引起的污染和对热交换设备可能引起的腐蚀影响不大，但在工厂及医院等特殊环境的废热利用需要考虑这个问题。

建筑物能量利用和废热排放的时间、分布、温度条件与热电热泵系统的组织、工作特性是比较相适应的。热电热泵相对于一般电加热器，能效系数 EER 较高，不失为一种节能途径。当温差很小，特别是当冷侧热媒的温度高于热侧热媒的温度时，系统热力特性会显著提高，热泵的热回收效率更高。

采取适当的能量回收措施，可以显著提高热电热泵装置的能效。建筑废热回收中，最适宜于热电热泵的形式是废水废热，一方面以水为冷、热侧热媒介的热电热泵系统结构紧凑，便于布置；另一方面废水便于收集和储存，而且废热数量大，设备利用率高。

热电热泵为低品位废热的利用，分散性建筑能耗节约提供了新思路。

三、热电制冷与机械压缩制冷的比较

（一）系统组织和能级变化的相似性

在热电制冷循环中，作为能量载体的循环介质是电子，在电子经历的一个循环中，循环介质经历的基本物理过程为帕耳帖效应和汤姆逊效应，以及电源所提供非静电力对循环介质的做功过程，而焦耳热和格波所引起的傅立叶热不是电子循环的基本物理过程。

在相变制冷中，压缩机做功使冷媒压力增加，推动冷媒在系统中流动。与此类似，电动势促成电子流动，它在环路中形成的电场是电子运动的直接动力。热电制冷器是一种不用制冷剂，没有运动件的电器，冷侧及其热交换器则相当于普通制冷装置的蒸发器，而热侧及其热交换器则相当于普通制冷装置的冷凝器。通电时，自由电子和空穴在外电场的作用下，离开热电臂的冷端向热端运动，相当于制冷剂在制冷压缩机中的压缩过程。在热电偶的冷端，通过热交换器吸热，同时产生电子－空穴对，相当于制冷剂在蒸发器

中的吸热和蒸发。在热电偶的热端，发生电子－空穴对的复合，同时通过热交换器散热，相当于制冷剂在冷凝器的放热和凝结。

系统中最重要的是内能改变的方法。对于蒸发和压缩循环，截流阀是使能量变化的设备。当制冷剂离开冷凝器时，它是处在高压和中等温度下的饱和液体，当制冷剂通过截流阀时，发生绝热等焓膨胀。因此，制冷剂是作为低压，低温，低质量的蒸汽离开截流阀，而且处于最低的能级状态。这使制冷剂在蒸发过程中能吸收大量的热。没有截流阀，压力就不会变，制冷剂的焓就不会变，也就不会出现“抽热”。在热电制冷系统中的类似部分是 P 型和 N 型半导体材料中电子能量的差，假若整个系统电子能级相同，也就不会出现“抽热”。两种系统的能级变化比较如图 5-6 所示。

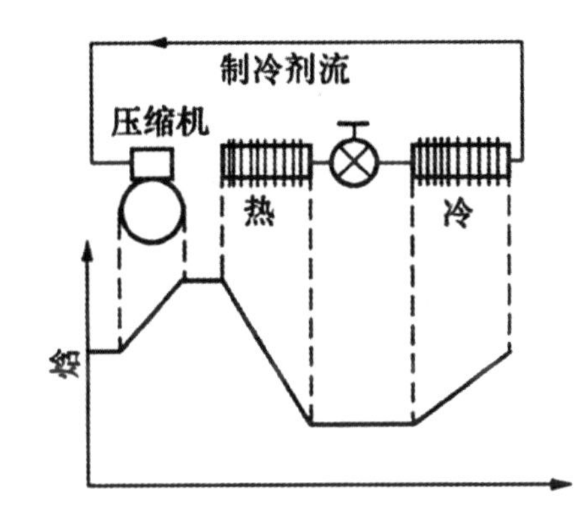

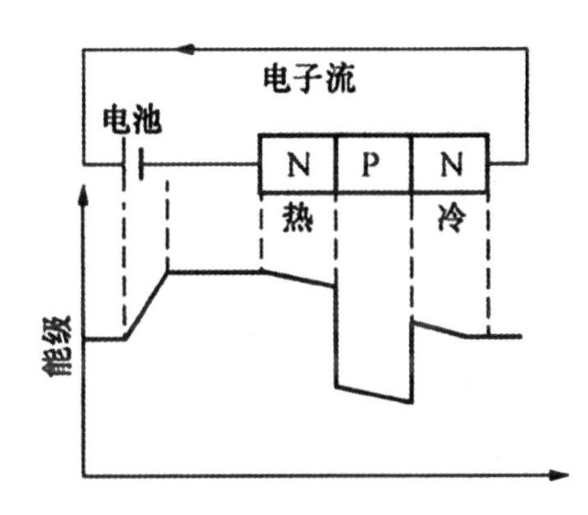

图 5-6　压缩式制冷与热电制冷系统间的能级变化相似性比较

（二）系统区别

热电制冷装置与一般制冷装置的显著区别在于：不使用制冷剂，没有运动部件，容量尺寸易于小型化，使用直流电工作。

由于不使用制冷剂，消除了制冷剂泄漏可能造成的危害。在有些场合，采用热电制冷是十分合宜的，例如在封闭的工作室内制冷、小冷量制冷等场合。

由于没有运动部件，无噪声，无振动，无磨损。因此工作可靠，维护方便，使用寿命长。对于潜艇等特殊环境，对噪声和振动有比较高的要求，维护操作亦力求简便，热电制冷装置是比较理想的冷源。

热电制冷器的容积、尺寸宜于小型化，这是一般制冷技术所办不到的。小型热电制冷器的制冷量一般在几 W 到几十 W 之间，它的效率和容量大小无关，只取决于热电堆的工作条件。微型热电制冷器的容积和尺寸是相当小的。例如可以达到零下 100℃（173K）的四级覆叠式半导体制冷器，它的制冷量只有几十 MW，外形大小与一支香烟盒差不多。

热电制冷装置可以通过调节工作电压来改变其制冷量和制冷温度。作为仪器仪表的小型冷源，易于实现连续、精密的控制。如热电制冷的零点仪可达到 0.001K 的精度。

大型的热电空调装置，改变电路的连接方式可以调节制冷量及制冷、制热工作方式的切换，低负荷时效率随工作电流的减小而提高，超负荷时制冷量可成倍增加，热电制冷装置的这种机动性比较适合船舶的使用要求。

热电制冷装置使用直流电工作，对于工作电压的脉动范围有一定的要求。如果允许的制冷量损失为 1% 左右，那么电压的脉动（波纹）系数（交流成分有效值与直流成分的比值）不得超过 10%。

由于热电制冷的上述特点，在不能使用一般制冷剂和装置的特殊环境以及小容量，小尺寸的制冷条件下，显示出它的优越性，成为现代制冷技术的一个重要组成部分。

第六章 太阳能利用技术

第一节 太阳能利用概述

一、太阳能利用的发展过程

据记载，人类利用太阳能已有 3000 多年的历史，但将太阳能作为一种能源和动力加以利用只有 300 多年的历史。真正将太阳能作为“近期急需的补充能源”，“未来能源结构的基础”，则是近来的事。20 世纪 70 年代以来，太阳能科技突飞猛进，太阳能利用日新月异。回顾和总结太阳能科技发展的历程，对 21 世纪太阳能事业的发展十分有意义。

近代太阳能利用历史可以从 1615 年法国工程师所罗门·德·考克斯发明第一台太阳能驱动的发动机算起。该发明是一台利用太阳能加热空气使其膨胀做功而抽水的机器。1615 ~ 1900 年，世界上又研制成多台太阳能动力装置和一些其他太阳能装置。这些动力装置几乎全部采用聚光方式采集阳光，发动机功率不大，工质主要是水蒸气，价格昂贵，实用价值不大，大部分为太阳能爱好者个人研究制造。20 世纪的 100 年间，太阳能科技发展历史大体可分为 7 个阶段，下面分别予以介绍。

（一）第一阶段（1900 ~ 1920 年）

在这一阶段，世界上太阳能研究的重点仍是太阳能动力装置，但采用的聚光方

式多样化，且开始采用平板集热器和低沸点工质，装置逐渐扩大，最大输出功率达73.64kW，实用目的比较明确，造价仍然很高。建造的典型装置有：1901年，在美国加州建成一台太阳能抽水装置，采用截头圆锥聚光器，功率为7.36kW；1902 ~ 1908年，在美国建造了五套双循环太阳能发动机，采用平板集热器和低沸点工质；1913年，在埃及开罗以南建成一台由5个抛物槽镜组成的太阳能水泵，每个长62.5m，宽4m，总采光面积达1250 ㎡。

（二）第二阶段（1920 ~ 1945年）

在这20多年中，太阳能研究工作处于低潮，参加研究工作的人数和研究项目大为减少，其原因与矿物燃料的大量开发利用和发生第二次世界大战有关，而太阳能又不能解决当时对能源的急需问题，因此使太阳能研究工作逐渐受到冷落。

（三）第三阶段（1945 ~ 1965年）

在第二次世界大战结束后的20年中，一些有远见的人士已经注意到石油和天然气资源正在迅速减少，呼吁人们重视这一问题，从而逐渐推动了太阳能研究工作的恢复和开展，并且成立了太阳能学术组织，举办学术交流和展览会，再次兴起太阳能研究热潮。在这一阶段，太阳能研究工作取得了一些重大进展，比较突出的有：1955年以色列人泰伯等在第一次国际太阳热科学会议上提出选择性涂层的基础理论，并研制成实用的黑镍等选择性涂层，为高效集热器的发展创造了条件；1954年美国贝尔实验室研制成实用型硅太阳能电池，为光伏发电大规模应用奠定了基础。

（四）第四阶段（1965 ~ 1973年）

这一阶段，太阳能的研究工作停滞不前，主要原因是太阳能利用技术处于成长阶段，尚不成熟，并且投资大，效果不理想，难以与常规能源竞争，因而得不到公众、企业和政府的重视和支持。

（五）第五阶段（1973 ~ 1980年）

自从石油在世界能源结构中担当主角之后，石油就成了左右经济和决定一个国家生死存亡的关键因素。1973年发生了“能源危机”（有的称“石油危机”），这次“危机”在客观上使人们认识到，现有的能源结构必须彻底改变，应加速向未来能源结构过渡。从而使许多国家，尤其是工业发达国家，重新加强了对太阳能及其他可再生能源技术发展的支持，在世界上再次兴起了开发利用太阳能的热潮。1973年，美国制定了政府级阳光发电计划，太阳能研究经费大幅度增长，并且成立太阳能开发银行，促进太阳能产品的商业化。日本在1974年公布了政府制定的"阳光计划"，其中太阳能的研究开发项目有：

太阳房、工业太阳能系统、太阳热发电、太阳能电池生产系统、分散型和大型光伏发电系统等。为实施这一计划，日本政府投入了大量人力、物力和财力。

（六）第六阶段（1980 ~ 1992 年）

20 世纪 70 年代兴起的开发利用太阳能热潮，进入 20 世纪 80 年代后不久开始落潮，逐渐进入低谷。世界上许多国家相继大幅度削减太阳能研究经费，其中美国最为突出。

导致这种现象的主要原因是：世界石油价格大幅度回落，而太阳能产品价格居高不下，缺乏竞争力；太阳能技术没有重大突破，提高效率和降低成本的目标没有实现，以致动摇了一些人开发利用太阳能的信心；核电发展较快，对太阳能的发展起到了一定的抑制作用。受 20 世纪 80 年代国际上太阳能研究工作低落的影响，我国太阳能研究工作也受到一定程度的削弱，有人甚至提出，太阳能利用投资大、效果差、贮能难、占地广，认为太阳能是未来能源，主张外国研究成功后我国引进技术。虽然，持这种观点的人是少数，但十分有害，对我国太阳能事业的发展造成了不良影响。

（七）第七阶段（1992 年~至今）

由于大量燃烧矿物能源，造成了全球性的环境污染和生态破坏，对人类的生存和发展构成了威胁。在这样的背景下，1992 年联合国在巴西召开“世界环境与发展大会”，会议通过了《里约热内卢环境与发展宣言》《21 世纪议程》和《联合国气候变化框架公约》等一系列重要文件，把环境与发展纳入统一的框架，确立了可持续发展的模式。这次会议之后，世界各国加强了清洁能源技术的开发，将利用太阳能与环境保护结合在一起，使太阳能利用工作走出低谷，逐渐得到加强。

二、太阳能利用的技术原理

太阳能利用涉及的技术问题很多，但根据太阳能的特点，具有共性的技术主要有 4 项，即太阳能采集、太阳能转换、太阳能贮存和太阳能传输，将这些技术与其他相关技术结合在一起，便能进行太阳能的实际利用。

（一）太阳能采集

太阳辐射的能流密度低，在利用太阳能时为了获得足够的能量，或者为了提高温度，必须采用一定的技术和装置（集热器），对太阳能进行采集。集热器按是否聚光，可以划分为聚光集热器和非聚光集热器两大类。非聚光集热器（平板集热器、真空管集热器）能够利用太阳辐射中的直射辐射和散射辐射，集热温度较低；聚光集热器能将阳光汇聚在面积较小的吸热面上，可获得较高温度，但只能利用直射辐射，且需要跟踪太阳。

（二）太阳能转换

太阳能是一种辐射能，具有即时性，必须即时转换成其他形式的能量才能利用和贮存。将太阳能转换成不同形式的能量需要不同的能量转换器，集热器通过吸收面可以将太阳能转换成热能，实现太阳能－热能转换；利用光伏效应，太阳能电池可以将太阳能转换成电能，实现太阳能－电能转换；通过光合作用，植物可以将太阳能转换成生物质能，实现太阳能－生物质能转换；太阳能可以通过分解水或其他途径转换成氢能（一种高品位能源），即太阳能制氢，实现太阳能－氢能转换，等等。原则上，太阳能可以直接或间接转换成任何形式的能量，但转换次数越多，最终太阳能转换的效率便越低。

（三）太阳能贮存

地面上接收到的太阳能，受气候、昼夜、季节的影响，具有间断性和不稳定性。因此，太阳能的贮存十分必要，尤其对于大规模利用太阳能更为必要。太阳能无法直接贮存，必须转换成其他形式的能量（如热能、电能、氢能等）才能贮存。

（四）太阳能传输

太阳能不像煤和石油一样用交通工具进行运输，而是应用光学原理，通过光的反射和折射进行直接传输，或者将太阳能转换成其他形式的能量进行间接传输。

直接传输适用于较短距离，基本上有三种方法：通过反射镜及其他光学元件组合，改变阳光的传播方向，达到用能地点；通过光导纤维，可以将入射在其一端的阳光传输到另一端，传输时光导纤维可任意弯曲；采用表面镀有高反射涂层的光导管，通过反射可以将阳光导入室内。

间接传输适用于各种不同距离。将太阳能转换为热能，通过热管可将太阳能传输到室内；将太阳能转换为氢能或其他载能化学材料，通过车辆或管道等可输送到用能地点；空间电站将太阳能转换为电能，通过微波或激光将电能传输到地面。

太阳能传输包含许多复杂的技术问题，应认真进行研究才能更好地利用太阳能。

第二节　太阳能利用与建筑一体化

一、太阳能与建筑一体化技术的发展

随着经济社会的发展和人民生活水平的提高以及太阳能利用技术的进步，近年来，太阳能热水器愈益得到推广和普及，取得了良好的节能效果。但太阳能热水器的规格、尺寸、安装位置均属随意确定。目前的太阳能热水器只考虑自身的结构和功能，在建筑

上安装极为混乱，排列无序，管道无位置，承载防风、避雷等安全措施不健全，给建筑景观、建筑的安全性带来不利影响。

太阳能热水系统与建筑结合，就是把太阳能热水系统产品作为建筑构件来安装，使其与建筑有机结合。例如，太阳能集热器本身具有防水隔热的功能，这与建筑物屋顶的作用具有相似之处，即可以利用太阳能集热设施部分或全部代替屋顶覆盖层，从而节约投资。因此，若能把建筑物与太阳能设施放到一起考虑，实现二者相互间的有机结合，不仅是外观、形式上的结合，更重要的是技术质量的结合，这样不仅使太阳能热水系统在建筑领域得到更广泛的应用，促进太阳能产业的快速发展，而且可节约投资，既保持建筑物的整体美观性不受破坏，又可最大限度地利用建筑及设施，一般称为“太阳能与建筑一体化”。

（一）太阳能与建筑一体化技术的现状

一直以来，太阳能等可再生能源在建筑技术上的完美应用都是企业梦寐以求的追求，太阳能与建筑的结合，也在住宅建设中越发呈现出其不可替代的地位，并成为住宅建设中的一个最新亮点。

在召开的世界太阳能大会上就有专家认为，当代世界太阳能科技发展有两大基本趋势：一是光电与光热结合；二是太阳能与建筑结合。太阳能源建筑系统是绿色能源和新建筑理念两大革命的交汇点。专家们公认，太阳能是未来人类最适合，最安全，最理想的替代能源。目前太阳能利用转化率约为 10% ~ 12%，太阳能的开发利用潜力十分巨大。据载，目前，世界各国都在设计自己的“阳光计划”，如德国政府宣布推行“十万屋顶”计划，即在建筑顶部大规模地铺设太阳能发电装置，既节省电力又利于环保。在欧洲能源消费中，约有 1/2 用于建筑的建设和运行，而交通运输耗能只占能源消费的 1/4，因此建筑物利用太阳能成为许多国家政府极力倡导的事业，太阳能利用设施与建筑的结合自然是人们关注的问题，主要是太阳能的光伏利用与建筑的结合。

太阳能与建筑一体化有其独特的特点：一是把太阳能的利用纳入环境的总体设计，把建筑、技术和美学融为一体，太阳能设施成为建筑的一部分，相互间有机结合，取代了传统太阳能设施对结构造成的影响；二是利用太阳能设施完全取代或部分取代屋顶覆盖层，可减少成本，提高效益；三是可用于平屋顶和斜屋顶，一般对平屋顶用覆盖式、对斜屋顶用镶嵌式；四是该技术属于一项综合性技术，涉及太阳能利用、建筑、流体分布等多种技术领域。在云南昆明建成了一个平屋顶结构的太阳能与建筑一体化温水游泳馆，该游泳馆屋顶面积约 700 ㎡，屋顶结构为轻钢网架结构，屋顶覆盖层完全由太阳能平板集热器代替。这是我国第一个在平屋顶上实现太阳能与建筑一体化的实验性工程。联合国能源机构最近的调查报告显示，太阳能与建筑一体化将成为 21 世纪的市场热点，成为 21 世纪建筑节能市场的亮点。

（二）太阳能与建筑一体化的发展方向

建筑供能的主动与被动相结合的思想及太阳能与常规能源相结合的思想，可按照房间的功能，采用不同方案的配合及交叉，这样可以大大降低太阳能用于建筑功能的一次投资和运行成本，使得整个方案在商业化的意义下具有可操作性。

太阳能供能设备的非定常性以及对气象条件和辐照条件的依赖性等特点，要求人们必须对建筑用能负荷进行准确的预测，这样才能够在设备与建筑的匹配上做出设备投资和节能效益最佳的选择。建筑室内温度及气流的预测方法和预测软件 CFD/NHT 是太阳能与建筑结合的理论和应用基础，也是世界目前建筑空气调节的又一大方面，但是我国目前在该方面的水平和从事人数还远落后于世界先进国家。

在当代，太阳能与建筑的发展必须有一定的策略与之相适应，一是成熟的被动太阳能技术与现代的太阳能光伏光热技术的综合利用；二是保温隔热的维护结构技术与自然通风采光遮阳技术的有机结合；三是传统建筑构造与现代技术和理念的融合；四是建筑的初投资与生命周期内投资的平衡；五是生态驱动设计理念向常规建筑设计的渗透；六是综合考虑区域气候特征、经济发达程度、建筑特征和人们的生活习惯等相关因素。

综合考虑社会进步、技术发展和经济能力等因素，在建筑物的策划、建筑设计、使用、维护以及改造等活动中，主动与被动的利用太阳能的建筑统称为太阳能建筑。我国太阳能建筑领域中技术最成熟、应用范围最广、产业化发展最快的是家用太阳能热水器。在云南昆明、陆良等地，在一些建筑的屋面，尝试把平板太阳能集热器镶嵌在具有瓦屋面的斜屋顶上，热水箱则隐蔽在斜屋顶的阁楼中，使太阳能热水器与建筑有机结合，外观形象是比较漂亮的，只是适合此类结构的建筑较少，推广应用受到局限。楼顶多功能休闲亭集太阳能热水器、光电板和纳凉休闲功能于一体，流线型设计既美观又减少亭子结构的承重荷载，优美的造型为屋顶，建筑物和周围环境增添了一道亮丽的风景，打造出一座别致美丽的“楼顶花园”，成为融合建筑美学，园林设计和人本文化内涵的典范之作，而且结构简单灵活，安装方便的特点，使之能够自然地与庭院、泳池、花园等场所融为一体。

（三）太阳能与建筑一体化存在的问题与解决方法

太阳能与建筑一体化问题是多科学、多层面参与和合作的综合性事业，需要国家政策法规部门、建筑主管部门、太阳能厂商、建设单位、建筑设计单位的共同努力，太阳能热水器的推广应用离不开建筑师的参与，建筑师作为建筑的设计者，应根据不同的热水器类型、技术要求、使用目的以及不同地理纬度和气候特点、建筑类型等，对建筑的造型、平面布局和功能等进行综合考虑；另一方面太阳能热利用设备的设计和生产厂家反过来也应从建筑师那里获得建筑对其设备要求的反馈信息，只有这样才能使设备的设计和生产与建筑的使用达到完美的统一，推动太阳能在建筑上的运用。太阳能厂商一定

要在技术上解决与建筑一体化的难题，要使太阳能系统成为建筑的一个构件，同时产品要标准化、系列化、配套化，这是推行太阳能与建筑一体化的根本问题。

对于安置在屋顶的建筑一体化太阳能热水器，其基本特征是集热器沿屋面布置，集热器作为屋顶覆盖层的一部分或全部。这种结构与传统技术比较，存在的主要问题是“系统的循环问题”“集热器的形成和结构问题”等。一是对于斜屋顶而言，集热器可以沿屋面倾斜布置，循环问题与传统技术上没有差别；二是对于平屋顶，集热器几乎呈水平布置，基本循环方式虽然仍为自然循环和强制循环两种，但对技术要求有很大的差别。

另外，太阳能热水器与建筑的完美结合需解决的问题是太阳能热水器要与建筑完美结合，必须做到根据建筑特点形式，生产与之配套的太阳能热水器；规范太阳能热水器在建筑物上的放置和安装；与建筑商协调搞好管路的预留；结合建筑与地区特点，搞好太阳能防风、防雪、防雷等安全防护等。

绿色生态住宅寻求自然、建筑与人三者之间的和谐统一。在“以人为本”的基础上，利用自然条件和人工手段为人们创造一个舒适、健康的生活环境。在住宅健康化发展态势下，太阳能与建筑一体化也日益成为房地产业关注的焦点。

（四）太阳能热水器与建筑一体化的前景

太阳能热水器属于一次性投资，虽然购买时比电、燃气热水器等投资大，但在使用过程中不再投资，且安全可靠、操作简单方便。综合计算，太阳能热水器投资最少。但众多小区物业部门却错误地认为，屋顶安装太阳能热水器既不安全又影响了整个小区统一的建筑风格，从而阻止太阳能热水器的安装。

随着行业的发展、技术的进步和人民生活水平的提高，建筑能耗也随之升高，日益成为能源供给的沉重负担，因此建筑物对太阳能的充分利用具有重要的经济、社会意义和能源安全的战略意义，太阳能热水器的性能已经可以满足用户全天候 24 小时的使用要求。太阳能热水器与建筑结合的方式也是多种多样的，可分为屋面隐藏型、墙体型两大类；用途上也很广泛，既可以产生热能或电能，又可以当作防水和绝热材料，还可以当作表面装饰材料使用。如果从设计、建设开始就像对火、电那样，把太阳能（光热、光电）与房屋融为一体，这样既可以增添住房的功能，也可以满足住户的实际需求。优化资源配置，把太阳能与住房巧妙地结合起来，既起到装点效果，又节能环保，一劳永逸，利国利己，造福子孙。

二、太阳能与建筑一体化设计

（一）基本设计要求

1. 太阳能热水系统设计基本要求

因为太阳能的低密度、不稳定性和间断性，使得单独以太阳能作为热源不能保证稳

定的热水供应，所以工程选择时应与其他能源（辅助能源）组合供应生活热水。太阳能热水系统包括集热系统及热水供应系统两大部分，主要技术性能与特点是：太阳能集热系统由集热器、贮热水箱、管道、控制器等组成；有紧凑式、分离式布置；贮热水箱内的保温、日有用得热量、平均热损因数等应符合国家标准要求。太阳能热水系统与其他能源（电、燃气、燃油）组合，提供符合给排水设计规范要求的生活热水（热水量和热水温度）。设备、部件的安装位置及连接形式，达到美观、安全和方便维修的要求。

2. 太阳能利用与建筑一体化基本要求

（1）建筑设计中，可利用太阳能进行集热、采暖或空调、光伏发电、加装集热器提供稳定的生活热水供应；（2）太阳能在建筑上的应用应尽量避免分离安装使用，在建筑设计时应实行太阳能在建筑上的一体化应用，提高应用效率，降低成本，并确保公共安全；（3）建筑物上安装太阳能热水系统，不得降低相邻建筑的日照标准。

（二）太阳能热水系统技术要求

（1）太阳能热水系统的热性能应满足相关太阳能产品国家现行标准和设计的要求，系统中集热器、贮水箱、支架等主要部件的正常使用寿命不应少于 10 年；（2）太阳能热水系统应安全可靠，内置加热系统必须带有保证使用安全装置，并根据不同地区应采取防冻、防结露、防过热、防雷、抗雹、抗风、抗震等技术措施；（3）辅助能源加热设备种类应根据建筑物使用特点、热水用量、能源供应、维护管理及卫生防菌等因素选择，并应符合现行国家标准《建筑给水排水设计规范》的有关规定；（4）系统供水水温、水压和水质应符合现行国家标准《建筑给水排水设计规范》的有关规定。

（三）太阳能热水系统的设计技术措施

1. 设计原则

太阳能热水系统设计应遵循节水、节能、经济实用、安全简便、便于计量的原则；根据建筑形式、辅助能源种类和热水需求等条件。

建筑设计中，当采用太阳能与其他能源组合为热源提供生活热水时，应采用整合设计方针，从策划定位到完成施工图设计的整个过程，综合考虑地区、建筑类型、平面布局、建筑外观、热水用量与使用工况、集热器形式与性能、系统配置、运行方式、安装接口形式与尺寸、安全性、维修以及经济技术分析等因素，符合工程的设计要求。设计基本原则：（1）充分利用太阳能，提供稳定的热水供应；（2）根据热水器具位置、热水用量确定热水系统；（3）设备、部件的安装位置及连接形式，应与建筑设计统筹考虑。

2. 集热系统设计

（1）设计条件

基本条件：建筑规模、用途。

热水设计条件：①当地同类建筑物用热水方式（用热水时间段、热水用量、热水温度），有条件时可先进行实态调查分析；②用水点的位置；建筑的档次、物业管理的方式。

环境条件：当地的气候条件、所处的太阳辐射资源分区、气象数据、环境温度、安装地点的纬度、日照时间、月均日辐射量等。

供冷水条件：当地的冷水供水方式、水压及水温。

供电及燃气条件：当地供电及燃气的方式、计费方式等。

（四）建筑一体化的规划和设计技术措施

1. 太阳能热水系统应与建筑一体化的规划和设计

（1）各专业配合协调

规划设计在一定的规划用地范围内进行，对其各种规划要素的考虑和确定，要结合太阳能热水系统设计确定建筑物朝向、日照标准、房屋间距、密度、建筑布局、道路、绿化和空间环境及其组成有机整体。而这些均与建筑物所处建筑气候分区、规划用地范围内的现状条件及社会经济发展水平密切相关。在规划设计中应充分考虑、利用和强化已有特点和条件，为整体提高规划设计水平创造条件。

太阳能热水系统设计应由建筑设计单位和太阳能热水系统产品供应商相互配合共同完成。

首先，建筑师要根据建筑类型、使用要求确定太阳能热水系统类型、安装位置、色调、构图要求，向建筑给水排水工程师提出对热水的使用要求；其次，给水排水工程师进行太阳能热水系统设计、布置管线、确定管线走向；再次，结构工程师在建筑结构设计时，考虑太阳能集热器和贮水箱的荷载，以保证结构的安全性，并埋设预埋件，为太阳能集热器的锚固、安装提供安全牢靠的条件。另外，电气工程师满足系统用电负荷和运行安全要求，进行防雷设计。

建筑设计要满足太阳能热水系统的承重、抗风、抗震、防水、防雷等安全要求及维护检修的要求。太阳能热水系统产品供应商需向建筑设计单位提供太阳能集热器的规格、尺寸、荷载，预埋件的规格、尺寸、安装位置及安装要求；提供太阳能热水系统的热性能等技术指标及其检测报告；保证产品质量和使用性能。

因此，在应用太阳能热水系统的民用建筑规划设计时，应综合考虑场地条件、建筑功能、周围环境等因素；在确定建筑布局、朝向、间距、群体组合和空间环境时，应结合建设地点的地理、气候条件，满足太阳能热水系统设计和安装的技术要求。

（2）太阳能热水系统选型与建筑一体化

太阳能热水系统的选型是建筑设计的重点内容，设计者不仅要创造新颖美观的建筑立面，设计集热器安装的位置，还要结合建筑功能及其对热水供应方式的需求，综合考虑环境、气候、太阳能资源、能耗、施工条件等诸因素，比较太阳能热水系统的性能、造价，进行技术经济分析。

太阳能集热器的类型应与系统使用所在地的太阳能资源、气候条件相适应，在保证系统全年安全、稳定运行的前提下，应使所选太阳能集热器的性能价格比最优。另外，就热水供应方式可分为分户供热水系统和集中供热水系统，分户系统由住户自己管理，各户之间用热水量不平衡，使得分户系统不能充分利用太阳能集热设施而造成浪费，同时还有布置分散、零乱、造价较高的缺点。集中供热水系统相对于分户供热水系统来说可节约投资，用户间用水量可以平衡，集热器布置较易整齐有序，但需有集中管理维护及分户计量的措施。

因此，设计了应用太阳能热水系统的民用建筑，太阳能热水系统类型的选择，应根据建筑物的使用功能、热水供应方式、集热器安装位置和系统运行方式等因素，经综合技术经济比较酌情选定。

（3）太阳能热水系统集热器与建筑一体化

太阳能集热器是太阳能热水系统中重要的组成部分，一般设置在建筑屋面（平、坡屋面）、阳台栏板、外墙面上，或设置在建筑的其他部位，如女儿墙、建筑屋顶的挑檐上，甚至设置在建筑的遮阳板、建筑物的飘顶等能充分接收阳光的位置。建筑设计需将所设置的太阳能集热器作为建筑的组成元素，与建筑整体有机结合，保持建筑统一和谐的外观，并与周围环境相协调，包括建筑风格、色彩。当太阳能集热器作为屋面板、墙板或阳台栏板时，应具有该部位的承载、保温、隔热、防水及防护功能，不得影响该部位的建筑功能。

（4）太阳能热水系统集热器的使用与建筑一体化

安装在建筑上的太阳能集热器正常使用寿命一般不超过 15 年，而建筑的寿命是 50 年以上。因此，太阳能集热器及系统其他部件在构造、形式上应利于在建筑围护结构上安装，便于维护、修理、局部更换。因此，建筑设计不仅考虑地震、风荷载、雪荷载、冰雹等自然破坏因素，还应为太阳能热水系统的日常维护，尤其是太阳能集热器的安装、维护、日常保养、更换提供必要的安全便利条件。

建筑设计还应为太阳能热水系统的安装、维护提供安全的操作条件。如平屋面设有屋面出口或入孔，便于安装、检修人员出入；坡屋面屋脊的适当位置可预留金属钢架或挂钩，方便固定安装检修人员系在身上的安全带，确保人员安全。

（5）太阳能热水系统管线与建筑的一体化

太阳能热水系统的管线不得穿越其他用户的室内空间。太阳能热水系统管线应布置于公共空间，以免管线渗漏影响其他用户使用，同时也便于管线维修。

2. 太阳能热水系统与建筑一体化的规划设计

（1）在进行规划设计时，建筑物的朝向宜为南北向或接近南北向，并结合建筑的体形和空间，组合考虑太阳能热水系统，之所以如此是为了使集热器接收更多的阳光 。

因此，安装太阳能热水系统的建筑单体或建筑群体，建筑体形和空间组合应与太阳能热水系统紧密结合，主要朝向宜为南向；（2）建筑物周围的环境景观与绿化种植，应避免对投射到太阳能集热器上的阳光造成遮挡，从而保证太阳能集热器的集热效率。

3. 太阳能热水系统与建筑一体化的建筑设计

第一，建筑设计应与太阳能热水系统设计同步进行，建筑设计根据选定的太阳能热水系统类型，确定集热器形式、安装面积、尺寸大小、安装位置与方式，明确贮水箱容积重量、体积尺寸、给水排水设施的要求；了解连接管线走向；考虑辅助能源及辅助设施条件；明确太阳能热水系统各部分的相对关系。然后，合理安排确定太阳能热水系统各组成部分在建筑中的空间位置，并满足其他所在部位防水、排水等技术要求。建筑设计为系统各部分的安全检修提供便利条件。

第二，太阳能集热器安装的建筑屋面、阳台、墙面或其他部位，不应有任何障碍物遮挡阳光。太阳能集热器总面积根据热水用量、建筑上可能允许的安装面积、当地的气候条件、供水水温等因素确定。无论安装在何位置，都要满足全天有不少于 4h 日照时数的要求。

为争取更多的采光面积，建筑设计时平面往往凹凸不规则，容易造成建筑自身对阳光的遮挡，这点要特别注意。除此以外，对于体形为 L 形、U 形的平面，也要避免自身的遮挡。因此，要求在建筑设计时，建筑的体形和空间组合应避免安装太阳能集热器部位受建筑自身及周围设施和绿化树木的遮挡。

第三，建筑设计时应考虑在安装太阳能集热器的墙面、阳台或挑檐等部位，为防止集热器损坏而掉下伤人，应采取必要的技术措施，如采取挑檐、入口处设雨篷或进行绿化种植等安全防护设施，使人不易靠近。

第四，太阳能集热器可以直接作为屋面板、阳台栏板或墙板，除满足热水供应要求外，首先要满足屋面板、阳台栏板、墙板的保温、隔热、防水、安全防护等的要求。所以，直接以太阳能集热器构成围护结构时，太阳能集热器除与建筑整体有机结合，并与建筑周围环境相协调外，还应满足所在部位的结构安全和建筑防护功能要求。

第五，主体结构在伸缩缝、沉降缝、抗震缝的变形缝两侧会发生相对位移，太阳能集热器跨越变形缝时容易破坏，所以太阳能集热器不应跨越主体结构的变形缝，否则应采用与主体建筑的变形缝相适应的构造措施。

第六，太阳能集热器在平屋面上安装需通过支架和基座固定在屋面上，集热器可以选择适当的方位和倾角。太阳能集热器的定向、安装倾角、设置间距等符合现行国家标准《太阳能热水系统设计、安装及工程验收技术规范》的规定，太阳能集热器支架应与屋面预埋件固定牢固，并应在地脚螺栓周围做密封处理；还应做好太阳能集热器支架基座的防水，该部位应做附加防水层，在屋面防水层上放置集热器时，屋面防水层应包到基座上部，并在基座下部加设附加防水层。集热器周围屋面、检修通道、屋面出入口和集热器之间的人行通道上部应铺设保护层。附加层宜空铺，空铺宽度不应小于 200mm。为防止卷材防水层收头翘边，避免雨水从开口处渗入防水层下部，应按设计要求做好收头处理。卷材防水层应用压条钉压固定，或用密封材料封严，对于需经常维修的集热器周围和检修通道，以及屋面出入口和人通道之间应做刚性保护层，以保护防水层，一般可铺设水泥砖。

第七，坡屋面上的集热器宜采用顺坡镶嵌设置或顺坡架空设置，太阳能集热器无论是嵌入屋面还是架空在屋面之上，为使与屋面统一，其坡度宜与屋面坡度一致。而屋面坡度又取决于太阳能集热器接收阳光的最佳倾角。集热器安装倾角等于当地纬度；如系统侧重在夏季使用，其安装倾角，应等于当地纬度减 10° ；如系统侧重在冬季使用，其安装倾角，应等于当地纬度加 10° ，一般要求集热器安装倾角在当地纬度 +10° ~ −10° 的范围内。

第八，太阳能集热器可放置在阳台栏板上或直接构成阳台栏板。设置在阳台栏板上的太阳能集热器支架应与阳台栏板上的预埋件牢固连接。低纬度地区由于太阳高度角较大，因此，低纬度地区放置在阳台栏板上或直接构成阳台栏板的太阳能集热器应有适当的倾角，以接收到较多的日照。

第九，太阳能集热器可安装在墙面上，尤其是高层建筑，在低纬度地区集热器要有较大倾角。在太阳能资源丰富的地区，太阳能保证率高，太阳能集热器安装在墙面越来越流行。

第十，太阳能热水系统贮水箱参照现行国家标准《太阳能热水系统设计、安装及工程验收技术规范》相关要求具体设计，确定其容积、尺寸、大小及重量。建筑设计应为贮水箱安排合理的位置，满足贮水箱所需要的空间（包括检修空间）。设置贮水箱的位置应具有相应的排水、防水设施。太阳能热水系统贮水箱及其有关部件宜靠近太阳能集热器设置，尽量减少由于管道过长而产生的热损耗。

4. 太阳能热水系统与建筑一体化的结构设计

第一，太阳能热水系统中的太阳能集热器和贮水箱与主体结构的连接和锚固必须牢固可靠，主体结构的承载力必须经过计算或实物试验予以确认，并要留有余地，防止偶然因素产生突然破坏。真空管集热器的重量约 15 ~ 20kg/ ㎡，平板集热器的重量约 20 ~ 25kg/ ㎡。

安装太阳能热水器系统的主体结构或结构构件必须具备承受太阳能集热器、贮水箱等传递的各种作用的能力，应能够承受太阳能热水系统传递的荷载和作用（包括检修荷载），主体结构设计时应充分加以考虑。

主体结构为混凝土结构时，为了保证与主体结构的连接可靠性，连接部位主体结构混凝土强度等级不应低于 C20。

第二，太阳能热水系统的结构设计应为太阳能热水系统安装埋设预埋件或其他连接

件。连接件与主体结构的锚固承载力设计值应大于连接件本身的承载力设计值。

第三，太阳能热水系统（主要是太阳能集热器和贮水箱）与建筑主体结构的连接，多数情况应通过预埋件实现，预埋件的锚固钢筋是锚固作用的主要来源，混凝土对锚固钢筋的黏结力是决定性的。因此预埋件必须在混凝土浇筑时埋入，施工时混凝土必须密实振捣。目前实际工程中，往往由于未采取有效措施来固定预埋件，混凝土浇筑时使预埋件偏离设计位置，影响与主体结构的准确连接，甚至无法使用。因此预埋件的设计和施工应引起足够的重视。

为了保证太阳能热水系统与主体结构连接牢固的可靠性，与主体结构连接的预埋件应在主体结构施工时按设计要求的位置和方法进行埋设。安装在屋面、阳台、墙面的太阳能集热器与建筑主体结构通过预埋件连接，预埋件应在主体结构施工时埋入，预埋件的位置应准确；当没有条件采用预埋件连接时，应采用其他可靠的连接措施，并通过试验确定其承载力。

第四，轻质填充墙承载力和变形能力低，不应作为太阳能热水系统中主要是太阳能集热器和贮水箱的支承结构考虑。同样，砌体结构平面处承载能力低，难以直接进行连接，所以宜增设混凝土结构或钢结构连接构件。

（5）当土建施工中未设预埋件、预埋件漏放、预埋件偏离设计位置太远、设计变更，或既有建筑增设太阳能热水系统时，往往要使用后锚固螺栓进行连接。采用后锚固螺栓（机械膨胀螺栓或化学锚栓）时，应采取多种措施，保证连接的可靠性及安全性。

5. 太阳能热水系统与建筑一体化给水排水设计

第一，太阳能热水系统与建筑结合是把太阳能热水系统纳入建筑设计当中来统一设计，因此热水供水系统设计中无论是水量、水温、水质，还是设备管路、管材、管件都应符合《建筑给水排水设计规范》的规定要求。

第二，在实际工程中由于建筑所能提供摆放集热器的面积有限，无法满足集热器计算面积的要求，因此最终太阳能集热器的面积要各专业相互配合来确定。因此，太阳能集热器面积应根据热水用量、建筑允许的安装面积、当地的气象条件、供水水温等因素综合确定。

第三，太阳能热水系统的给水应对超过有关标准的原水做水质软化处理。当日用水量（按 60℃计）大于或等于 10m^3 且原水总硬度（以碳酸钙计）大于 300mg/L 时，宜进行水质软化或稳定处理。经软化处理后的水质硬度宜为 75 ~ 150mg/L。

水质稳定处理应根据水的硬度、适用流速、温度、作用时间或有效长度及工作电压等选择合适的物理处理或化学稳定剂处理。

第四，当使用生活饮用水箱作为集热器的一次水补水时，为保证补水能够补进去，生活饮用水水箱的位置应满足集热器一次水补水所需水压的要求。

第五，由于一般情况下集热器摆放所需的面积不容易满足，同时也考虑太阳能的不稳定性，尽可能地利用太阳能，所以在选择设计水温时，应充分考虑太阳能热水系统的特殊性，宜按现行国家标准《建筑给水排水设计规范》中推荐温度选用下限温度。

第六，太阳能热水系统的设备、管道及附件的设置应按现行国家标准《建筑给水排水设计规范》中有关规定执行。

第七，太阳能热水系统的管线应有组织布置，做到安全、隐蔽、易于检修。新建工程竖向管线宜布置在竖向管道井中，在既有建筑上增设太阳能热水系统或改造太阳能热水系统应做到走向合理，不影响建筑使用功能及外观。

第八，集热器表面应定时清洗，否则会影响集热效率。为了清洗方便，在太阳能集热器附近宜设置用于清洁集热器的给水点。

第三节　被动式太阳房设计

一、被动式太阳房原理及类型

被动式太阳房（或称被动式太阳能采暖系统）的特点是不需要专门的集热器、热交换器、水泵（或风机）等主动式太阳能采暖系统中所必需的部件，只依靠建筑方位的合理布置，通过窗、墙、屋顶等建筑物本身构造和材料的热工性能，以自然交换的方式（辐射、对流、传导）使建筑物在冬季尽可能多地吸收和贮存热量达到采暖的目的。简而言之，被动式太阳房就是根据当地的气象条件，在基本不添置附加设备的条件下，只在建筑构造和材料性能上下功夫，使房屋达到一定采暖效果的系统。因此，这种太阳能采暖系统构造简单、造价便宜。将一道实墙外面涂成黑色，实墙外面再用一层或两层玻璃加以覆盖。将墙设计成集热器，同时又是贮热器。室内冷空气由墙体下部人口进入集热器，被加热后又由上部出口进入室内进行采暖。当无太阳能时，可将墙体上、下通道关闭，室内只靠墙体壁温以辐射和对流形式不断地加热室内空气。

从太阳热利用的角度，被动式太阳房可分为 5 种类型 8 种形式：①直接受益式——利用南窗直接照射的太阳能；②集热蓄热墙式——利用南墙进行集热蓄热；③综合式——温室和前两种相结合的方式；④屋顶集热蓄热式——利用屋顶进行集热蓄热；⑤自然循环式——利用热虹吸作用进行加热循环。

（一）直接受益式

这是被动式太阳房中最简单的一种形式。它是把房间朝南的窗扩大，或做成落地式大玻璃墙，让阳光直接进到室内加热房间。在冬季晴朗的白天，阳光通过南向的（墙）透过玻璃直接照射到室内的墙壁、地板和家具上，使它们的温度升高，并被用来贮存热量，

夜间，在窗（墙）上加保温窗帘，当室外和房间温度都下降时，墙和地贮存的热，通过辐射、对流和传导被释放出来，使室温维持在一定的水平，如图 6–1 所示。直接受益式太阳房对仅需要白天采暖的办公室、学校等公共建筑物更为适用。

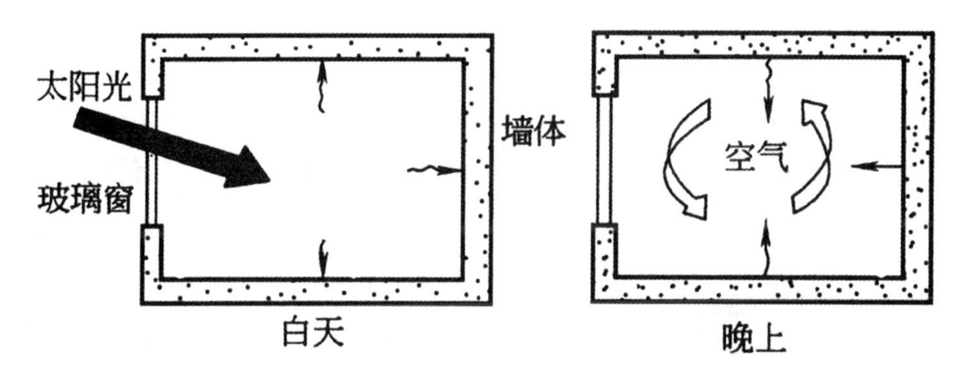

图 6–1　吸热（白天）和放热（晚上）

（二）集热蓄热墙式

集热蓄热墙是间接受益太阳能采暖系统的一种（图 6–2）。太阳光照射到南向、外面有玻璃的深黑色蓄热墙体上，蓄热墙吸收太阳的辐射热后，通过传导把热量传到墙内一侧，再以对流和热辐射方式向室内供热。另外，在玻璃和墙体的夹层中，被加热的空气上升，由墙上部的通气孔向室内送热，而室内的冷空气则由墙下部的通气孔进入夹层，如此形成向室内输送热风的对流循环。以上是冬天工作的情况。夏天，关闭墙上部的通风孔，室内热空气随设在墙外上端的排气孔排出，使室内得到通风，达到降温的效果。

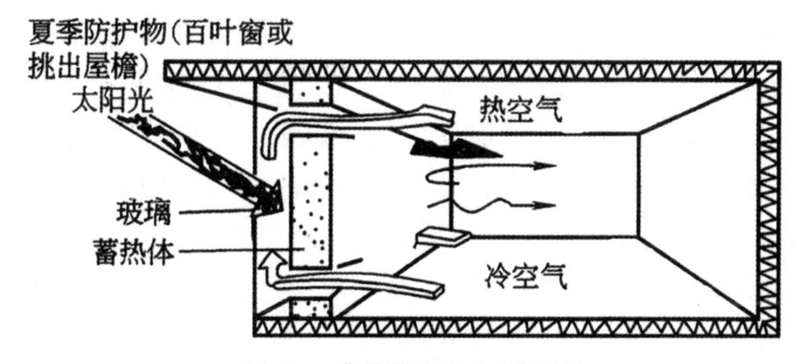

图 6–2　集热蓄热墙式工作原理

另一种形式是在玻璃后面设置一道“水墙”。特点是墙上不需要开进气口与排气口。“水墙”的表面吸收热量后，由于对流作用，吸收的热量很快地在整个“水墙”内部传播。然后由“水墙”内壁通过辐射和对流，把墙中的热量传到室内。“水墙”内充满水，具有加热快、贮热能力强及均匀的优点。“水墙”也可以用塑料或金属制作，有些设计采用充满水的塑料或金属容器堆积而成，使建筑别具一格。

（三）综合（阳光间）式

“综合式被动太阳房”是指附加在房屋南面的温室，既可用于新建的太阳房，又可在改建的旧房上附加上去。它实际是直接受益式（南向的温室部分）和集热蓄热墙式（后面有集热墙的房间）两种形式的综合。由于温室效应，使室内有效获热量增加，同时减小室温波动。温室可作生活间，也可作为阳光走廊或门斗，温室中种植蔬菜和花草，美化环境增加经济收益，缩短回收年限。附加温室外观立面增加了建筑的造型美，热效率略高于集热蓄热墙式，但是温室造价较高，在温室内种植物，湿度大，有气味，使温室的利用受到限制。

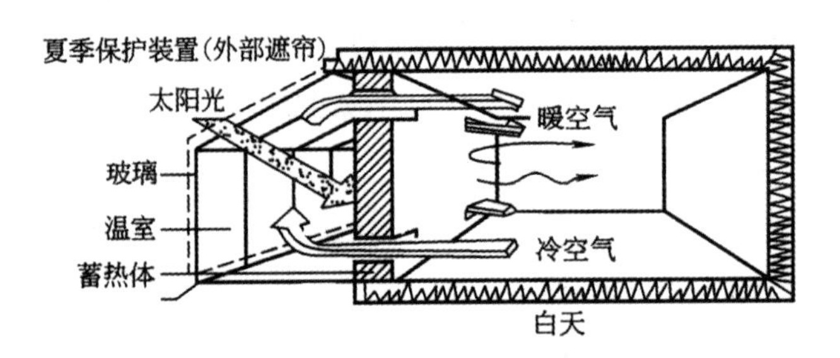

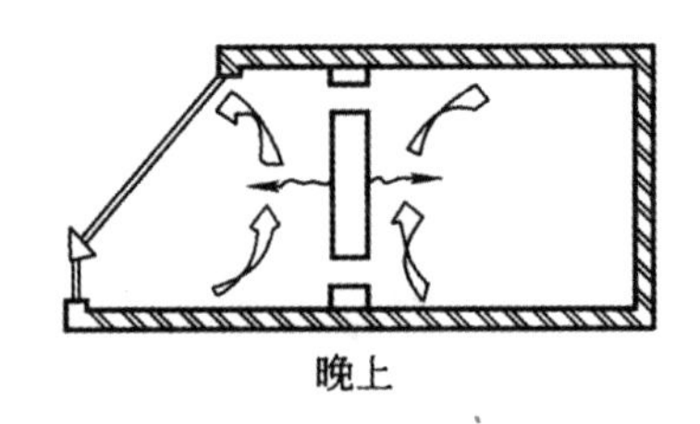

图 6–3　综合式被动太阳房工作原理

（四）利用屋顶进行集热和贮热

屋顶做成一个浅池（或将水装入密封的塑料袋内）式集热器，在这种设计中，屋顶不设保温层，只起承重和围护作用，池顶装一个能推拉开关的保温盖板。该系统在冬季取暖，夏季降温。冬季白天打开保温板，让水（或水袋）充分吸收太阳的辐射热；晚间关上保温板，水的热容大，可以贮存较多的热量。水中的热量大部分从屋顶辐射到房间内，少量从顶棚到下面房间进行对流散热以满足晚上室内采暖的需要。夏季白天把屋顶保温板盖好，以隔断阳光的直射，由前一天暴露在夜间、较凉爽的水（或水袋）吸收下面室内的热量，使室温下降；晚间打开保温盖板，借助自然对流和向凉爽的夜空进行辐射，冷却了池（水袋）内的水，又为次日白天吸收下面室内的热量做好了准备。该系统适合于北京夏季较热、冬天又十分寒冷的地区，为一年冬夏两个季节提供冷、热源。

用屋顶作集热和贮热的方法，不受结构和方位的限制。用屋顶作室内散热面，能使室温均匀，也不影响室内的布置。

（五）自然循环（热虹吸）式

自然循环被动太阳房的集热器、贮热器是和建筑物分开独立设置的，它适用于建在山坡上的房屋。集热器低于房屋地面，贮热器设在集热器上面，形成高差，利用流体的热对流循环。白天太阳能集热器中的空气（或水）被加热后，借助温差产生的热虹吸作用，

通过风道（用水时为水管）上升到它的上部岩石贮热层，热空气被岩石堆吸收热量而变冷，再流回集热器的底部，进行下一次循环。夜间岩石贮热器通过送风口向采暖房间以对流方式采暖。该类型太阳房有气体采暖和液体采暖两种，由于其结构复杂，应用受到一定的限制。

在实际应用中，往往是几种被动式太阳房类型结合起来使用，称为组合式或复合式。尤以前 3 种形式应用在一个建筑物上最为普遍，其他还有主、被动结合在一起使用的情况。

二、直接受益式太阳房设计

（一）原理与特点

所谓直接受益，就是让阳光直接加热采暖房间，把房间本身当作一个包括太阳能集热器、蓄热器和分配器的集合体，是一种利用南窗直接接受太阳辐射的被动式太阳房。

1. 工作原理

冬天，阳光透过宽大的南窗玻璃面，直接照射到室内的墙壁、地面和家具上，使它们的温度升高，并在其中蓄存热量。到夜间，当室外温度和房间温度开始下降时，墙壁、地面等就会散发热量。太阳热能这种集、蓄、放的全过程，是直接受益式太阳房的工作原理，如图 6-4 所示。

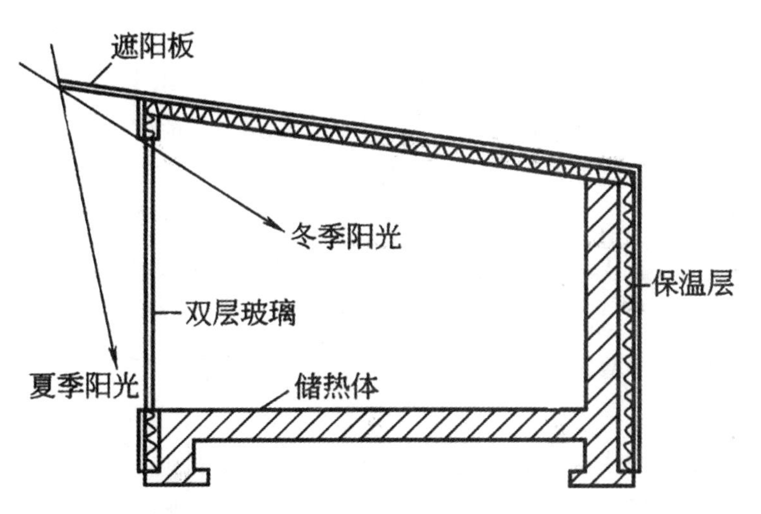

图 6-4　直接受益式太阳房构成

2. 特点

直接受益式太阳房具有结构简单，建筑形式美观，且造价较低等优点，但如设计不当，将导致室温日波动大，舒适性差，辅助能耗增多。此外，白天室内的眩光问题不易解决。因而直接受益式太阳房适宜建在气候比较温和的地区，在寒冷地区效果较差。

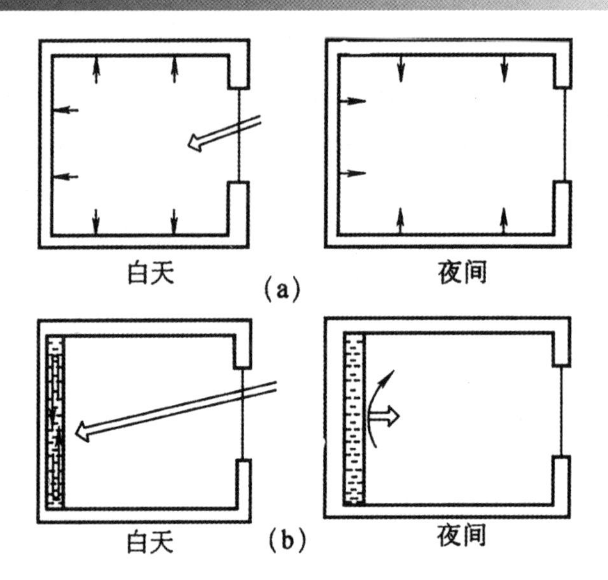

图 6-5　直接受益式太阳能采暖系统工况示意图

（二）基本设计要素

直接式太阳能采暖系统中主要的一类集热构件是南向玻璃窗，称为直接受益窗，要求窗扇密封性能良好，并配有保温窗帘。另一类主要构件是蓄热体，包括室内的地面、墙壁、屋顶和家具等。此外，围护结构应有良好的保护层，防止室内热量散失。

1. 直接受益窗

直接受益窗是直接受益式太阳房获取太阳热能的唯一途径，它既是得热部件，又是失热部件。一个设计合理的集热窗应保证在冬季通过窗户的太阳得热量能大于通过窗户向室外散发的热损失，而在夏季使照在窗户上的日照量尽可能少。

改善直接受益窗的保温状况，一是增加窗的玻璃层数，二是在窗上增加夜间活动保温窗帘。

增加玻璃层数，加大了窗的热阻，减小了热损失，但同时玻璃的透过系数及窗的有效面积系数降低，使透过玻璃的太阳得热量也减小了。

当无夜间保温时，增加玻璃层数对提高房屋热性能有较大作用，但有了夜间保温后，作用就相应减小。

因采光要求，窗户占南立面的比例至少应等于 30%，此时窗地比约为 0.16，为获取太阳热量，此比例还需加大，但窗户面积过大，将导致直接受益式太阳房室温波动变大。因此，应选择适当的窗户面积。若集取的太阳热量不够，可将不开窗户的其余南向墙面设计成其他类型的集热设施。

2. 蓄热体

为了更充分地利用太阳能，应使房间在有日照时，能多吸收和蓄存一部分过剩的太

阳热量，以便在无日照时，能将热量逐渐向室内散发，减少室温波动并保持一定的水平，这就需要在房间内配置足够数量的蓄热物质，即蓄热体。

蓄热材料应具有较高的体积热容和热导率，砖石、混凝土、水等都是较好的蓄热材料，应将蓄热体配置在阳光能够直接照射到的区域，并且不能在蓄热体表面覆盖任何影响其蓄热性能的物品。

重型结构房屋通常所用的厚度是墙体大于或等于2.4cm，地面大于或等于5cm，蓄热体表面积与玻璃面积之比大于或等于3，地面所起的蓄热作用较大，地面厚度增至10cm比较有利。

3. 房间内表面的有效太阳能吸收系数

直接受益式太阳房房间内表面的有效太阳能吸收系数是指太阳房内墙壁、顶棚和地面所吸收的日射量与透过南窗玻璃的日射量的比值。其大小与玻璃的反射系数，房间内壁、板的吸收系数及南窗面积与房间内隔壁、板表面积的比例等因素有关。

四、实体墙式集热蓄热墙太阳房设计

（一）原理与特点

用实体墙进行太阳能的收集和蓄存时称为实体墙式集热蓄热墙，以实体墙式集热蓄热墙作为太阳能集热部件的太阳房称为实体墙式集热蓄热墙太阳房。

实体墙式集热蓄热墙通常是利用建筑南立面的外墙，在其外表面涂以高吸收系数的无光深色涂料，并以密封的玻璃盖层覆盖，墙体材质应具有较大的体积热容量和导热系数，如混凝土、砖砌体、土坯等。

实体墙式集热蓄热墙可分为有风口及无风口两大类。

1. 工作原理

实体式集热蓄热墙，一般利用在南向实体墙外覆盖玻璃罩盖构成，有的在墙的上下侧开有通风孔。太阳辐射通过玻璃被墙壁吸收。被集热墙吸收的太阳辐射热可通过两种途径传入室内。其一是通过墙体热传导，把热量从墙体外表面传往墙体内表面，即向房间侧的表面，再由墙体内表面通过对流及辐射将热量传入室内。其二主要由集热墙外表面通过对流方式将热量传给集热墙玻璃罩盖和墙体外表面之间的夹层空气，再由被加热后的夹层空气通过和房间空气之间的对流（经由集热蓄热墙上、下风口），把热量传给房间，达到采暖的目的。对于不设风口的集热蓄热墙，或集热墙风口关闭时，上述由集热蓄热墙向房间的第二项传热量等于零。夏季关闭集热墙上部的通风口，打开北墙调节窗和南墙玻璃盖层上通向室外的排气窗，利用夹层的“热烟筒”作用，将室内热空气抽出，达到降温的目的。

2. 特点

实体墙式集热蓄热墙太阳房与直接受益式太阳房相比较，由于集热蓄热墙体具有较好的蓄热能力，太阳房的室温波动较小，舒适感较好。

（二）实体集热蓄热墙设计

1. 集热蓄热墙的组成要素及集热效率

①集热蓄热墙的组成要素主要有墙体厚度、风口设置及大小、盖层玻璃层数及墙面涂层材料。

②集热蓄热墙集太阳能的能力可用集热效率 n 表示。

$$n=\frac{\text{集热蓄热墙的热量}}{\text{玻璃盖层表面接通受的辐射量}}\times 100\%$$

当集热蓄热墙盖层玻璃的光学性能一定时，其集热效率 n 与墙体的材料及厚度、风口的设置（有、无风口，风口的大小）、盖层玻璃层数、夜间有无保温板、墙体表面涂层性质有关。

2. 墙体材料及厚度

实体墙式集热蓄热墙应采用具有较大体积热容量及热导率的重型材料，常用的砖、混凝土、土坯等都适宜做实体墙式集热蓄热墙。

在条件一定的情况下，集热蓄热墙墙体的厚度对其集热效率 n、蓄热量、墙体内表面的最高温度及其出现的时间有直接的影响。墙体越厚，蓄热量越大，通过墙体的温度波幅衰减越大，时间也越长。因此，传导进入室内的热量 Q_D 愈小，集热蓄热墙的集热效率愈低。墙体薄集热效率虽增高，然而由于蓄热量小，温度波幅的延迟时间短，将导致室温的波幅增大。

3. 通风口的设置与大

有通风口的实体墙式集热墙的集热效率比无风口时高很多。有风口时供热量的最大值出现在白天太阳辐射最大的时候，无风口时，其最大值滞后于太阳辐射最大值出现的时间。对于较温暖地区或太阳辐射资源好、气温日差较大的地区，采用无风口集热蓄热墙既可避免白天房间过热，又可提高夜间室温，减小室温的波动。对于寒冷地区，利用有风口的集热蓄热墙，其集热效率高，补热量少，可更多的节能。

当空气夹层的宽度为 30 ~ 150mm 时，其集热效率 n 随风口面积与空气夹层的横断面积比值的增加略有增加，合适的面积比为 0.8 ~ 1.0。减小风口与夹层横断面的面积比，集热蓄热墙的集热效率随之降低，直至风口面积为 0，此时集热效率最低，室温波动最小。

4. 玻璃层数

玻璃层数越少，透过玻璃的太阳辐射越多，热损失越少，因此，玻璃的层数不宜大于 3 层。我国以 1 ~ 2 层为宜。较寒冷地区采用两层，温暖地区可采用单层。

夜间在集热蓄热墙外加设保温板，可有效地减少损失，提高集热效率。单层玻璃加夜间保温板的集热蓄热墙，其集热效率与双层玻璃相差很少。

5. 墙体外表面的涂层

涂层应采用吸收系数高的深色无光涂层，如黑色、墨绿色、暗蓝色等。

第七章
建筑节能材料技术

节能型建筑不仅要求在设计上做到节省土地，在功能上节约建筑能耗，而且对建筑部品、部件的发展提出同样的要求，其中包括如何进一步发展节能、节土、利废、改善建筑功能的节能型墙体。

节能型墙体不是一个形和质固定不变的体系，比较通行和传统的概念是新型的砖、新型的砌块和新型墙板的总称。本章对节能型墙体的范畴提出了拓展，认为组成承重或非承重墙体基本结构的各种材料、各个部件都包括在墙体体系及材料的范围内，并将其中突出节能功能性的材料或部件归入节能型墙体材料。其中既有新型砖、新型砌块等兼顾力学性能和保温节能性能的传统意义上的新型墙材，也包括各种作为空隙填充材料或板材使用的有机泡沫、无机外挂板材、保温砂浆和涂料。

本章主要介绍节能墙体设计与施工技术、节能墙体材料、新型节能墙体和外墙外保温系统防火问题。

第一节　节能墙体材料

一、常用有机节能墙体材料

（一）聚氨酯树脂泡沫塑料

聚氨酯泡沫（polyurethane foam）简称 PUF 塑料，全称叫聚氨基甲酸酯泡沫塑料，是以聚合物多元醇（聚醚或聚酯）和异氰酸酯为主体基料，在催化剂、稳定剂、发泡剂等助剂的作用下，经混合发泡反应而制成的各类软质、半硬半软和硬质的聚氨酯泡沫塑料。聚氨酯泡沫塑料按所用原料的不同，分为聚醚型和聚酯型两种，经发泡反应制成，又有软质及硬质之分。

硬质聚氨酯树脂泡沫的特点：①密度小、比强度高、隔音防震性能好、独立闭孔、热导率低、耐化学品腐蚀、绝热保温性能优良；②喷涂或浇注施工时，能与多种材质粘接，具有良好的粘接强度，施工后表面无接缝，密封与整体性好；③施工配方任意调配，按应用目标与施工方法，可制成适用的系列产品；④施工方法灵活，通过生产配方调整，可采用喷涂法或浇注法。施工简便、方法灵活、快速。

软质聚氨酯树脂泡沫的特点：具有多孔、质轻、无毒、相对不易变形、柔软、弹性好、撕力强、透气、防尘、不发霉、吸声等特性。

在绝热保温方面应用是以双组分聚氨酯硬质泡沫为主。硬质聚氨酯泡沫目前仍然是固体材料中隔热性能最好的保温材料之一。其泡孔结构由无数个微小的闭孔组成，且微孔互不相通，因此该材料不吸水、不透水，带表皮的硬质聚氨酯泡沫的吸水率为零。该材料既保温又防水，宜广泛应用于屋顶和墙体保温，可代替传统的防水层和保温层，具有一材双用的功效。

用于墙体材料的硬质聚氨酯泡沫，一般要求具有难燃性能，可在发泡配方中加入阻燃成分。硬质聚氨酯泡沫从化学配方上区分可分为普通聚氨酯（PUR）硬质泡沫和聚异氰脲酸酯（PIR）泡沫两类。与普通硬质泡沫相比，后者系采用过量的多异氰酸酯原料和三聚催化剂制得，具有优良的耐高温性能和阻燃性能。

在目前研制或发现的天然及合成保温材料中，硬质聚氨酯泡沫是保温性能最好的一种保温材料，其热导率一般在 0.018 ~ 0.030W/(m·K)范围。这种保温材料既可以预成型，又可以现场喷涂成型，现场施工时发泡速度快，对基材附着力强，可连续施工，整体保温效果好，并且密度仅 0.03 ~ 0.06g/cm^3。虽然聚氨酯泡沫塑料单位成本较高，但由于其绝热性能优异，厚度薄，并且加以适当的保护，可使聚氨酯泡沫使用 15 年以上而无需维修，因而用聚氨酯硬泡作保温材料的总费用较低。

（二）酚醛树脂泡沫塑料

酚醛树脂泡沫（PF）塑料，俗称“粉泡”。近年来，我国在酚醛树脂合成工艺和发泡技术上有了很大提高，逐步克服传统发泡必须在一定温度条件下才能发泡的不足，发展出室温可发泡的关键技术，也逐步克服了 PF 塑料脆性、强度低、吸水率高、略有腐蚀性等物理性能上的缺点，在保持其原有优点基础上，进行改性，生产不同物理性能指标的系列产品。在成型手段上，可用浇注机并配备机械连续式或间歇式成型，制成带有饰面的复合板材，不但能保证泡沫质量，而且能提高生产速度，降低生产成本，使 PF

塑料应用领域逐渐拓宽。

用于生产酚醛泡沫的树脂有两种：热塑性树脂及热固性树脂，由于热固性树脂工艺性能良好，可以连续生产酚醛泡沫，制品性能较佳，故酚醛泡沫材料大多采用热固性树脂。酚醛树脂泡沫的特点如下。

1. 绝热性

酚醛泡沫结构为独立的闭孔微小发泡体，由于气体相互隔离，减少了气体中的对流传热，有助于提高泡沫塑料的隔热能力，其热导率仅为 0.022 ~ 0.045W/（m·K），在所有无机及有机保温材料中是最低的。适用于做宾馆、公寓、医院等高级建筑物室内天花板的衬里和房顶隔热板，节能效果极其明显。用在冷藏、冷库的保冷以及石油化工、热力工程等管道、热网和设备的保温上有无可争议的综合优势。

2. 耐化学溶剂侵蚀性

酚醛泡沫耐化学溶剂侵蚀性能优于其他泡沫塑料，除能被强碱腐蚀外，几乎能耐所有的无机酸、有机酸及盐类。在空调保温和建筑施工中可与任何水溶型、溶剂型胶类并用。

3. 吸音性能

酚醛泡沫材料的密度低，吸音系数在中、高频区仅次于玻璃棉，接近岩棉板，而优于其他泡沫塑料。由于它具有质轻、防潮、不弯曲变形的特点，广泛用作隔墙、外墙复合板、吊顶天花板、客车夹层等，是一种很有前途的建筑和交通运输吸声材料。

4. 吸湿性

酚醛泡沫闭孔率大于 97%，泡沫不吸水。在管道保温中无需担心因吸水而腐蚀管道，避免了以玻璃棉、岩棉为代表的无机材料存在的吸水率大、容易“结露”、施工时皮肤刺痒等问题。近几年在中央空调管道保冷中得到推广应用。

5. 抗老化性

已固化成型的酚醛泡沫材料长期暴露在阳光下，无明显老化现象，使用寿命明显长于其他泡沫材料，被用于抗老化的室外保温材料。

6. 阻燃性

酚醛树脂含有大量的苯酚环，它是良好的自由基吸收剂，在高温分解时断裂的—CH_2—形成的自由基能被这些活性官能团迅速吸收。检测表明，酚醛泡沫无需加入任何阻燃剂，氧指数即可高达 40，属 B1 级难燃材料。添加无机填料的高密度酚醛泡沫塑料氧指数可达 60，按 GB/T 8625-1988 标准规定阻燃等级为 A1，因此在耐火板材中得到应用。

7. 抗火焰穿透性

酚醛树脂分子结构中碳原子比例高，泡沫遇见火时表面能形成结构碳的石墨层，有效地保护了泡沫的内部结构，在材料一侧着火燃烧时另一侧的温度不会升得较高，也不扩散，当火焰撤除后火自动熄灭。当泡沫受火焰时，由于石墨层的存在，表面无滴落物、无卷曲、无熔化现象，燃烧时烟密度小于 3%，几乎无烟。经测定酚醛泡沫在 1000℃火焰温度下，抗火焰能力可达 120min。

根据其特点，酚醛树脂泡沫广泛适用于防火保温要求较高的工业建筑，如屋面、地下室墙体的内保温、地下室的顶棚（绝热层位于楼板之下），礼堂及扩音室隔音；石油化工过热管道、反应设备、输油管道与储存罐的保温隔热；航空、舰船、机车车辆的防火保温等。根据不同的应用部位，采用不同的加工成型方法，可以制成酚醛泡沫轻便板、酚醛树脂覆铝板、酚醛泡沫－金属覆面复合板、酚醛泡沫消声板及各种管材、板材等。

（三）聚苯乙烯泡沫

聚苯乙烯（PS）泡沫塑料是以聚苯乙烯树脂为主体原料，加入发泡剂等辅助材料，经加热发泡制成。按生产配方及生产工艺的不同，可生产不同类型的聚苯乙烯泡沫塑料制品，目前常用主要类型的产品有可发型聚苯乙烯树脂泡沫（EPS）塑料和挤塑型聚苯乙烯树脂泡沫（XPS）塑料两大类。由于近年建筑工程的扩展和对建筑节能的要求，使 PS 泡沫塑料生产量大大增加，如今 PS 泡沫塑料已成为建筑节能中主要应用的一种保温材料。

PS 泡沫塑料生产方法目前多以物理发泡为主，包括以下两种。

1. 挤出法 XPS

先将粒状 PS 树脂在挤出机中熔化，再将液体发泡剂用高压加料器注入挤出机的熔化段。经挤出螺杆转动搅拌，树脂与发泡剂均匀混合后挤出。在减压条件下，发泡剂气化，挤出物发泡膨胀而制得具有闭孔结构的硬质泡沫塑料，最后经缓慢冷却、切割，即可制成泡沫成品。

2. 可发型 PS 粒料膨胀发泡法 EPS

可发型聚苯乙稀树脂泡沫塑料是在悬浮聚合聚苯乙烯珠粒中加入低沸点液体，在加温加压条件下，渗透到聚苯乙烯珠粒中使其溶胀，制成可发型聚苯乙烯珠粒，然后经过预发泡、熟化和发泡成形制成制品。

二、常用无机节能墙体材料

（一）无机纤维建筑保温材料

1. 岩棉、矿渣棉及其制品

岩棉是以精选的天然岩石如优质玄武岩、辉绿岩、安山岩等为基本原料，经高温熔融，采用高速离心设备或其他方法将高温熔体甩拉成非连续性纤维。矿渣棉是以工业矿渣如高炉渣、磷矿渣、粉煤灰等为主要原料，经过重熔、纤维化而制成的一种无机质纤维。通过在以上棉纤维中加入一定量的粘接剂、防尘油、憎水剂等助剂可制成轻质保温材料制品，并可根据用途分别再加工成板、毡、管壳、粒状棉、保温带等系列制品。

矿渣棉和岩棉（统称矿岩棉）制品的特点是原料易得，可就地取材，再加上生产能耗少，成本低，可称为耐高温、廉价、长效保温、隔热、吸声材料。这两类保温材料虽属同一类产品，有其共性，但从两类纤维应用来比较，矿渣棉的最高使用温度为600 ~ 650℃，且矿渣纤维较短、脆；而岩棉最高使用温度可达 820 ~ 870℃，且纤维长，化学耐久性和耐水性能也较矿渣棉好。

岩棉、矿渣棉的特点如下：

（1）优良的绝热性岩棉纤维细长、柔软，长度通常可达200mm，纤维直径为4 ~ 7Mm，绝热绝冷性能优良；（2）使用温度高矿岩棉的最高使用温度是它允许长期使用的最高温度，长期使用不会发生任何变化；（3）防火不燃矿岩棉是矿物纤维，因而具有不燃、耐辐射、不蛀等优点，是较理想的防火材料。矿岩棉制品的不燃性是相对的，主要取决于其中是否含可燃性添加剂。如以石油沥青为粘接剂的矿棉毡，长期使用温度不宜超过 250℃，当用水玻璃、黏土等无机粘接剂时，矿岩棉制品的使用温度可达 600℃甚至900℃；（4）较好的耐低温性在相对较低的温度下使用，各项指标稳定，技术性能不变；（5）长期使用稳定性由于加入憎水剂，制品几乎不吸水，即使在潮湿情况下长期使用也不会发生潮解；（6）对金属设备隔热保温无腐蚀性岩棉制品几乎不含氟、氯等腐蚀性离子，因而对设备、管道等应用无腐蚀作用；（7）吸声、隔声矿岩棉纤维长而渣球含量少，纤维之间有许多细小空隙，有极好的吸声性能。

岩棉板的密度为 80 ~ 200kg/m^3，热导率为 0.44 ~ 0.048W/（m・K），将 50mm 厚岩棉板与 240mm 厚实心砖墙复合，其保温性能超过 860mm 厚实心砖墙。采用岩棉外保温技术后，墙体的传热系数下降。在冬季，减少了墙体热损失，在同等供暖条件下，保温后比保温前室内空气温度及墙体内表面温度均有所提高；到夏季，岩棉外保温能减少太阳辐射热的传导，有效地降低太阳辐射和室外气温的综合热作用，使室内空气温度和墙体内表面温度得以降低。

2. 玻璃棉及其制品

玻璃棉及其制品与岩矿棉及其制品一样，在工业发达国家是一种很普及的建筑保温材料，是在建筑业中一类较为常见的无机纤维绝热、吸声材料。它是以石英砂、白云石、蜡石等天然矿石，配以其他的化工原料，如纯碱、硼砂等熔制成玻璃，在熔解状态下经拉制、吹制或甩制而成极细的絮状纤维材料。按其化学成分中碱金属等化合物的含量，可分为无碱、中碱和高碱玻璃棉；按其生产方法可分为火焰法玻璃棉、离心喷吹法玻璃棉和蒸汽（或压缩空气）立吹法玻璃棉三种，现在世界各国多数采用离心喷吹法，其次是火焰法。在玻璃纤维中加入一定量的胶黏剂和其他添加剂。经固化、切割、贴面等工序即可制成各种用途的玻璃棉制品。玻璃棉制品品种较多，主要有玻璃棉毡、玻璃棉板、玻璃棉带、玻璃棉毯和玻璃棉保温管等。由于建筑节能的需要，我国及世界各国对玻璃棉及其制品的需求都在不断增加。

玻璃棉在玻璃纤维的形态分类中属定长玻璃纤维，但纤维较短，一般在 150mm 以下或更短。形态蓬松，类似棉絮，故又称短棉，是定长玻璃纤维中用途最广泛、产量最大的一类。

玻璃棉是由互相交错的玻璃纤维构成的多孔结构材料，特性是体积密度小（表观密度仅为矿棉表观密度的一半左右），热导率低［热导率为 0.037 ~ 0.039W/（m·K）］，吸声性好，不燃、耐热、抗冻、耐腐蚀、不怕虫蛀、化学性能稳定，是一种优良的绝热、吸声过滤材料，被广泛应用于国防、石油化工、建筑、冷藏、交通运输等部门，是各种管道、贮罐、锅炉、热交换器、风机和车船等工业设备和各种建筑物的优良保温、绝热、隔冷、吸声材料。建筑业常用的玻璃棉分为两种，即普通玻璃棉和超细玻璃棉。

（1）普通玻璃棉

普通玻璃棉是由熔融状态的玻璃液体，流经多孔漏板后形成一排液流，再用过热蒸汽或压缩空气喷吹而成为玻璃纤维，并沉积于集棉室。普通玻璃棉的纤维一般长 50 ~ 150mm，纤维直径为 12μm，外观洁白。

（2）超细玻璃棉

超细玻璃棉是熔融状态的玻璃液从多孔漏板流出来后，经橡胶辊拉制成一次纤维，再经高温、高速燃气喷吹而成二次玻璃纤维，并沉积于积棉室。超细玻璃棉的纤维直径比普通玻璃棉细得多，一般在 4μm 以下，外观洁白。

玻璃棉制品中，玻璃棉毡、卷毡主要用于建筑物的隔热、隔声等；玻璃棉板主要用于仓库、隧道以及房屋建筑工程的保温隔热、隔声等；玻璃棉管套主要用于通风、供热、供水、动力等设备管道的保温。玻璃棉制品的吸水性强，不宜露天存放，室外工程不宜在雨天施工，否则应采取防水措施。

（二）无机多孔状保温材料

无机多孔状保温材料是指具有绝热保温性能的低密度非金属状颗粒、粉末或短纤维状材料为基料制成的硬质或柔性绝热保温材料。这些材料主要包括膨胀珍珠岩及其制品、膨胀蛭石及其制品、微孔硅酸钙制品、泡沫玻璃、泡沫混凝土制品、泡沫石棉制品和其他应用较广的轻质保温制品。

该类保温材料的原料资源丰富，生产工艺相对容易掌握，产品价格低廉，加之近年来成型工艺的改进，产品质量和性能大大提高，不仅用于管道保温，也用于建筑领域的砌块、喷涂等节能保温工程，该类材料是我国目前建筑绝热保温主体材料之一。

1. 膨胀珍珠岩及其制品

珍珠岩是火山喷发时在一定条件下形成的一种酸性玻璃质熔岩，属非金属矿物质，主要成分是火山玻璃，同时含少量透长石、石英等结晶质矿物。

膨胀珍珠岩是珍珠岩经人工粉碎、分级加工形成一定粒径的矿砂颗粒后，在瞬间高

温下，矿砂内部结晶水汽化产生膨胀力，熔融状态下的珍珠岩矿砂颗粒瞬时膨胀，冷却后形成多孔轻质白色颗粒。其理化性能十分稳定，具有很好的绝热防火性能，是一种很好的无机轻质绝热材料，可广泛用于冶金、化工、制冷、建材、农业和医药、食品加工过滤等诸多行业。其中在建筑工程中应用为60%，在热力管道保温中应用为30%，其他应用为10%。

膨胀珍珠岩具有较小的堆积密度和优良的绝热保温性能。化学稳定性好，吸湿性小，无毒、无味、不腐、不燃、吸声。微孔、高比表面积及吸附性，易与水泥砂浆等保护层结合。

在建筑业推广使用膨胀珍珠岩是实施节能的有效途径之一。在墙体外侧喷涂（外墙外保温）膨胀珍珠岩涂料层，可增强墙体的热稳定性，并可与装饰工序同步进行，也可作为彩色装饰涂层。在墙体外侧喷涂膨胀珍珠岩涂料层，是复合墙体构造方式中功能结构的一种，也是目前正在节能建筑中推广使用的一种方法。该产品与其他保温材料相比，明显的优势是价廉、成本低、施工速度快，是一种竞争力强的保温材料。

膨胀珍珠岩的应用主要有保温砂浆和绝热制品。

（1）憎水膨胀珍珠岩制品

该制品采用膨胀珍珠岩、防水材料和粘接剂，经搅拌、注模、压制、脱模和干燥等工序，制成各种形状和不同规格的保温板（瓦）。保温板适用于外墙内保温和屋面保温；保温瓦适用于热力管道保温。

（2）石膏膨胀珍珠岩保温板

该保温板采用普通石膏、膨胀珍珠岩、添加剂和水，经混合搅拌、浇注、脱模、干燥等工序制成。其各种材料的质量配合比为：膨胀珍珠岩：石膏：添加剂：水 =1 ：（5 ~ 9）：0.44 ：（10 ~ 13）。

2. 膨胀蛭石及其制品

蛭石是一种复杂的铁、镁含水硅铝酸盐类矿物，呈薄片状结构，由两层层状的硅氧骨架，通过氢氧镁石层或氢氧铝石层结合而形成双层硅氧四面体，“双层”之间有水分子层。高温加热时，“双层”间的水分变为蒸汽产生压力，使“双层”分离、膨胀。蛭石在150℃以下时，水蒸气由层间自由排出，但由于其压力不足，蛭石难以膨胀。温度高于150℃，特别是在850 ~ 1000℃时，因硅酸盐层间基距减小，水蒸气排出受限，层间水蒸气压力增高，从而导致蛭石剧烈膨胀，其颗粒单片体积能膨胀20多倍，许多颗粒的总体积膨胀5 ~ 7倍。膨胀后的蛭石，细薄的叠片构成许多间隔层，层间充满空气，因而具有很小的密度和热导率，使其成为一种良好的绝热、绝冷和吸声的材料。膨胀蛭石的膨胀倍数及性能，除与蛭石矿的水化程度、附着水含量有关外，与原料的选矿、干燥、破碎方式、煅烧制度以及冷却措施有密切关系。

膨胀蛭石的密度一般为80 ~ 200kg/m^3，密度的大小主要取决于蛭石的杂质含量、膨胀倍数以及颗粒组成等因素。热导率为0.046 ~ 0.069W/（m·K），在无机轻集料中仅次于膨胀珍珠岩及超细玻璃纤维。但膨胀蛭石及制品具有很多综合特点，加之原料丰富，加工工艺简单，价格低廉，目前仍广泛用于建筑保温材料及其他领域。

膨胀蛭石具有保温、隔热、吸音等特性，可以做松散保温填料使用，也可与水泥、石膏等无机胶结料配制成膨胀蛭石保温干粉砂浆、混凝土及制品，广泛用于建筑、化工、冶金、电力等工程中。

膨胀蛭石砂浆、混凝土及其制品的保温性能与胶结料的用量、施工方法有密切关系，在使用中往往为了求得一定强度及施工和易性，而忽视密度相应增加，保温效果降低。为此，经过试验研究，确定在膨胀蛭石与胶结料等的混合物中添加少量的高分子聚合物及其他外加剂，改善砂浆强度及施工和易性，达到既能改善砂浆施工性能，又能在保证强度的前提下降低砂浆密度，减小热导率的目的。

3. 泡沫玻璃制品

泡沫玻璃是以碎玻璃（磨细玻璃粉）及各种富含玻璃相的物质为主要原料，在高温下掺入少量能产生大量气泡的发泡剂（如闭孔用炭黑，开孔用碳酸钙），混合后装模，在高温下熔融发泡，再经冷却后形成具有封闭气孔或开气孔的泡沫玻璃制品，最后再经切割等工序制成壳、砖、块、板等。按其不同的工艺和基础原料，可分为普通泡沫玻璃、石英泡沫玻璃、熔岩泡沫玻璃等，也可生产多种色彩、独立闭孔的保温隔热泡沫玻璃和通孔的吸声泡沫玻璃。由于这种无机绝热材料具有防潮、防火、防腐的作用，加之玻璃材料具有长期使用性能不劣化的优点，使其在绝热、深冷、地下、露天、易燃、易潮以及有化学侵蚀等苛刻环境下具有广泛应用。而且，生产泡沫玻璃砖的原料可以由回收利用废玻璃得来，既降低了生产成本，增加了经济效益，又节约了自然资源，为城市垃圾的回收利用开辟了一条新途径。

泡沫玻璃的生产工艺流程：①将废玻璃清洗、粉碎，磨细至100Mm或更细的玻璃粉；②将玻璃粉和发泡剂等混合均匀；③将混合粉料装入耐火模具中，之后将其置于高温炉中，再升温至850℃左右并保持5 ~ 60min，使其充分发泡；④退火、脱模。

泡沫玻璃的特点：①施工方便，容易加工，可钉、钻、锯；②产品不变形，耐用，无毒，化学性能稳定，能耐大多数的有机酸、无机酸、氢氧化物；③防霉，不受虫蛀，不受鼠啮，耐腐蚀，不变质；④耐高、低温，使用温度范围宽；⑤热导率低，吸水率小，抗压强度高，尺寸稳定性好，水蒸气渗透系数小；⑥按用户要求，可加工成空心半圆柱形，可用多块粘拼，也可多用两层或多层施工；⑦因其是脆性材料，有易碎、易破损等缺点。

泡沫玻璃主要技术指标：密度为160 ~ 300kg/m^3；热导率为0.055 ~ 0.118W/（m·K）；比热容为1202J/（kg·K）；抗压强度为0.8 ~ 3.0MPa；体积吸水率为0.5%；水蒸气渗透率为0.00ng/（Pa·s·m）；线膨胀系数为$<9\times10^{-6}K^{-1}$；使用温度范围为-200 ~ 550℃。

泡沫玻璃由于其独特的理化性能和良好的施工性能，可以作保温材料用于建筑节能；可作吸声材料用于高架、会议室等减噪工程。由于泡沫玻璃强度高且防水隔湿，既可满足一定建筑抗压和环境需求，又保证了长期稳定的绝热效率。建筑保温隔热用泡沫玻璃具有防火、防水、耐腐蚀、防蛀、无毒、不老化、强度高、尺寸稳定性好等特点，其化学成分99%以上是无机玻璃，是一种环境友好材料，不仅适合建筑外墙和地下室的保温，也适合屋面保温。

此外，在国外对泡沫玻璃的应用中，还有用泡沫玻璃作为轻质填充材料应用在市政建设上，用泡沫玻璃作为轻质混凝土集料等技术，既可以提高各种建筑物外围护结构的隔热性能，又有利于环保。

4. 泡沫水泥制品

泡沫水泥是在水泥浆体中加入发泡剂及水等经搅拌、成型、养护而成的一种多孔、质轻、绝热的混凝土材料。其结构性能和加气混凝土相似，但生产投资少，工艺简单，施工操作方便。在现浇混凝土建筑和装配式混凝土建筑中，需要大量轻质混凝土，泡沫混凝土是一种理想的选择。

目前应用中，通常将粉煤灰、矿粉等辅助胶凝材料与水泥按一定比例掺和后制成浆体，在达到使用要求的条件下，实现利废、节约材料成本和改善性能的目的。原材料组分主要包括：泡沫剂；胶凝材料，常用早强型硅酸盐水泥；干排粉煤灰；复合外加剂，具有减水和促凝功能。混合料制备方法：用高速搅拌机制泡，将制成的泡沫置于搅拌机中，加入水泥和粉煤灰（外加剂已预混于其中），搅拌至均匀为止。

由于泡沫剂的使用，在高速制泡时将产生均匀分布的微细闭合气泡，制品的密度较低，一般在1000kg/m^{3}以下，粉煤灰泡沫水泥为多孔轻质材料，含有的气孔数量多，气孔直径小，热导率低，比加气混凝土有更好的保温性能。

5. 泡沫石棉

泡沫石棉是一种成本低廉、综合性能优异的轻质保温材料，其造价和隔热性能接近于轻质聚氨酯泡沫塑料，但其耐低温和耐高温性能（≤600℃）良好，是有机绝热材料无法比拟的，而且其生产过程属低能耗过程。

为避免石棉的致癌性，一般选择蛇纹石石棉作原料，生产工艺一般分为浸泡松解、打浆浇注、定型烘干、切割等工序。

6. 硅酸钙保温材料

硅酸钙（微孔硅酸钙）保温材料是以二氧化硅硅粉状材料（石英砂粉、硅藻土等）、氧化钙（也有用消石灰、电渣等）和增强纤维材料（如玻璃纤维、石棉等）为主要原料，再加入水、助剂等材料，经搅拌、加热、凝胶、成型、蒸压硬化、干燥等工序制作而成。硅酸钙的主体材料是活性高的硅藻土和石灰，在高温、高压下，发生水热反应，加入作为增强剂的矿物棉或其他纤维类，以及加入助凝材料成型而得的保温材料。因所用原料、配比或生产工艺条件的不同，所得产品的化学组成和物理性能也不相同，用于保温材料的硅酸钙有两种不同的晶体构造：一种是雪硅酸石，称为托贝莫来石，耐热温度为

650℃，主要用于一般建筑、管道等保温；另一种是硬硅酸钙石，耐热温度为 1000℃，主要用于高温窑炉等。

目前，我国生产的硅酸钙保温材料主要采用压制法成型工艺，使产品的内在质量和外观质量都有较大改进和提高，密度降到 250kg/m^3 以内，而且通过研制硅酸钙绝热制品专用耐温抹面材料及高温粘接剂，解决了硅酸钙制品用普通抹面材料抹不上的问题。

硅酸钙制品按矿物组成和使用温度可分为托贝莫来石型（低温型，＜ 650℃）、硬硅钙有（高温型，＜ 1000℃）和混合型；按抗压强度，也可将其分为低强型（＜ 0.29MPa）、普通型（0.29 ~ 1.0MPa）、高强型（1.0 ~ 5.0MPa）和超高强型（＞ 8.0MPa）；按表观密度，将其分为超轻型（70 ~ 130kg/m^3）、轻型（130 ~ 200kg/m^3）、普通型（200 ~ 250kg/m^3）、重型（250 ~ 400kg/m^3）和超重型（400 ~ 1000kg/m^3）。

硅酸钙制品轻而柔软，强度高，热导率低，使用温度高，质量稳定；隔声、不燃、防火、无腐蚀，高温使用不排放有毒气体；耐热性和热稳定性好，耐水性良好，经久耐用。

按硅酸钙各类型生产工艺的区别和物理性能的不同，有不同的用途，如低表观密度的制品适宜做房屋建筑的内墙、外墙、平顶的防火覆盖材料和保温材料；中等表观密度的制品，主要做墙壁材料和耐火覆盖材料；高密度制品，主要做墙壁材料、地面材料或绝缘材料等。

7. 轻质保温砌块

轻质保温砌块具有自重轻、施工快、保温效果好等特点。特别是利用粉煤灰等工业废渣生产的砌块，不但降低了生产成本，使废物得到有效利用，并且减少了对环境的污染。随着框架结构建筑的普遍采用，使其共同构成外保温复合夹心墙体，轻体保温砌块的生产与应用得到迅猛发展。

我国现有常见的轻体保温砌块材料有以下几种。

（1）加气混凝土砌块

加气混凝土砌块是用钙质材料（水泥、石灰）、硅质材料（石英砂、粉煤灰、高炉矿渣等）和发气剂（铝粉、锌粉）等原料，经磨细、配料、搅拌、浇注、发气、静停、切割、压蒸等工序生产而成的轻质混凝土材料。加气混凝土具有体积密度小（一般为 300 ~ 900kg/m^3）、比强度较高（3 ~ 10MPa）、热导率低［0.105 ~ 0.267W/（m·K）］并易于加工等优点。作为轻质墙体，可做普通钢筋混凝土框架结构的填充材料和自承重轻质隔墙；作为保温材料，可做一些工业厂房和特殊建筑的保温材料。

加气混凝土按原材料分有：水泥 - 矿渣 - 砂加气混凝土、水泥 - 石灰 - 砂加气混凝土和水泥 - 石灰 - 粉煤灰加气混凝土；按产品分有加气混凝土砌块和加气混凝土加筋条板、墙板。

（2）混凝土小型空心砌块

普通混凝土小型空心砌块是以水泥为胶结材料，砂、碎石或卵石、煤矸石、炉渣为

集料，加水搅拌，经振动、加压或冲压成型，并经养护而制成的小型并具有一定空心率的墙体材料。

混凝土小砌块的基本特性有：抗压强度、抗折强度、体积密度、吸水率、抗渗、干缩率和抗冻性等。

砌块的生产方法，除20世纪60年代的平模振动成型和蒸汽养护机组流水法以外，近年来发展了多种砌块成型机，形成了以移动式小型砌块成型机为主体的台座法生产线，即固定式成型机和隧道窑养护的机组流水或流水传送生产线。

轻集料混凝土空心砌块是用轻质粗集料、轻质细轻集料（或普通砂）、胶凝材料和水配制而成的混凝土，经砌块成型机成型、养护而制成的一种轻质墙体材料，其干密度不大于1950kg/m^3，空心率等于或大于25%，表观密度一般为700 ~ 1000kg/m^3。轻集料混凝土空心砌诀以其轻质、高强、保温隔热性能好、抗震性能好等特点，在各种建筑墙体中得到广泛应用，特别是在保温隔热要求高的围护结构中使用。常见的种类有黏土陶粒无砂大孔混凝土空心砌块、粉煤灰陶粒混凝土空心砌块等。

（3）*石膏空心砌块*

石膏空心砌块由定量石膏、轻质集料、活性掺和料以及化学外加剂、水按比例混合，经强制搅拌、浇注成型、脱模干燥而制成，是轻微孔隙发育的石膏与轻质多孔的轻集料胶结而成的堆聚结构。适当比例的掺和料和化学外加剂可进一步改善石膏晶体的结构和吸水性能，不等径的孔洞结构可有效地吸收噪声。这种结构特征使石膏空心砌块具有许多优越的建筑物理力学性能，适用于建筑物的内墙墙体材料。石膏空心砌块的强度与建筑石膏的强度、轻集料的筒压强度、水灰比和干燥条件有密切关系。

物体的毛细孔隙尺寸对热导率影响较大，石膏空心砌块是建筑石膏与膨胀珍珠岩混拌浇注制成，制品中毛细孔隙率很高，孔隙中充满气体，不会形成明显的对流作用和孔壁间的辐射换热。砌体中的柱状孔洞起到很好的保温作用，这些结构特征赋予了石膏空心砌块良好的保温隔热性能。石膏空心砌块的热导率一般为0.18 ~ 0.21W/（m·K），保温隔热性明显要好于一般黏土砖，一般80mm厚石膏空心砌块墙体相当于240mm厚实心砖墙体的保温隔热能力。此外，石膏空心砌块墙体的吸声、防火和防震性能优势也十分明显。

目前石膏空心砌块是采用精密模具工厂化生产的，符合标准要求，砌筑时只需在端面涂抹粘接材料，把砌块间的榫槽缝嵌合，无需抹灰找平，即可贴瓷砖、壁纸、刮腻子，无抹灰湿作业。施工时间缩短，而且不受季节限制，为施工单位降低了成本。

三、复合节能墙体材料

（一）GRC复合保温墙板

GRC（玻璃纤维增强水泥）的发展大体上可以分为三个阶段。第一阶段在20世纪

50年代，采用中碱玻璃纤维（A玻纤）或无碱玻璃纤维（E玻纤）作为增强材料，胶结材料用的是硅酸盐水泥。硅酸盐水泥的水化产物对玻璃纤维有强烈的侵蚀作用，使玻璃纤维很快丧失了强度，GRC的耐久性很差，这是第一代GRC。第二阶段在20世纪70年代，采用含铬的耐碱玻璃纤维增强硅酸盐水泥，使基材强度有所提高，但GRC的抗弯强度与韧性下降很多，强度保留率只有40%～60%。把耐碱玻璃纤维增强硅酸盐水泥的GRC称为第二代GRC。第三阶段在20世纪70年代中期，我国的科学技术人员成功地研制出用耐碱玻璃纤维与硫铝酸盐型低碱度水泥匹配制备GRC，其耐久性最好，抗弯强度的半衰期可超过100年，称为第三代GRC。通过不同的成型工艺，可将GRC制成各种板材。

GRC复合保温墙板是以GRC作面层，以保温材料作夹心层，根据需要适当加肋的预制构件。它可分为外墙内保温板和外墙外保温板两类。将GRC复合保温墙板与承重材料进行复合，组成的复合墙体不但可以克服单一材料墙体热导率大、保温隔热性能差的缺点，而且还避免了墙体厚度过厚，实现建筑节能30%～50%。由于GRC复合保温墙板的夹心层通常为聚苯乙烯泡沫，其热导率低于0.05W/（m·K），为高效保温材料，使整个墙板的热导率较低，保温性能增强。

1. GRC外墙内保温板

GRC外墙内保温板是以GRC作面层，以聚苯乙烯泡沫板为芯层的夹心式复合保温墙板。将该种板材置于外墙主体结构内侧的墙板称为GRC外墙内保温板。其结构示意图如7-1所示。

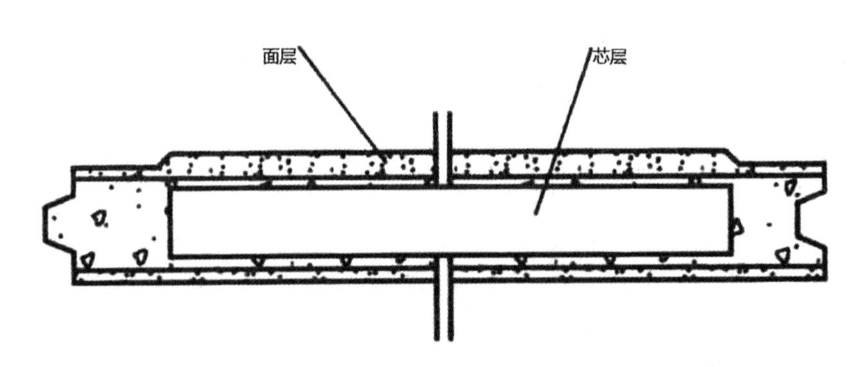

图7-1　GRC外墙内保温板结构示意图

经实践应用，60mm厚板与200mm混凝土外墙复合，达到节能50%的要求，保温效果优于620mm厚的黏土墙。而且GRC外墙外保温板重量轻、强度高，防水、防火性能好，具有较高的抗折与抗冲击性和很好的热工性能。

生产GRC外墙外保温板的生产工艺有：铺网摔浆法、喷射－真空脱水法和立模挂网振动浇注法等。

2. GRC 外墙外保温板

将由 GRC 面层与高效保温材料复合而成的保温板材置于外墙主体结构外侧的墙板称为外墙外保温板，简称“GRC 外保温板”。该板有单面板与双面板之分，将保温材料置于 GRC 槽形板内的是单面板，而将保温材料夹在上下两层 GRC 板中间的是双面板，由 GRC 面层与高效保温材料复合而成的外墙外保温板材目前尚无定型产品。GRC 外墙外保温板所用原材料同 GRC 外墙内保温板，其生产工艺一般采用反打喷射成型或反打铺网抹浆工艺来制作 GRC 外保温板面向室外的板面。所谓反打成型工艺是指墙板的饰面朝下与模板表面接触的一种成型方法，其优点是墙板饰面的质量较高，也容易保证。

（二）聚苯乙烯泡沫混凝土保温板

聚苯乙烯泡沫混凝土保温板是以颗粒状聚苯乙烯泡沫塑料、水泥、起泡剂和稳泡剂等材料经搅拌、成型、养护而制成的一种新型保温板材，它重量轻，保温隔热性能好，具有一定的强度，施工简单，适用于各类墙体的内保温或外保温，以及平屋面和坡屋面的保温层。

生产工艺为：废旧聚苯乙烯或生产聚苯乙烯泡沫塑料的下脚料，经过破碎机破碎成泡沫颗粒，风送到高位料仓贮存，通过计量放入搅拌机，作为轻质填充料；加入水泥、水、起泡剂和稳泡剂等材料，拌和成轻质而黏聚性很好的拌和物，然后将拌和物人模成型，经过养护之后，即成水泥聚苯板。水泥聚苯板是在水泥用量较少的情况下，通过起泡剂和稳泡剂，在水泥浆体内部引入一定量的气泡，这些直径为 0.3 ~ 0.8mm 的微小气泡被水泥浆体所包裹，均匀地分散于水泥浆中，形成稳定的泡沫水泥浆，其体积增大。泡沫水泥浆完全包裹泡沫塑料颗粒并充满颗粒间的间隙形成封闭式结构。硬化的泡沫水泥浆类似于加气混凝土，热导率约为 0.2W/（m·K）。

水泥聚苯板主要应用于民用住宅的墙体及屋面保温，特别是加工、运输和施工过程中较一般脆性保温材料破损率低，另外水泥聚苯板易于切割，所以异形部位的拼补非常方便。以 240mm 砖墙为例，外保温复合 50mm 厚水泥聚苯板可以达到 620mm 砖墙的保温效果；带有空气层的 70mm 厚水泥聚苯板保温层可代替 200mm 厚加气混凝土屋面保温层。完全可以满足我国《民用建筑节能设计标准》（采暖居住部分）关于寒冷地区保温隔热的要求。

（三）金属面夹芯板

金属面夹心板是指上、下两层为金属薄板，芯材为有一定刚度的保温材料，如岩棉、硬质泡沫塑料等，在专用的自动化生产线上复合而成的具有承载力的结构板材。该类板材的特性突出表现为质轻、高强、绝热性能好、施工方便快速、可拆卸、重复使用、耐久性好。夹心复合板特别适用于空间结构和大跨度结构的建筑。

金属面夹心板的金属面材采用彩色喷涂钢板、彩色喷涂镀锌钢板等金属板。一般彩色喷涂钢板的外表面为热固聚酯树脂涂层，内表面（粘接侧）为热固化环氧树脂涂层，金属基材为热镀锌钢板。彩色涂层采用外表面两涂两烘，内表一涂一烘工艺。

芯体保温材料有聚氨酯硬质泡沫、聚苯乙烯泡沫、岩棉板等，面材与芯材之间可用聚氨酯胶黏剂、酚醛树脂胶黏剂或其他胶黏剂黏合。

金属面夹心板按面层材料分有：镀锌钢板夹心板、热镀锌彩钢夹心板、电镀锌彩钢夹心板、镀铝锌彩钢夹心板和各种合金铝夹心板等。按芯材材质分有：金属泡沫塑料夹心板，如金属聚氨酯夹心板、金属聚苯夹心板；金属无机纤维夹心板，如金属岩棉夹心板、金属矿棉夹心板、金属玻璃棉夹心板等。按建筑结构的使用部位分有：层面板、墙板、隔墙板、吊顶板等。

金属面夹心板是一种多功能建筑材料，除具有高强、保温隔热、隔声、装饰等性能外，更重要的是它的体积密度小，安装简洁，施工周期短，特别适合用作大跨度建筑的围护材料。其应用范围为无化学腐蚀的大型厂房、车库、仓库等，也可用于建造活动房屋、城镇公共设施房屋、房屋加层以及临时建筑等。金属复合板一般不用于住宅建筑，泡沫塑料夹心板不用于防火要求较高的房屋。

四、利废节能墙体材料

近年来，我国利废墙体材料产业取得了可喜的成绩，在新型墙体材料中，利用各种工业固体废弃物 1.2 亿吨，利用固体废弃物生产的新型墙体材料 1300 亿块。砖瓦企业掺加工业固体废弃物量在 30% 以上的约 7000 家。目前，黏土实心砖总量已呈下降趋势，空心制品每年以 10% ~ 30% 的速度增长。

（一）煤矸石空心砖

煤矸石空心砖是综合利用煤矿废渣 -- 煤矸石烧制的有贯穿孔洞、孔洞率＞ 15% 的砖。其性能与黏土砖相近，其中部分性能指标优于黏土多孔砖，实验表明，煤矸石空心砖具有良好的抗压强度以及较好的保温性能。

1. 煤矸石空心砖对原料的要求

利用煤矸石生产空心砖，对原料的化学成分、物理组成要求与生产普通砖时相近，因成型时在出口处装有刀架、芯头等，所以对泥料的粒度、塑性指数等要求相应提高，否则将影响制品的成型质量。

2. 煤矸石空心砖的生产工艺

用煤矸石生产空心砖时，可根据原料性能的差别和建厂投资的不同选择不同的生产方式。投资大时，选择机械化、自动化程度较高的生产工艺；投资额较低时，选择机械化、自动化程度较低但能满足制品质量要求的生产工艺。

以煤矸石为原料生产空心砖的生产工艺，主要包括原料破粉碎、原料塑性及成型性能的调整、成型、人工干燥、烧成、成品检验等几个主要环节，只有每一环节都正常运行，才能保证生产线的正常生产。

煤矸石空心砖生产工艺流程（方案一）：原料→板式给料机→胶带输送机→颚式破碎机→胶带输送机→锤式破碎机→胶带输送机→高速细碎对辊机→胶带输送机→双轴搅拌机→胶带输送机→可逆移动胶带机→陈化库→多斗挖掘机→胶带输送机→双轴搅拌机→胶带输送机→高速细碎对辊机→胶带输送机→双级真空挤砖机→切条机→切坯机码坯机→窑车运转系统→隧道干燥室→隧道窑卸坯→货场→检验出厂。

煤矸石空心砖生产工艺流程（方案二）：原料→板式给料机→胶带输送机→颚式破碎机→胶带输送机→锤式破碎机→胶带输送机→双轴搅拌机→胶带输送机→高速细碎对辊机→胶带输送机→双级真空挤砖机→切条机→切坯机→码坯皮→带机→干燥车运转系统→隧道干燥室→人工运坯码窑→轮窑－→出窑运坯→货场→检验→出厂。

上述两种方案中，第一种方案中机械化、自动化程度较高，产品质量稳定，减少了人为因素对制品质量的影响，能够满足多品种、多规格制品的要求，但该方案投资较大，对生产工艺的操作及设备的维护要求都比较高，且维护费用也大。第二种方案也能满足第一种方案的各种要求，且投资较小，维护工作没有第一种方案要求的严格，但人为因素会对制品质量造成影响。

3. 产品规格及标号

煤矸石空心砖的外观、性能和型号应符合 GB 13545《烧结空心砖和空心砌块》中的要求。

煤矸石空心砖的标号有：200、150、100、75，按建筑时孔洞的方向，可分为竖向和水平空心砖两种，其密度为 1100 ~ 1450kg/m^3。

煤肝石空心砖型号分为两种：第一种是 240mm × 115mm × 90mm 承重煤矸石多孔砖，孔洞率大于 25%，折标准砖 1.7 块；第二种是 240mm × 190mm × 115mm、240mm × 240mm × 115mm 非承重煤矸石空心砖，孔洞率大于 40%，分别折标砖 3.6 块、4.5 块。

4. 性能及应用前景

黏土砖是一种保温、隔热性能差，而热惰性大的墙体材料。轻质聚苯泡沫塑料是一种保温性能较好，而热惰性极差的高效保温材料。由此可见，热阻值大、热惰性大，在同一材料上几乎是矛盾的，不可同时兼得的，而煤矸石空心砖却是热阻值大、热惰性也大，两者兼而有之的材料。显而易见，煤矸石空心砖热阻大的热物理特性对节省建筑能耗是有利的，热惰性大的热物理性能可以提高墙体表面的热稳定性，对改善室内热环境质量特别有利，同时提高了室内环境的舒适感。实践已证明，煤矸石空心砖不单是承重和围护用的建筑材料，重要的还是保温材料。这在当前我国经济水平尚不发达的条件下，是一种既可作承重又可作保温用的较为经济又实际的首选墙体材料。

利用煤矸石制造空心砖与同等规模年产6000万块黏土砖的砖厂进行对比，煤矸石空心砖比黏土砖节约土地 3.34×104 ㎡，少占地 0.17×10^4 ㎡，节约运费25万元。年节约煤炭6000万吨，煤矸石制砖每年消耗煤矸石16万吨，减少煤矸石自燃产生的有害气体395.2万立方米，避免了环境的污染。用空心砖砌墙可节约砂浆10% ~ 15%，砌墙率提高30% ~ 40%。

（二）农业废弃物绿色墙体材料

利用农业废弃物生产的墙体材料具有轻质、高强、节能利废、保温隔热、防火等高性能和多功能，综合利用农业废弃物生产绿色高性能墙体材料，可以变废为宝，保证资源、能源和环境协调发展，是我国发展绿色墙体材料的重要方向之一。有突出材性性能和经济效益且市场上常见的包括稻草、稻壳类砖和板材、纸面草板、秸秆轻质保温砌块和麦秸均质板等。

1. 稻草、稻壳类砖和板材

稻壳内含有20%左右无定形硅石，可以提高墙体材料的防水性和耐久性，故经常被利用作为制墙体材料的原料。将稻壳灰与水泥、树脂等均匀混合后，再经快速压模制成稻壳砖块，或者将其通过球磨机再度细磨后，与耐火黏土、有机溶剂混合制造稻壳绝热耐火砖。稻壳砖具有防火、防水、隔热保温、重量轻、不易碎裂等优点，这种砖可广泛用于房屋的内墙和外墙。

稻草板材则是以水泥为基料，按其质量比加入30% ~ 80%的稻草或稻草屑为配料，经搅拌、浇筑、加压成型后再养护，按一定规格尺寸制成的，其生产流程如图7–2所示。

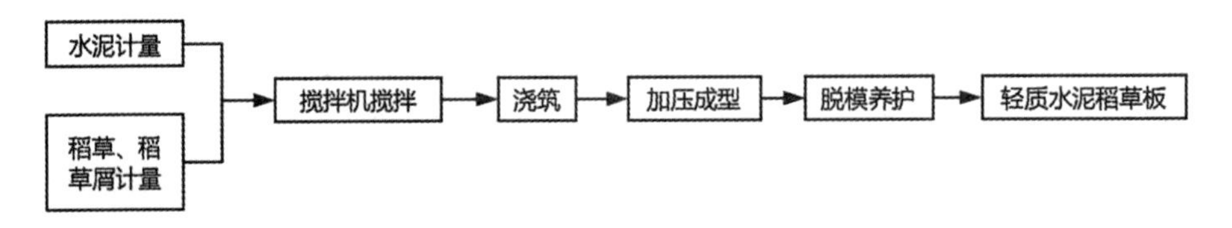

图7–2　轻质水泥稻草板生产工艺流程图

若在生产时将玻璃纤维布预先放入模型上面或下面，或在轻质水泥稻草板上复合彩色水泥板，还可以提高轻质水泥稻草板的抗压强度和装饰效果。这种轻质水泥稻草板具有轻质、隔热、隔声、防冻及便于加工切割等特点，可用作建筑物的内墙板和屋面板。

高强难燃纤维板是将农业、林业废弃的稻草、草秸秆、椰子壳、甘蔗渣、林木锯屑等有机纤维废弃物与废纸浆混合成浆料，加入一定量的硬化剂混合，用通风机、自然风干等方法对混合物进行预干燥，或在干燥成型后再浸渍硬化剂，再干燥成型，然后再浸渍硅酸盐溶液制成。测试结果和实践证明这种高强难燃纤维板具有传统纤维板无法比拟的高强度和难燃性，可用于建筑物的内墙和隔墙。

2. 纸面草板

稻草是粮食作物水稻的茎秆，是季节性的农业副产品，每年都有大量生产，我国年产量上亿吨，绝大部分被烧掉。稻草是分散的资源，要靠收购集中，购进的稻草要求除去草根、稻穗、稻叶、杂草和泥土等杂质，水分不宜超过 15%。麦草及其他草类纤维也可以代替部分稻草制板。麦草也是季节性粮食作物的茎秆，结构状况与稻草相近，但茎和节较硬，脆性比稻草大。从化学组成上看，麦草含纤维素多些，灰分少些，其他区别不是太大。

纸面草板是以天然稻草、麦秸杆为原料，经加热挤压成型，外表面再粘贴一层棉纸而成的板材。与砖墙建筑相比，这种纸面草板可降低造价 30%，减轻自重 75% ~ 80%；又由于墙面薄，可增加使用面积约 20%，施工速度快 2 倍，节约建筑能耗 90%，具有质轻、保温、隔热、防寒、隔声、耐燃性好和防虫防蛀等优点。

该板主要用于建筑物的内隔墙、外墙内衬、吊顶板和屋面板等，也可作外墙（但需加可靠的外护面层）。纸面草板可分为纸面稻草板和纸面麦草板。

贴面纸是稻草板的主要原材料之一，既是草板表面装饰必需的，也是使草板保持结构完整和符合强度要求的重要因素。要求贴面纸纸质柔软，有较高的抗拉强度。常用的有牛皮纸、沥青牛皮纸、石膏板纸及其他板纸。最好的纸应达到纵向抗拉强度大于 25kg/15mm 纸带。脆裂强度大于 84×10^5Pa。根据纸张来源情况，也可用强度稍低的类似的纸代替。生产稻草板所用粘接胶很少，主要用于粘接纸和封头，不用于稻草的粘接。要求糊纸胶有一定的抗水能力，可以使用脲醛树脂混合胶液和聚乙烯缩甲醇胶液。纸面草板的生产过程包括：原材料处理及输送、热压成型、切割和封边，生产工艺具有设备简单、能耗低、用胶少等特点，生产中不用蒸汽、不用煤、不用水，仅需少量电能。

3. 秸秆轻质保温砌块

将秸秆切割、破碎后再对植物表面改性处理，再与水泥、粉煤灰或矿渣、水、减水剂混合，经搅拌、加压成型、脱模养护后制成砌块，其工艺流程如图 7-3 所示。秸秆轻质保温砌块也可用废弃的秸秆粉末或锯末为轻质原料（占总体积 65% ~ 70%），以聚苯乙烯泡沫塑料为夹心保温材料，以改性镁质水泥为胶凝材料，按一定材料配合比制成。此类秸秆保温砌块具有自重轻、强度高、抗冲击、防火、防水、隔声、无毒、节能、保温等特点，并可增加建筑物使用面积，加快施工速度。该板材可广泛用于内外墙，目前北方地区保温材料纯陶粒砌块售价 320 元 /m^3 左右，聚苯乙烯（EPS）复合砌块售价 340 元 /m^3 左右，而秸秆轻质保温砌块的售价仅 220 元 /m^3 左右，大大低于目前市场上其他保温墙体材料，其保温和节能效果却明显高于其他保温墙体材料，并可综合利用农业废弃物和工业废渣等，因此尤其适用于北方寒冷地区的外墙。

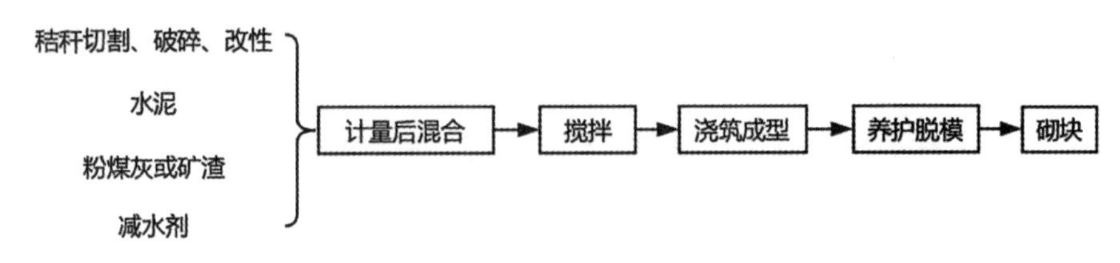

图 7-3　秸秆轻质保温砌块生产工艺流程

（三）沉砂淤泥墙体材料

用淤泥替代传统的原材料生产环保型新型墙体材料（主要是烧结多孔砖）的处理工艺和生产工艺，在实际建设中应用时，可以减少因堆放淤泥的耕地占用，避免和减少砖瓦企业对农田的取土破坏，是变废为宝的有效处理方法，对资源循环利用、保护耕地资源和生态环境具有重要意义。

淤泥是由山体岩层自然风化和地表上随雨水冲刷及江湖水运动时夹带的泥砂，流经河湖而多年沉积的矿物质。其化学成分及矿物组成多数与一般黏土（泥）、泥岩、黏土质岩相似。从矿物组成来看主要是以高岭土为主，其次是石英、长石及铁质，有机质含量较少。淤泥的颗粒大多数在 80Mm 以下，并含有粗屑垃圾及细砂，塑性指数均低于 8。淤泥化学成分含量随分布而异，同一水域随水源流域不同，而有一定的差异。

淤泥比较实际经济的用途是用于开发人造轻集料（淤泥陶粒）及制品。用人造轻集料作集料的轻集料混凝土比普通混凝土具有更高的强度，无碱集料反应，可广泛在建筑物的梁、柱及桥面板上使用。用人造轻集料加工生产的混凝土内外墙板、楼板、砌诀具有隔热保温、隔音的功能，是建筑节能的主要材料。

（四）再生集料混凝土空心节能砌块

随着国民经济的飞速发展和人们生活水平的不断提高，老城区改造和新城区建设的工程量也在高速增长。随之而来的是各种建筑垃圾的大量产生，不仅给城市环境带来极大危害，而且为处理和堆放这些建筑垃圾需要占用大量宝贵的土地。

将建筑垃圾（如拆除旧房形成的碎砖、碎混凝土、碎瓷砖、碎石材等和新建筑工地上的废弃混凝土、砂浆等各种建筑废弃物）制成再生集料，然后和胶凝材料、外加剂、水等通过搅拌、加压振动成型、养护便可制成再生集料混凝土新型墙体材料，可广泛应用于各种建筑。

建筑垃圾虽然比较容易被破碎，但也比较容易被破碎成粉状物。如果粒径小于 0.15mm 的粉状物太多（超过 20%），将影响制品的物理力学性能。为避免破碎后粒径单一和粉状物料过多的问题，采用了模仿人工敲击的锤式破碎技术，通过调整出料口筛网间距达到控制再生集料颗粒级配的目的。其生产工艺流程为：建筑垃圾→锤式破碎→再生集料。

由于再生集料具有孔隙率大、吸水率高的特点，按普通混凝土配合比设计方法设计的再生混凝土坍落度降低，为了获得比较理想的坍落度，必须增加用水量和水泥用量。因此在目前各种再生集料混凝土新型墙材中，利用再生集料生产混凝土空心砌块（称作再生混凝土空心砌块）是比较合理的。这是因为再生混凝土空心砌块对混凝土的工作性能要求较低；另外，再生集料密度比天然集料低，热导率低。

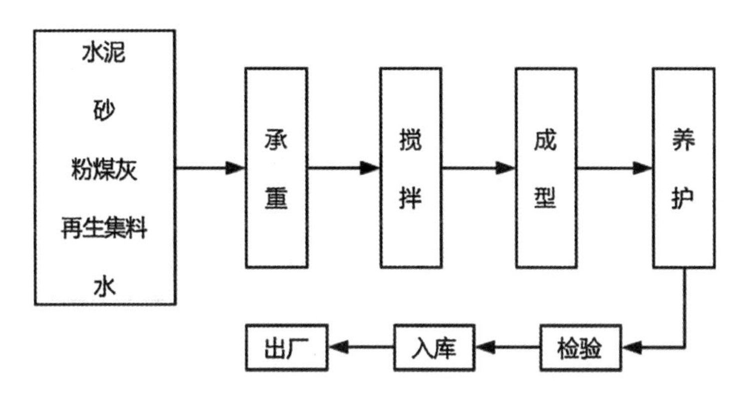

图 7–4　再生集料混凝土砌块生产工艺流程图

五、建筑保温涂料

常规保温节能材料以提高孔隙率、提高热阻、降低传导传热为主，纤维类保温材料在使用温度下对流传热及辐射传热急剧升高，保温层较厚；硬质无机类保温材料又多属于型材，因接缝多，施工不太方便；有的吸水率高，不抗振动，使用寿命短；还需设防水层及外护层。保温技术向高效、薄层、隔热、防水、外保护一体化方向发展，如何充分利用传热机理研制新型节能材料是重要的发展方向。随着当今涂料技术的发展，保温涂料技术日趋成熟，完全由涂刷保温涂料代替保温层的方法已经开始进入实用阶段，将改变传统的保温、保冷方式，成为保温节能墙体不可或缺的组成部分。

我国的保温隔热涂料是在 20 世纪 80 年代末开始研制和应用的，并以高温场合使用的保温隔热涂料为起点。当时，主要研制应用于一些形状不规则的高温管道、设备表面的保温隔热涂料。由于这类涂料需要耐高温，因而一般不能使用有机基料，而是使用能够耐一定温度的无机硅酸盐类材料，例如水泥和水玻璃等，再加上所使用的绝热填料也主要是一些硅酸盐类材料，例如石棉纤维、膨胀珍珠岩和海泡石粉等，因而这类涂料被称为“硅酸盐复合保温隔热涂料”。

保温（隔热、绝热）涂料综合了涂料及保温材料的双重特点，干燥后形成有一定强度及弹性的保温层。与传统保温材料（制品）相比，其优点在于：①热导率低，保温效果显著；②可与基层全面黏结，整体性强，特别适用于其他保温材料难以解决的异型设备保温；③质轻、层薄，用于建筑内保温时相对提高了住宅的使用面积；④阻燃性好，环保性强；⑤施工相对简单，可采用人工涂抹的方式进行；⑥材料生产工艺简单，能耗低。

根据建筑隔热涂料隔热机理和隔热方式的不同，将其分为阻隔性隔热涂料、反射隔热涂料及辐射隔热涂料三大类。

（一）阻隔性隔热涂料

阻隔性隔热涂料是通过对热传递的显著阻抗性来实现隔热的涂料。采用低热导率的组合物或在涂膜中引入热导率极低的空气可获得良好的隔热效果，这就是阻隔性隔热涂料研制的基本依据。材料热导率的大小是材料隔热性能的决定因素，热导率越小，保温隔热性能就越好。

应用最广泛的阻隔性隔热涂料是硅酸盐类复合涂料，这类涂料是 20 世纪 80 年代末发展起来的一类新型隔热材料。主要由海泡石、膨胀蛭石、珍珠岩粉等无机隔热集料、无机及有机胶黏剂及引气剂等助剂组成。经过机械打浆、发泡、搅拌等工艺制成膏状保温涂料，其主要用作工业隔热涂料，如发动机、铸造模具等的隔热涂层等。目前，这类涂料正在经历一场由工业隔热保温向建筑隔热保温为主的转变。但是，由于受附着力、耐候性、耐水性、装饰性等多方面的限制，这类隔热涂料较少用于外墙的涂装。

（二）反射隔热涂料

任何物质都具有反射或吸收一定波长的太阳光的性能。由太阳光谱能量分布曲线可知，太阳能绝大部分处于可见光和近红外区，即 400 ~ 1800nm 范围。在该波长范围内，反射率越高，涂层的隔热效果就越好。因此通过选择合适的树脂、金属或金属氧化物颜填料及生产工艺，可制得高反射率的涂层，反射太阳热，以达到隔热的目的。反射隔热涂料是在铝基反光隔热涂料的基础上发展而来的，其涂层中的金属一般采用薄片状铝粉；为了强化反射太阳光效果，涂层一般为银白色。

反射隔热涂料一般采用有机高分子乳液如丙烯酸乳液成膜基料、陶瓷微珠、云母粉等颜填料、助剂等组分配制而成。它不仅具有良好的耐热、耐候、耐腐蚀和防水性能，还有隔热保温、防晒、热反射、高效节能及装饰等优异性能。与普通涂料装饰相比，可有效降低被涂刷物表面的热平衡温度近 20℃，内质温度可降低 8 ~ 10℃，漆膜坚韧细腻，光泽度高、附着力强，可广泛用于建筑物外墙和房顶、工业贮罐和管道及船舶、车辆、粮库、冷库等场所。

（三）辐射隔热涂料

通过辐射的形式把建筑物吸收的日照光线和热量以一定的波长发射到空气中，从而达到良好隔热降温效果的涂料称为辐射隔热涂料。

由于辐射隔热涂料是通过使抵达建筑物表面的辐射转化为热反射电磁波辐射到大气中而达到隔热的目的，因此，此类涂料的关键技术是制备具有高热发射率的涂料组分。

辐射隔热涂料不同于用玻璃棉、泡沫塑料等多孔性低阻隔性隔热涂料或反射隔热涂料，因这些涂料只能减慢但不能阻挡热能的传递。白天太阳能经过屋顶和墙壁不断传入室内空间及结构，一旦热能传入，就算室外温度减退，热能还是困陷其中。而辐射隔热涂料却能够以热发射的形式将吸收的热量辐射出去，从而促使室内以室外同样的速率降温。

为了获得性能更好的保温涂料，国内外工作者进行了大量的研究，主要根据上述隔热机理，对主要原材料的品种和性能做了很大的改进。一种隔热效果良好的涂料往往是两种或多种隔热机理同时起作用的结果。上述三种隔热涂料各有其优点，因此可考虑将它们综合起来，充分发挥各自的特点，进行优势互补，研制出多种隔热机理综合起作用的复合隔热涂料。

现在正在研究一种相变材料涂料，其原理不同于以上二种。在基材上涂一层这种涂料，与基材接触吸收热能。涂料包括底料和许多分散于其中的微囊。微囊可以均匀分散并浸没在底料中，彼此隔离。微囊包含有如链烷烃或塑性晶体之类的相变热能吸收材料。涂料通过微囊中的相变材料调节基材的表面温度。在相变临界点以上，相变材料吸收并储存热瞬变和（或）热冲击，然后在相变临界点以下，通过相变，将储存的热能辐射发散，达到控温目的。

六、建筑保温砂浆

采用水泥、石灰、石膏等胶凝材料与膨胀珍珠岩或膨胀蛭石、陶砂等轻质多孔集料按一定比例配合制成的砂浆称为保温砂浆。它具有轻质、保温隔热、吸声等性能。保温砂浆按化学成分分为有机保温砂浆和无机保温砂浆。

（一）无机保温砂浆

无机保温砂浆是指以具有绝热保温性能的低密度多孔无机颗粒、粉末或短纤维为轻质集料，合适的胶凝材料及其他多元复合外加剂，按一定比例经一定的工艺制成的保温抹面材料，可以直接涂抹于墙体表面，它较一般抹面砂浆有重量轻、保温隔热等优点。

无机保温砂浆具有防火阻燃安全性好，物理－化学稳定性好且绿色环保无公害，强度高且保温隔热性能好，施工简单且经济性好等特点。其不足是材料容重稍差、保温隔热性能稍差、吸水率较大、和易性稍差等。

在夏冷冬冷地区，对建筑外墙保温要求较高，普通的无机保温砂浆很难满足要求。由于有机保温材料的保温效果较好，因此，在这些地方一般采用此种材料进行外墙保温。但是由于外墙墙体材料和混凝土梁柱的热导率不同，易产生冷热桥现象，此时在梁柱外侧涂抹上无机保温砂浆可以减少冷热桥的产生。

夏热冬冷地区是一个过渡地区，其外墙保温要求较寒冷地区要低一些。一般情况下，

无机保温砂浆保温隔热性能能够满足国家对这个地区建筑节能的规定，再加上无机保温砂浆施工方便、价格低廉，在这个地区无机保温砂浆运用较广。

夏热冬热地区属于南方地区，由于日照时间长而且强烈，外墙保温不宜采用有机保温材料，在这个地区运用无机保温砂浆主要考虑改善其保温隔热效果。

建筑工程中使用的无机保温砂浆主要有以下几种：膨胀珍珠岩保温砂浆，膨胀蛭石保温砂浆，硅酸盐复合绝热涂料，玻化微珠保温砂浆和复合无机保温砂浆。其中玻化微珠保温砂浆和复合无机保温砂浆属于新型无机保温砂浆。

1. 传统无机保温砂浆

（1）膨胀珍珠岩保温砂浆

膨胀珍珠岩保温砂浆是以水泥或建筑石膏为胶凝材料，以膨胀珍珠岩为集料，并加入少量助剂配制而成，它的性能随胶凝材料与膨胀珍珠岩的体积配合比不同而不同，是建筑工程中使用较早的保温砂浆。

其在工厂加工配制成干粉状后袋装，施工时按比例加水搅拌均匀即可。它可采用机械或手工方法进行喷涂。该产品与其他保温砂浆材料相比，明显的优势是价廉、成本低、施工速度快，是一种竞争力很强的保温砂浆。

（2）膨胀蛭石保温砂浆

膨胀蛭石保温砂浆是以膨胀蛭石为轻质集料的一种保温砂浆。它的性能与膨胀珍珠岩保温砂浆差不多，但是保温隔热效果不如膨胀珍珠岩保温砂浆，且吸水率较高，所以不得用于建筑屋面层的保温工程。

2. 新型无机保温砂浆

（1）玻化微珠保温砂浆

玻化微珠保温砂浆是市场上刚出现的一种无机保温砂浆。玻化微珠保温砂浆是指以无机玻璃质矿物材料—玻化微珠作为保温集料、水泥为胶凝材料、聚丙烯单丝抗拉纤维和可分散胶粉作为增强和抗裂材料，并掺入其他外加剂，经过充分搅拌加工而成的建筑外墙保温砂浆材料。

作为一种单组分的无机保温砂浆，玻化微珠保温砂浆具有优良的保温隔热性能和抗老化、耐候及防火性能。其强度高，黏结性能好，无空鼓、开裂现象，现场施工加水搅拌即可使用，可直接施工于干状墙体上。它克服了传统的无机保温砂浆吸水率大、易粉化、料浆搅拌过程中体积收缩率大、易造成产品后期保温性能降低和空鼓、开裂等不足。

（2）复合无机保温砂浆

复合无机保温砂浆是针对传统的单一组分保温砂浆存在的一些不足，添加多种无机轻质集料进行组合，再加上一些独特的添加剂进行黏结来达到现在社会对保温砂浆更高的要求。例如，采用优质膨胀珍珠岩颗粒和玻化微珠复合可以消除或减少膨胀珍珠岩颗粒间的大孔隙，从而使热导率特别是高温热导率下降。

（二）有机保温砂浆［聚苯颗粒（EPS）保温砂浆］

EPS 保温砂浆是以聚苯乙烯泡沫颗粒 EPS 为轻集料，无机胶凝材料为胶黏剂，通过界面改性和聚合物、纤维增韧等综合措施配制的新型节能材料。组成材料主要为水泥、粉煤灰、改性 EPS、高分子胶黏剂、纤维、膨胀珍珠岩等。其容重小，保温隔热性、耐化学品腐蚀性优良，为闭孔憎水结构，不吸水。韧性、耐水性、耐候性均优于膨胀珍珠岩。将废弃 EPS 加工成粒径为 0.5 ～ 4mm 的颗粒作为轻集料，保温隔热性好，配制的保温砂浆可有效克服珍珠岩保温砂浆吸水率大、抗裂性差的缺陷。

原料中 EPS 和特细砂用于调节 EPS 保温砂浆的容重，以配制出不同热工性能的 EPS 保温砂浆；膨胀珍珠岩用于调节 EPS 保温砂浆的孔隙结构。纤维用于增加 EPS 保温砂浆的韧性和抗裂性；胶黏剂用于改善 EPS 颗粒与无机胶凝材料界面粘接力，以改善 EPS 保温砂浆的和易性。EPS 掺量高，特细砂掺量低，EPS 保温砂浆容重下降，胶黏剂掺量与 EPS 掺量有关，EPS 掺量高，胶黏剂掺量就高。

EPS 保温砂浆应具有良好的施工和易性，容易抹成均匀、平整的灰层，这是保证其能在工程中应用的首要条件。当保温砂浆稠度控制在 8.0cm 左右时，其分层度都可以控制在 1.5 以内，说明其保水性良好。EPS 保温砂浆容重增大，其热导率也随之增加，因此在保证 EPS 保温砂浆其他性能要求的前提下，应尽量降低其容重，以取得更高的节能效益。

第二节　建筑节能门窗材料

节能门窗体系通常由窗框材料、镶嵌材料、节能薄膜材料、密封材料构成，本节分别进行阐述。

一、窗框材料

目前，我国常用的窗框材料有木材、钢材、铝合金、塑料。木材、塑料的隔热保温性能优于钢材、铝合金。但钢材、铝合金经热处理后，如果进行喷塑处理，与 PVC 塑料或木材复合，则可以显著降低其导热系数，这些新型的复合材料是目前常用的品种。

（一）木门窗

木材是传统的窗框材料，因为它易于取材且便于加工。虽然木材本质上不耐久、易腐烂，但是质量与保养良好的木窗可以有很长的使用寿命，其外表面必须上漆加以保护，因此也可根据需要改变颜色。木窗框在热工方面表现很好，由于木材的热导率低，所以

木材门窗框具有十分优异的隔热保温性能。同时，木材的装饰性好，在我国的建筑发展中，木材有着特殊的地位，早期在建筑中使用的都是木窗（包括窗框和镶嵌材料都使用木材）。所以在我国木门窗也得到了很大的发展。

当今各种高档装修中最为流行的要数纯木门窗的应用，天然木材独具的温馨感和出色的耐用程度是人们喜爱它最重要的理由。为了保证木门窗不开裂，木材要经过周期式强制循环蒸汽干燥处理，这种干燥方法虽然成本较高，但是室内气体循环均匀，质量好，能满足高质量的干燥要求。

经过层层特殊处理的纯木门窗品质非常好，耐候、抗变形，更不用担心遭虫咬、被腐蚀，且强度也大大增加。纯木门窗表面采用高级门窗专用漆，经过传统的手工打磨和七遍以上自然阴干，使油漆的附着力极强，完全可以作为外窗使用。

木门窗是我国目前主要品种之一。但由于其耗用木材较多，易变性引起气密性不良，同时容易引起火患，所以现在很少作为节能门窗的材料。近些年来，木窗框的一个新变化就是在室外表面外包铝合金作为保护材料。

“内柔外刚”是铝合金包木门窗的主要特色，室外完全采用铝合金、五金件安装牢固，防水、防尘性能好，不需要烦琐的保养；而室内则采用经过特殊工艺加工的高档优质木材。这种窗框既满足了建筑内外侧对窗框材料的不同要求，又保留了木窗的特性和功能，而且易于保养。铝包木门综合了木质框架的隔热性好以及铝合金强度高的优点，让室内色泽与装饰相配，而室外保留了建筑物的整体风格。这样在满足建筑物内外侧的不同要求的同时，既保留了纯木门窗的特性和功能，外层的铝合金又起到了保护作用，提高了门窗的使用寿命。

新型铝合金包木保温窗具有保温铝合金窗与木窗的两方面优点。

木塑门窗的结构是采用木芯外覆塑料保护层。采用 PVC 塑料，将加热的聚氯乙烯挤压包覆在木芯型材上形成极为牢固、耐久的保护层，不起皮、不需喷涂、抗老化、清洁美观、免维修。PVC 外壳保护层有很好的防腐性（能耐酸、碱、盐等），对沿海地区和高温地区更为适宜；阻燃性能好，其抗氧指数、水平燃烧和垂直燃烧指标都很好。木塑门窗结构中的木芯经过去浆、干燥处理后加工成型，在外覆料的接口处经过焊接或胶封，保证材质既具有良好的刚度、强度，又不变形。窗扇与窗框之间可采用类似飞机座舱密封的形式，窗扇与玻璃之间采用类似汽车风挡玻璃密封形式，有良好的气密性，优良的防尘、防水性能。这种节能木塑门窗的玻璃可采用中空玻璃（两层玻璃中间抽真空后，充入某种惰性气体），既保证冬季不起雾、不上霜，又保证良好的隔热、隔声性能，冬季可提高室温 3 ~ 5℃。

《建筑装饰装修工程质量验收规范》对木材质量、木门窗含水率有具体的要求；《室内装饰装修材料溶剂型木器涂料中有害物质限量》规定了室内装修用硝基漆类、聚氨酯漆类和醇酸类木器漆中对人体有害物质允许限值。

（二）塑料门窗

它是一种具有良好隔热性能的通用型塑料。此种材料做窗框时内加钢衬，通常称为塑钢或PVC塑料窗。就热工性能来说，PVC塑料窗可与木窗媲美。PVC塑料窗不需要上漆，没有表面涂层会被破坏或是随着时间而消退，颜色可以保持至终，因此表面无需养护。它也可进行表面处理，如外压薄板或覆涂层，增加颜色和外观的选择。近年来的技术更是提高了其结构稳定性，以及抵抗由阳光和温度急剧变化引起的老化的能力。

塑料框材的传热性能差，保温隔热性能十分优良，节能效果突出，同时气密性、装饰性也好。

由于塑料（PVC）窗框自身的强度不高且刚性差，与金属材料窗比较，其抗风压性能较差，因此，以前很少使用单纯的塑料窗框。随着科技的发展，现在也出现很多很好的塑料窗。由于塑料本身的抗风压性能差，所以目前塑料窗都加强了抗风压性能，其方法主要是在型材内腔增加金属增强筋，或加工成塑钢复合型材，这样可明显提高其抗风压性能，适应一般气候条件（风速）的要求。但具体设计时，特别是在风速大的地区或高层建筑中，必须按照国标 GB 7106 进行计算，确定型材选择、加强筋尺寸等有关参数，这样能保证其抗风压性能符合要求。

硬质聚氯乙烯塑料（PVC）型材内部使用钢衬增强的塑钢型材，主要有如下特点。

① PVC 塑料具有低的传热系数，因而塑钢窗体具有很好的保温性能，但由于 PVC 型材内部有钢衬，因而在一定程度上会降低塑钢窗体的保温性能；② PVC 塑料具有较好的耐腐蚀性，适用环境范围一般不受限制；③ PVC 塑料线膨胀系数很高，窗体尺寸很不稳定，必然影响到门窗的气密性能；④ PVC 塑料特有的冷脆性和耐高温性能差，使得塑钢门窗在严寒和高温地区使用受到限制；⑤ PVC 型材弯曲弹性模量低，刚性差，不适宜大尺寸窗或高风压场合使用。

GB/T 8814—2014《门、窗用未增塑聚氯乙烯（PVC-U）型材》规定了以聚氯乙烯树脂为主要原料，经挤出成型的门、窗框用型材的技术要求、试验方法、检验规则、标志、包装、运输、贮存。

（三）金属门窗

金属门窗主要是指钢型与铝合金型，在钢和铝合金的性能上有一定的相似性。因为它们传热性能都较好，所以其保温隔热性能都较差。当然经过特殊加工（断热处理）后，可明显提高其保温隔热性能。

铝合金窗框轻质、耐用，容易根据窗户部件的需要挤塑成复杂的形状。铝合金的表面耐久性好且易于保养。与钢门窗比较，铝合金门窗框有更大的优点，并且又具有良好的耐久性和装饰性，故在门窗框使用上很受欢迎。同时铝合金门窗框的抗风压性也

较好。

但是铝合金窗框的最大缺点在于它的高导热性，大大增加了窗户整体的传热系数。在炎热天气，由于太阳辐射的热往往比热传导严重得多，因此提高窗框的隔热值比采用高性能的玻璃系统显得次要；但在寒冷天气，普通的铝合金窗极易在窗框室内表面产生结露，结露问题甚至比热损失问题更加促使了铝合金窗框的改进。

对铝合金窗框的导热问题最常见的解决方法是设置“热隔断”，就是将窗框组件分割为内外两部分，再以不导热材料连接。这种隔热技术可大幅度降低铝合金窗框的传热系数。因此，这种隔热铝合金型材是由铝合金型材和低传热系数材料复合而成的，其主要特点如下。

①低传热系数材料将铝合金型材隔断，形成冷桥，从而在一定程度上降低窗体的传热系数，因而隔热铝合金窗体具有较好的保温性能；②铝合金型材弯曲弹性模量高，刚性好，适宜大尺寸窗或高风压场合使用，但需注意的是，隔热铝合金型材由于存在断桥，其刚性有一定程度的降低；③铝合金耐严寒和高温性能好，使得铝合金窗可以广泛使用在严寒和高温地区；④铝合金型材线膨胀系数较高，窗体尺寸不稳定，对窗户的气密性能有一定影响；⑤铝合金型材耐腐蚀性能差，使用环境范围受到限制。

用于铝合金门窗的铝合金型材需符合相应的国家标准：《铝合金建筑型材第 1 部分：基材》《铝合金建筑型材第 2 部分：阳极氧化型材》《铝合金建筑型材第 3 部分：电泳涂漆型材》《铝合金建筑型材第 4 部分：粉末喷涂型材》《铝合金建筑型材第 5 部分：氟碳漆喷涂型材》《铝合金建筑型材第 6 部分：隔热型材》。

断热冷桥型材有两种形式：穿条工艺和浇注工艺。穿条工艺是由两个隔热条将铝型材内外两部分连接起来，从而阻止铝型材内外热量的传导，达到节能的目的。它是来源于欧洲的技术，在市场上较为常见，据不完全统计数据表明：国内采用进口穿条生产设备和国产穿条生产设备的公司有近百家，正常生产的不到总数量的一半。

浇注工艺隔热节能技术起源于美国，1937 年 10 月，第一个描述铝合金材料如何进行隔热处理的专利诞生了。它的主要思想是将一种类似密封蜡的混合物浇注到门窗用铝材的中间进行隔热。与此同时，有关聚氨酯的专利在德国出现了。1952 年，另一个专利被公开发布。该专利的发明者的想法是用黏结或机械力压紧的方法将某种未成型的高分子绝热聚合物固定在铝合金型材专用的断热槽中。然后，就像今天大家看到的那样，将铝合金型材槽底连接部分切除，这种方法就是今天浇注工艺技术的雏形。目前，国内有不少厂家引进了浇注设备，其中包括进口和国产的，这些厂家大多是有穿条式设备的同时引进浇注式设备的。

（四）玻璃钢型材门窗

玻璃钢门窗是以玻璃纤维及其制品为增强材料，以不饱和聚酯树脂为基体材料，通过拉挤工艺生产出空腹型材，经过切割、组装、喷涂等工序制成门窗框，再装配上毛条、橡胶条及五金件制成的门窗。玻璃钢型材是类似于钢筋混凝土的一种复合结构体，是一种轻质高强材料，它同时具有铝合金型材的刚度和 PVC 型材较低的热传导性，是继木结构门窗、钢结构门窗、铝结构门窗及塑钢（PVC+ 钢衬）门窗之后的一种具有绿色节能环保性能的新型节能窗框材料，其主要特点如下。

①玻璃钢型材具有低的线膨胀系数，且和玻璃及建筑主体的线膨胀系数相近，窗体尺寸稳定，尤其在冷热差变化较大环境下，避免了热胀冷缩造成的窗户框与扇之间、窗体与玻璃和建筑物之间的缝隙，门窗的气密性能好；②玻璃钢型材具有较低的传热系数，因而玻璃钢窗体具有好的保温性能；③玻璃钢型材对热辐射和太阳辐射具有隔断性，故玻璃钢窗体具有好的隔热性能；④玻璃钢型材具有很好的耐腐蚀性，适用环境范围广泛；⑤玻璃钢型材弯曲弹性模量较高，刚性较好，适宜较大尺寸窗或较高风压场合使用；⑥玻璃钢型材耐严寒和高温性能好，使得玻璃钢门窗可以广泛使用在严寒和高温地区；⑦由于玻璃钢型材内部树脂和纤维的结构特点，使其更具有微观弹性，有利于吸收声波，从而使玻璃钢窗体达到良好的隔音性能。

玻璃钢窗与铝合金窗、塑钢窗相比具有以下优势。

1. 轻质高强

玻璃钢型材的密度在 $1.9g/cm^3$ 左右，约为铝密度的 2/3，比塑钢型材略大，属轻质材料。而玻璃钢型材抗拉强度大约是 41.16MPa，拉伸强度与普通碳钢接近，弯曲强度及弯曲弹性模量是塑钢型材的 8 倍左右，是铝合金的 2 ~ 3 倍。而抗风压能力达到国标 GB/T7106 Ⅰ级水平，与铝合金窗相当，比塑钢窗高约两个等级。

2. 密封性好

在密封性方面，玻璃钢窗在组装过程中角部处理采用胶粘加螺接工艺，同时全部缝隙均采用橡胶条和毛条密封，玻璃钢型材为空腹结构，因此密封性能好。其气密性达国标 GB/T 7106 Ⅰ级水平。塑钢窗的气密性与其相当，铝合金窗则要差一些。在水密性方面，塑钢窗由于材质强度和刚性低，水密性要比玻璃钢窗和铝合金窗低两个等级。

3. 隔热保温、节能

玻璃钢型材热导率低，室温下为 0.3 ~ 0.4W/（m・K），与塑钢窗相当，远远低于铝合金型材，是优良的绝热材料。玻璃钢型材的热膨胀系数为 $8\times10^{-6}℃^{-1}$，与墙材、玻璃的线膨胀系数相当，在冷热差变化较大的环境下，不易与建筑物及玻璃之间产生缝隙，更提高了其密封性，加之玻璃钢型材为空腹结构，所有的缝隙均有胶条、毛条密封，因此隔热保温效果显著。保温性达国标 GB 8482 Ⅱ级水平。对于冬季比较寒冷的北方、夏季比较炎热的南方（装空调），玻璃钢门窗都是最好的选择，其保温、节能性能与塑钢窗大致相当，好于铝合金窗。

4. 尺寸稳定

玻璃钢窗的热胀系数为 $21\times10^{-6}℃^{-1}$、约是铝合金 1/3，塑钢的 1/10，不会因昼夜或冬夏温差变化而产生挤压变形问题。在耐热性、耐冷性、吸水性方面，玻璃钢型材和铝合金型材相当，遇热不变形，无低温冷脆性，不吸水，窗框尺寸及形状的稳定性好。而塑钢窗易受热变形、遇冷变脆及形状稳定性差，往往需要利用玻璃的刚性来防止窗框的变形。

5. 耐腐蚀、耐老化

在耐腐蚀方面，玻璃钢窗是优良的耐腐蚀材料，对酸、碱、盐、大部分有机物、海水以及潮湿都有较好的抵抗力，对于微生的作用也有抵抗的性能，适合用于多雨、潮湿和沿海地区以及化工场所。铝合金窗耐大气腐蚀性好，但应避免直接与某些其他金属接触时的电化学腐蚀，塑钢窗耐潮湿、盐雾、酸雨，但应避免与发烟硫酸、硝酸、丙酮、二氯乙烷、四氯化碳及甲苯等有机溶剂直接接触。在耐老化方面，玻璃钢型材为复合材料，铝合金型材是高度稳定的无机材料，两者的耐老化性能优良，而塑钢型材为有机分子材料，在紫外线作用下，大分子链断裂，使材料表面失去光泽，变色粉化，型材的力学性能下降。

6. 装饰性好

玻璃钢和铝合金型材硬度高，经砂光后表面光滑、细腻，易涂装。可涂装各种涂料，颜色丰富，耐擦洗、不褪色，观感舒适。而塑钢窗作为建筑外窗，只能以白色为主。因为白色或浅灰色塑钢型材耐候性和光照稳定性较好，不宜吸热。着色上各种颜色的塑钢型材耐热性、耐候性大大降低，只适于室内使用。

7. 防火性好

相比而言，玻璃钢窗加入了无机阻燃物质，属难燃材料，铝合金窗完全不燃，而塑钢窗的防火性与两者相比是差的，在火灾作用下，遇到明火后可进行缓慢地燃烧，并且在燃烧时释放氯气（毒气）。

8. 使用寿命长

在正常使用条件下，玻璃钢窗的使用寿命达 30 年，与铝合金窗的 20 年、塑钢窗的 15 年使用寿命相比较是长的，大大减少了更换门窗的费用和麻烦。

（五）复合型门窗

复合型门窗框主要由两种或两种以上单一材料构成，是一类综合性能很好的新型门窗。金属材料钢、铝合金和非金属材料呈现明显的互补性，其中钢、塑料尤为明显，互相弥补了各自性能的不足。因此，如果能够制成金属与非金属相互复合的门窗框架，其门窗性能一定会得到全面优化。由于塑料的可塑性，可以充分利用塑料型材制成复杂断面的性能，从而为安装封条和镶嵌条提供最佳断面，以大幅度地提高门窗制品的气密性和水密性。在具体的门窗设计中，可以将金属框材面向室外，将塑料框朝向室内。这一方面可满足建筑外观要求，另一方面还可以使室内侧免于暴露金属表面，有利于防止结露和触摸时冰凉的不适感。塑料框材布置在室内可避免阳光直射，减少老化，延长寿命。此外，塑料型材可制成多种颜色，由于无阳光直射之虞，可充分满足室内装饰要求。另外，金属框架的设计可以充分考虑其刚性，发挥其防盗、防火的优越性，从而弥补全塑料门窗框在这方面的不足。当然两种型材相互复合工艺随金属材料的不同而改变，一般钢塑型材复合多采用机械和化学综合方法，而铝塑型材复合多以插接压锁工艺为主。复合型材要求连接缝隙严密防水，在受力时又能起共同抗弯作用，效果良好。

研究表明，复合型门窗框能有效起到节能的作用。而其中钢塑复合门窗已有高、中、低三个档次系列。在不同地区的热工实测证明性能稳定，保温节能效果良好。同时研究不同复合型门窗框已取得理想的效果，复合型门窗框已得到更进一步的推广。

目前，在门窗框的选用上，木材、塑料、钢、铝合金、玻璃钢门窗产品性能均受到其框材性能的制约，性能方面都存在不同的缺点。从建筑节能的角度看，注重门窗的保温隔热性能固然十分重要，但也要考虑其他性能，根据工程的实际情况来选择综合性能相适宜的门窗类型。在有利于节能的门窗框材发展中，多采用复合材料，这样既能发挥各种材料的优点，又能弥补自身的不足，在门窗的设计中应当提倡材料的多样互补性。现在形成了钢塑组合、铝塑组合、合金与塑料组合等多种复合材料的门窗框。根据经济性和节能效果来说，复合型门窗是现在推广节能项目中很好的材料。

二、镶嵌材料

目前，玻璃及其制品是常用的镶嵌材料，由于窗户的功能性要求，镶嵌材料需要很好的透光性，玻璃及其相应的透过材料是很好的选择。

现代建筑不但对建筑物美观性和适用性提出要求，而且对建筑物的采光节能性能提出更多的要求。在采用大面积玻璃门窗时，应对节能性能应给予足够的重视。从节能的要求考虑，门窗玻璃应能够控制太阳辐射和黑体辐射。太阳辐射分为紫外光、可见光、近红外光，其能量主要集中在 0.4 ~ 0.7μ 的可见光和 0.7 ~ 2.5μ 的近红外光，分别占总太阳辐射能量的 43% 和 41%。这里所提的黑体辐射，通常讲的就是温度较高的物体散发的热，如冬季暖气设备发出的热、温热的墙壁发出的热等。温度越高的物体发出的热量越大。也就是黑体福射强度越高。在讨论门窗玻璃的节能问题时，最大的黑体辐射源是取暖设备，另外还有周围环境物体散发的热量。黑体散发的热除了称作黑体辐射外，还称作热辐射、远红外辐射，三者的含义相同。对与玻璃有关的光学热工参数名词介绍如下。

玻璃表面辐射率：也称为 E 值。从 Low-E 玻璃开始这一词汇就频繁地被使用，它是判断是否为 Low-E 玻璃的标准，也是表征节能特性的重要指标，直接影响着玻璃传热系

数的大小。定义为玻璃表面单位面积辐射的热量同单位面积黑体在相同温度、相同条件下辐射热量之比，数据范围为 0 ~ 1。辐射率越低，玻璃吸收热量的能力越低，反射热量能力越强。

可见光透射比（light transmittance）：简写为 Tvis，是最早被普及使用的玻璃光学性能参数。这一指标不仅影响着建筑的通透效果，还直接影响着室内的照明能耗，所以在《公共建筑节能设计标准》中提出了“当窗墙比小于 0.4 时，玻璃的可见光透射比不应小于 0.4”的限制要求。

可见光反射比（light reflectance）：可简写为 Rvis，主要用于限制玻璃幕墙的反射“光污染”现象。在《玻璃幕墙光学性能》标准中做了如下限定：“玻璃幕墙应采用反射比不大于 0.30 的幕墙玻璃”，“主干道、立交桥、高架路两侧建筑物高 20m 以下部分、其余路段高 10m 以下部分如使用玻璃幕墙，应采用反射比不大于 0.16 的玻璃”。

太阳光直接透射比（solar direct transmittance）：缩写为 Tsoi，指在太阳光谱（300 ~ 2500nm）范围内，直接透过玻璃的太阳能强度与入射太阳能强度的比值。它包括了紫外、可见和近红外能量的透射程度，但不包括玻璃吸收直接入射的太阳光能量后向外界的二次传递的能量部分。

太阳光直接反射比（solar direct reflectance）：缩写为 Rsol，指在太阳光谱（300 ~ 2500nm）范围内，玻璃反射的太阳能强度与入射太阳能强度的比值。在实际使用中，此项指标控制的是玻璃幕墙所形成的反射“热污染”，因为太阳光中的可见光和近红外光都能形成热量，尤其是在外形具有凹面结构的玻璃幕墙上会形成一个“太阳灶”的效果，将热量汇集于一小块区域，该区域及附近的环境就会受到严重的加热影响。

紫外线透射比（UV-transmittance）：通常缩写为 Tuv，指在紫外线光谱（280 ~ 380nm）范围内，透过玻璃的紫外线光强度与入射光强度的百分比。由于太阳光中的紫外线对皮肤和家具油漆表面有损害，所以在设计大面积窗户和采光顶时，对此指标要予以限制，普通 6mm 白玻璃的紫外线透过率在 60% 左右，降低紫外线透过率的最好办法是用 PVB 胶片做夹胶玻璃，用两片 3mm 白玻璃中间加上 PVB 胶片能够把 Tuv 降低到 5%。

太阳能总透射比（total solar energy transmittance）：也称为太阳得热系数（SHGC）、得热因子、g 值等，是通过门窗或幕墙构件的室内得热量的太阳辐射与投射到门窗或幕墙构件上的太阳辐射的比值。太阳能总透射比包括太阳光直接透射比（Tsoi）和被玻璃及构件吸收的太阳辐射再经传热进入室内的得热量。这一指标是建筑节能计算中的重要参考因素，直接影响着室内的采暖能耗和制冷能耗。但是人们在选购玻璃时习惯上使用遮阳系数数据来体现太阳光总透射比的高低。

遮阳系数（shading coefficient）：缩写为 SC，在 GB/T 2680 中称为遮蔽系数（缩写为 Se）。遮阳系数是在建筑节能设计标准中对玻璃的重要限制指标，指太阳辐射能量透过窗玻璃的量与透过相同面积 3mm 透明玻璃的量之比。SC 通过样品玻璃太阳能总透射

比除以标准 3mm 白玻璃的太阳能总透射比（GB/T 2680 中理论值取 0.889，国际标准中取 0.87）进行计算，即 SC=SHGC÷0.87（或 0.889）。遮阳系数越小，阻挡阳光热量向室内辐射的性能越好。但只在炎热气候地区和大窗墙比时，低遮阳系数的玻璃才有利于节能，在寒冷地区和小窗墙比时，高遮阳系数的玻璃更有利于利用太阳热量降低采暖能耗而实现节能。

相对增热量：是指综合考虑温差传热和太阳辐射对室内的影响，通过玻璃获得和散失的热量之和。相对增热量 =（室外温度 – 室内温度）× 传热系数 *K*+ 太阳照射强度 × 遮阳系数 SC × 0.87。该值大于 0 时，表示室内获得的热量越来越多；小于 0 时，表示室内向外散失的热量越来越多。天气炎热时室外温度高，公式第一项为正值，向室内传热，此时 *K* 值和 SC 越小，玻璃相对增热量越小，有利于降低制冷能耗。天气寒冷时室外温度低，公式第一项为负值，向室外传热，第二项表示太阳辐射向室内传热，则 SC 越大，太阳辐射进入的热量越有利于弥补向室外散失的热量。所以在寒冷气候时，玻璃的 SC 值越高，越能减少采暖能耗。

传热系数：简称为 *K* 值或值（对于玻璃而言，两者仅是简称不同而已）。传热系数是建筑节能设计标准对玻璃的重要限定值，指在稳定传热条件下，玻璃两侧空气温差为 PC 时，单位时间内，通过㎡玻璃的传热量，以 W/（㎡ · K）或 W/（㎡ · ℃）表示。国外的 *U* 值以英制单位表示为 Btu/（h · ft^2 · ° F），英制单位 *U* 值乘以 5.678 的转换系数得到公制单位 *U* 值。传热系数越低，说明玻璃的保温隔热性能越好。单片普通玻璃的传热系数约为 5.8W/（㎡ · K），单片耀华 Low–E 的传热系数约为 3.6W/（㎡ · K）；普通 6+12+6 中空玻璃的传热系数约为 2.9W/（㎡ · K），相同配置的 Low–E 中空玻璃传热系数在 1.9W/（㎡ · K）以下。

目前在建筑门窗上使用着各种各样的玻璃，主要种类的构成与特性如下。

（一）平板玻璃

常用的平板玻璃制造方法有浮法和引上法，其中利用浮法工艺生产出来的平板玻璃称为浮法玻璃。生产方法是以海砂、硅砂、石英砂岩粉、纯碱、白云石等为原料，在熔窑里经过 1500 ~ 1570℃高温熔化后，将玻璃液引成板状进入锡槽，再经过纯锡液面上延伸入退火窑，逐渐降温退火，切割而成。平板玻璃具有表面平整光洁、厚度均匀、极小的光学畸变的特点。

（二）吸热玻璃

能吸收大量红外线辐射能而又保持良好可见光透过率的平板玻璃称为吸热玻璃。它是在普通钠硅酸盐玻璃中引入有着色作用的氧化物，如氧化铁、氧化镍、氧化钴以及硒等，使玻璃着色而具有较高的吸热性能；或在玻璃表面喷涂氧化锡、氧化锑、氧化铁、氧化

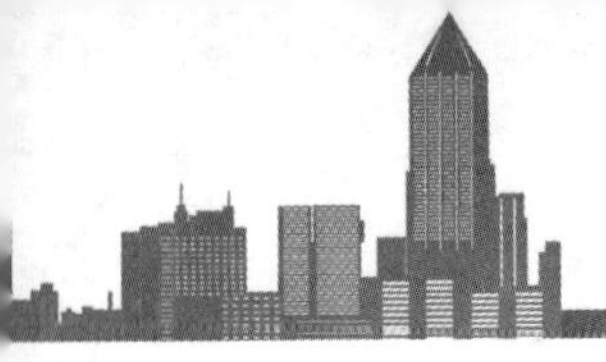

钴等着色氧化膜而制成。根据玻璃的设计、厚度不同有不一样的传热系数。吸热玻璃在建筑工程中应用广泛，凡是既需采光又需隔热之处，均可采用。吸热玻璃的性能特点如下。

①吸收太阳的辐射热。吸热玻璃的颜色和厚度不同，对太阳的辐射热吸收程度也不同。可根据不同地区日照条件选择使用不同颜色的吸热玻璃。如6mm蓝色吸热玻璃能挡住50%左右的太阳能辐射；②吸收太阳大部分的可见光。如6mm厚的普通玻璃能透过78%的太阳可见光，同样厚度的古铜色镀膜玻璃仅能透过26%的太阳可见光；③吸收太阳的紫外线。除了能吸收红外线外，还可以显著减少紫外线的透射，降低对人体与物体的损害；④具有一定的透明度，能清晰地观察室外景物；⑤色泽经久不变。

（三）钢化玻璃

在钢化炉中将普通平板玻璃、浮法玻璃、磨光玻璃、吸热玻璃等，加热至接近软化点时，用高速吹风骤冷而制成钢化玻璃，其具有较高的抗弯强度、抗机械冲击和抗热震性能。破碎后，碎片不带尖棱角，可以减少对人的伤害。钢化玻璃不能进行机械切割、钻孔等加工。可适用于建筑物的门窗中、隔墙与幕墙。

钢化玻璃按生产工艺分为垂直法钢化玻璃（在钢化过程中采取夹钳吊挂的方式生产出来的钢化玻璃）和水平法钢化玻璃（在钢化过程中采取水平辊支撑的方式生产出来的钢化玻璃）。

钢化玻璃的各项性能及其试验方法应符合《建筑用安全玻璃第2部分：钢化玻璃》相应条款的规定，其中安全性能要求为强制性要求。

（四）夹层玻璃

夹层玻璃是将两片或多片普通平板玻璃、浮法玻璃、磨光玻璃、吸热及热反射玻璃或钢化玻璃等之间嵌夹聚乙烯醇缩丁醛塑料薄膜，经过加热、加压黏合成平形或弯形的复合玻璃制品。中间层是介于玻璃之间或玻璃与塑料材料之间起黏结和隔离作用的材料，使夹层玻璃具有抗冲击、阳光控制、隔音等性能。

夹层玻璃透明性好，抗冲击机械强度要比普通平板玻璃高出几倍。当玻璃被击碎后，由于中间有塑料衬片的黏合作用，仅产生辐射状的裂纹，而不落碎片。夹层玻璃还有耐光、耐热、耐湿、耐寒等特点。

夹层玻璃的有关技术要求及其试验方法参照《建筑用安全玻璃第3部分：夹层玻璃》。

（五）压花玻璃

压花玻璃又称花纹玻璃或滚花玻璃，是由双辊压延机连续压制出的一面平整、一面有凹凸花纹的半透明玻璃。它具有透光、不透明的特点，可使室内光线柔和悦目，在灯光照耀下，显得格外晶莹，具有良好的装饰效果。压花玻璃主要用于室内的间壁、窗门、会客室、浴室、洗脸间等需要透光装饰又需遮断视线的场所。

（六）夹丝玻璃

夹丝玻璃是在连续压延法生产时，将六角拧花金属网丝板从玻璃熔窑流液口下送入到引出的玻璃带上，经过对辊压制使其平行地嵌入玻璃板中间而制成。夹丝玻璃具有均匀的内应力和一定的抗冲击强度及耐火性能，当受外力作用超过本身强度，而引起破裂时，碎片仍连在一起，不致伤人，具有一定的安全作用。夹丝玻璃的透光率大于60%。

（七）磨砂玻璃

磨砂玻璃又称毛玻璃，采用普通平板玻璃经研磨、抛光加工制成，有双面磨砂和单面磨砂之分，具有透光而不透明的特点。由于光线通过磨砂玻璃后形成漫射，具有避免炫目的优点。

（八）中空玻璃

中空玻璃是指将两片或多片玻璃有效支撑，均匀隔开，并周边粘接密封，使玻璃层间形成有干燥气体空间的制品。

可以根据要求选用各种不同性能的玻璃原片，如透明浮法玻璃、压花玻璃、彩色玻璃、镜面反射玻璃、钢化玻璃等与边框（铝框或玻璃条等）经胶接、焊接或熔结而制成，具有良好的保温、隔热、隔声等性能。如在玻璃之间充以各种漫射光材料或电介质材料等，则可以获得更好的声控、光控、隔热等效果。中空玻璃主要用于需要采暖、空调、防止噪声、结露及需要无直射阳光和特殊光的建筑上，广泛用于住宅、饭店、宾馆、办公楼、学校、医院、商店等需要室内空调的场合，也可用于火车、汽车、轮船的门窗等处。

中空玻璃的有关技术性能指标如外观质量、平面中空玻璃的最大允许叠差、水汽密封耐久性、露点要求、充气中空玻璃初始气体含量、耐紫外线辐照性能、充气中空玻璃气体密封耐久性等见国家标准《中空玻璃》。该标准还同时规定了相应的试验方法。

（九）热镜中空玻璃

热镜中空玻璃堪称是目前世界上最为节省能源的玻璃产品，由美国韶华科技公司（Southwall Technologies）引用太空科技开发研制。超级热镜中空玻璃的值可达0.91，是目前最兼具冬暖夏凉功效的节能玻璃产品。

热镜中空玻璃由两层玻璃与一张特殊的热镜薄膜组合，并由双层特种隔离条分隔形成一种特殊的双中空结构，并采用双层硅胶密封。如有特殊需要，则采用中间隔热层充以氢气或氦气。另外，热镜中空玻璃采用特种隔离条，此种间隔条的传热系数仅为0.43W/（m²·K），仅为铝制间隔条传热系数的1/5，可以更为有效地阻隔热量传导。

热镜中空玻璃的优异特性表现如下。

①高透光率热镜中空玻璃的透明度与一般中空玻璃无异，一般在线 Low-E 玻璃的可见光透射率为 60%，离线双中空 Low-E 玻璃的可见光透射率为 65%，热镜的可见光透射率为 70%；②防止结露热镜优异的保温性能使温差保持在中空层的两侧，从而减少内片玻璃的热量散失或积累。热镜中空玻璃的内部温度与室内温度接近，从而可达到防止结露的效果；③阳光控制热镜中空玻璃产品可以运用各种可见光透过率的光谱选择性反射薄膜，以满足不同的采光和阳光遮蔽设计要求；④隔热保温。由于热镜中空玻璃独特的双中空结构有效地防止通过热传导的能量损失，使其成为高温差条件。隔热保温玻璃的最佳选择。隔热保温效果大大优于普通中空玻璃。据测试，同样的 24mm 的一般中空玻璃与热镜中空玻璃，在 250W 的红外线灯照射下，10s 后，普通中空玻璃背温达到 51℃，热镜背温为 23℃；60s 后，前者达到 74℃，后者仅为 25℃。薄膜双中空玻璃（SC75）的 U 值可达到 1.24；超级热镜中空玻璃（TC88）的 U 值可达到 0.91；⑤高效屏蔽紫外线热镜中空玻璃产品可以选择各种可见光透过率的光谱选择性反射薄膜，薄膜中集成了高效紫外吸收剂，可以屏蔽 99.5% 有害的紫外线辐射入室；⑥高效隔音消除一般中空玻璃共振共鸣的缺点，至少增加 5dB 值的隔音性能，据测试，普通中空玻璃可隔绝 29dB 左右的噪声，而热镜可隔绝 34.5dB 左右的噪声；⑦有效节省能源。热镜中空玻璃的可见光透射率为 70%，可减少室内照明；其良好的隔热保温效能又可有效降低夏季空调与冬季暖气的庞大电费和能源支出。

不仅如此，热镜中空玻璃用于斜面采光顶也有非常明显的优势，因为普通中空玻璃安装在垂直面的幕墙上与安装在斜面或平面的采光天窗上，其热传透率（K 值）均会流失 30% 以上，但热镜中空玻璃仅在 3% 以下。而且在斜面的采光天窗上，其热控制性能尤其出色。

在竖直安装的中空玻璃中，由于气体分子的上下运动路径远长于横向运动，垂直于玻璃方向的对流热传导较少。

当中空玻璃倾斜时，由于上下方向的分子运动路径缩短，垂直于玻璃方向的对流热传导增加。

在热镜结构中，由于热镜薄膜阻挡了气体分子上下运动的路径，垂直于玻璃方向的对流热传导显著降低。例如，使用 HM66 的中空玻璃从竖直到 27° 斜置，隔热系数只降低 3%；而中空玻璃在同样情况下隔热系数降低了 31%，多达 5 倍。

而且，热镜中空玻璃还具有优异的翻新重建的操作性能。热镜中空玻璃具有与普通中空玻璃相似的重量、厚度和力学性能。同时完全适应建筑环保要求，除中间镀层需焚化处理外，其余组成部分均可回收利用。

热镜中空玻璃的适用范围广泛。热镜中空玻璃拥有极优的冬日保温、夏日隔热功效，适于全球各气候带的区域使用。广泛应用于建筑门窗、玻璃幕墙、斜面采光部位等一切

商用及民用建筑，如游泳馆、室内滑冰场，或对温度控制及防止结露、节能环保有很高要求的地方，如高级超市陈列柜、医疗用冷冻冷藏设备。

（十）镀膜玻璃

镀膜玻璃是在玻璃表面上镀以金、银、铝、铬、镍、铁等金属或金属氧化薄膜或非金属氧化物薄膜；或采用电浮法、等离子交换法，向玻璃表面层渗入金属离子以置换玻璃表面层原有的离子而形成。具有突出的光、热效果，其品种主要有热反射玻璃（又称为阳光控制镀膜玻璃）和低辐射玻璃，我国目前均能生产。

1. 热反射玻璃

低辐射玻璃有较高的可见光透过率和良好的热阻性能，可让 80% 左右的可见光直射入室内而获得很好的采光效果，并对阳光中的长波部分（350 ~ 1800nm）有良好的反射作用，同时又能将 90% 左右的室内物体的红外辐射热保留在室内，起到保温作用。此外，它还能阻隔紫外线，避免室内物体褪色、老化。目前该产品在美国、德国等发达国家应用较多。

热反射玻璃对太阳辐射有较高的反射能力，热反射率达 30% 左右，并具有单向透像的特性。由于其面金属层极薄，使它在迎光面具有镜子的特性，而在背光面则又如窗玻璃那样透明。对建筑物内部起遮蔽及帷幕的作用，建筑物内可不设窗帘。但当进入内部，人们看到的是内部装饰与外部景色融合在一起，形成一个无限开阔的空间。

2. 低辐射镀膜玻璃（Low-E 玻璃）

（1）Low-E 玻璃的定义

低辐射镀膜玻璃又称 Low-E 玻璃，是指表面镀上拥有极低表面辐射率的金属或其他化合物组成的多层膜层的特种玻璃。Low-E 玻璃具有两个显著特点：一是极低的表面辐射率；二是极高的远红外（热辐射）反射率。Low-E 玻璃既可阻挡玻璃吸热升温后以辐射形式从膜面向外散热，也可直接反射远红外热辐射。

（2）Low-E 玻璃的基本原理

太阳辐射能量的 97% 集中在波长为 0.3 ~ 2.5Mm 范围内，这部分能量来自室外；100℃以下物体的辐射能量集中在 2.5Mm 以上的长波段，这部分能量主要来自室内。

若以室窗为界的话，冬季或在高纬度地区我们希望室外的辐射能量进来，而室内的辐射能量不要外泄。若以辐射的波长为界的话，室内、室外辐射能的分界点就在 2.5μ 这个波长处。3mm 厚的普通浮法白玻璃对太阳辐射能具有 87% 的透过率，白天来自室外的辐射能量可大部分透过；但夜晚或阴雨天气，来自室内物体热辐射能量的 89% 被其吸收，使玻璃温度升高，然后再通过向室内、外辐射和对流交换散发其热量，故无法有效地阻挡室内热量泄向室外。因此，选择具有一定功能的室窗就成为关键。

辐射率是指某物体的单位面积辐射的热量与单位面积黑体在相同温度、相同条件下

辐射热量之比。辐射率定义是某物体吸收或反射热量的能力。理论上完全黑体对所有波长具有 100% 的吸收，即反射率为零，因此黑体辐射率为 1.0。普通玻璃的表面辐射率在 0.84 左右，Low–E 玻璃的表面辐射率为 0.08 ~ 0.15。

Low–E 玻璃的低辐射膜层厚度不到头发丝的 1/100，但其对远红外热辐射的反射率却很高，能将 80% 以上的远红外热辐射反射回去，而普通透明浮法玻璃、吸热玻璃的远红外反射率仅在 12% 左右，所以 Low–E 玻璃具有良好的阻隔热福射透过的作用。冬季，它对室内暖气及室内物体散发的热辐射，可以像一面热反射镜一样，将绝大部分热量反射回室内，保证室内热量不向室外散失，从而节约取暖费用。夏季，它可以阻止室外地面、建筑物发出的热辐射进入室内，节约空调制冷费用。Low–E 玻璃的可见光反射率一般在 11% 以下，与普通白玻璃相近，低于普通阳光控制镀膜玻璃的可见光反射率，可避免造成反射光污染。正是由于 Low–E 玻璃的这些优良特性，所以称其为绿色、节能、环保的建材产品。

Low–E 玻璃对阳光中的红外热辐射部分有较高的反射率，对可见光部分则有较高的透过率。与热反射镀膜玻璃相比，当两者具有相同遮阳作用时（SC 相等），Low–E 玻璃可获得较高的可见光透过率和较低的反射率，可避免室内白天无谓的人工照明和室外所谓的“光污染”。换句话说，当两者可见光透过率相等时，Low–E 玻璃比热反射镀膜玻璃有更好的遮阳效果（SC 低 30% 左右）。

通过对膜层的适当调整，可制作出分别适用于北方寒冷地区或南方温热地区，或具有不同颜色，或具有不同光学参数的多种类型的 Low–E 玻璃。

适用于北方地区使用的 Low–E 玻璃具有较高的阳光透过率，为的是在冬季白天让更多的阳光直接进入室内。同时，它仍具有很低的表面辐射率和极高的远红外反射率。

适用于南方地区使用的 Low–E 玻璃具有较多的阳光遮挡效果（以遮阳系数 SC 表示）。与热反射镀膜玻璃一样，Low–E 玻璃的阳光遮挡效果也有多种选择，而且在同样可见光透过率情况下，它比热反射镀膜玻璃多阻隔太阳热辐射 30% 以上。

Low–E 中空玻璃不论在冬夏、有无阳光照射都能起到良好的隔热作用，故是目前世界上公认最理想的窗玻璃材料。Low–E 膜的以上两个特性与中空玻璃对热的对流传导的阻隔作用相配合，便构成了绝热性极好的 Low–E 中空玻璃。它可阻隔热量从热的一端向冷的一端传递。即冬季阻挡室内的热量泻向室外，夏季阻挡室外热辐射进入室内。Low–E 中空玻璃对 0.3 ~ 2.5Mm 的太阳能辐射具有 60% 以上的透过率，白天来自室外辐射能量可大部分透过，但夜晚和阴雨天气，来自室内物体的热辐射约有 50% 以上被其反射回室内，仅有少于 15% 的热辐射被其吸收后通过再辐射和对流交换散失，故可有效地阻止室内的热量泄向室外。Low–E 玻璃的这一特性，使其具有控制热能单向流向室内的作用。太阳光短波透过窗玻璃后，照射到室内的物品上。这些物品被加热后，将以长波的形式再次辐射。这些长波被 Low–E 窗玻璃阻挡，返回到室内，极大地改善了窗玻璃的绝热性能。

（3）Low-E 玻璃生产方法

1）在线高温热解沉积法

在线高温热解沉积法 Low-E 玻璃在美国有多家公司的产品。如 PPG 公司的 Surgate200、福特公司的 Sunglas H.R“P”。这些产品是在浮法玻璃冷却工艺过程中生产的。液体金属或金属粉末直接喷射到热玻璃表面上，随着玻璃的冷却，金属膜层成为玻璃的一部分。因此，该膜层坚硬耐用。这种方法生产的 Low-E 玻璃具有许多优点：它可以热弯，钢化，不必在中空状态下使用，可以长期储存。它的缺点是热学性能比较差。除非膜层非常厚，否则其 U 值只是溅射法 Low-E 镀膜玻璃的一半。如果想通过增加膜厚来改善其热学性能，那么其透明性则非常差。

2）离线真空溅射法

用溅射法可以生产 Low-E 玻璃的厂家及产品有北美英特佩公司的 Lnplus Netetral R、PPG 公司的 Sungate100、福特公司的 Sunglas HRS 等。和高温热解沉积法不同，溅射法采用的是离线方式，且根据玻璃传输位置的不同有水平及垂直之分。

溅射法工艺生产 Low-E 玻璃，需一层纯银薄膜作为功能膜。纯银膜在两层金属氧化物膜之间。金属氧化物膜对纯银膜提供保护，且作为膜层之间的中间层增加颜色的纯度及光透射度。

在垂直式生产工艺中，玻璃垂直放置在架子上，送入大的真空室内。真空室内的压力将随之减小。垂直安装的阴极靶溅射出金属原子，沉积到玻璃基片上，形成膜层。为了形成均匀一致的膜层，阴极靶靠近玻璃表面来回移动。为了取得多层膜。必须使用多个阴极，每一个阴极均在玻璃表面来回移动，形成一定的膜厚。

水平法在很大程度上是和垂直法相似的。主要区别在玻璃的放置，玻璃由水平排列的轮子传输，通过阴极，玻璃通过一系列销定阀门之后，真空度也随之变化。当玻璃到达主溅射室时，镀膜压力达到，金属阴极靶固定，玻璃移动。在玻璃通过阴极过程中，膜层形成。溅射法生产 Low-E 玻璃具有如下特点。

由于有多种金属靶材选择以及多种金属靶材组合，因此，溅射法生产 Low-E 玻璃可有多种配置。在颜色及纯度方面，溅射镀也优于热喷镀，而且，由于是离线法，在新产品开发方面也较灵活。最主要的优点在于溅射法生产的 Low-E 中空玻璃其 U 值优于热解法产品的值，但是它的缺点是氧化银膜层非常脆弱，所以它不可能像普通玻璃一样使用。它必须要做成中空玻璃，且在未做成中空产品以前，也不适宜长途运输。

（4）有关标准

GB/T 18915.2—2013《镀膜玻璃第 2 部分：低辐射镀膜玻璃》对 Low-E 玻璃的外观、光学性能、耐酸碱、耐磨、颜色均匀性等均作了规定。其中光学性能包括紫外线透射比、可见光透射比、可见光反射比、太阳光直接透射比、太阳光直接反射比和太阳能总透射比。

（十一）真空玻璃

真空玻璃是指将两层玻璃之间抽成“真空”，基本上可以说已无气体，和家里用的保温瓶原理一样，由于没有气体传热，保温性好。真空玻璃的保温性能比中空好 2 ~ 3 倍，比单片玻璃好 6 倍以上，所以在建筑节能中可以大显身手。由于保温性能好，真空玻璃防结露、结雾性能也更好。真空玻璃隔声性能也比中空玻璃好，一般中空玻璃隔声量在 25dB 上下，真空玻璃一般在 35dB 左右，组合真空玻璃已达 42dB，达到国标 9 级，离国标最高级只差 3dB。

真空玻璃的上述优点已被事实证明。大工程如北京东直门“天恒大厦”，共用组合真空玻璃幕墙和门窗近 10000 ㎡，是世界首个全真空玻璃大厦。据专家估算“天恒大厦”在真空玻璃上的超额投入可在 2 ~ 3 年内回收。每年节约电费上百万元，节约标准煤上千吨，还减少了上千吨 CO_2 等有害气体排放。

1. 真空玻璃的种类

（1）多功能镀膜复合真空玻璃

以热反射膜玻璃作为外侧，可减少太阳辐射约 53%，夏季可减轻空调负荷；真空传热系数小，适合冬季保温，减少结露。

（2）真空复合中空玻璃

把真空玻璃作为一片玻璃，再与另一片玻璃组合成中空玻璃。组合的另一片玻璃可以是普通白玻璃或者镀膜玻璃，也可以是真空玻璃。保温真空玻璃的传热系数最低可达 0.8W/（m^2·K）

（3）多层真空玻璃

即玻璃有两个或两个以上的真空层，如由三片玻璃组成两个真空层，玻璃可以是白玻璃，也可以是镀膜玻璃，多层真空玻璃的传热系数可达 0.68W/（m^2·K）

2. 真空和中空玻璃的识别

中空玻璃和真空玻璃很容易区分：一是真空玻璃很薄，两片玻璃间距很小；二是真空玻璃抽真空后为了在大气压力下保持间距，两片玻璃之间有规则排列的小支柱，支柱很小，直径只有 0.5mm，间距约为 25mm，近看时可看出小黑点，远看看不清楚；三是每块真空玻璃的角落上有一个小抽气口保护帽，看起来又像是一个突出的商标。

3. 真空玻璃发展前景

真空玻璃价格比较高，消费领域主要是中、高档建筑物和特需建筑（如达不到节能标准的办公楼、别墅和噪声严重的住宅办公楼等）。消费者应注意到一次性较高的投入带来今后能耗的节约。真空玻璃还处于初露头角的阶段，但由于其比中空玻璃具有很强的综合性能优势，发展前景十分光明。随着生产规模扩大和工艺进步，价格也会大幅下降。可以说真空玻璃若干年后将有可能替代中空玻璃成为节能玻璃的主流产品。

（十二）变色玻璃

在适当波长光的辐照下改变其颜色，而移去光源时则恢复其原来颜色的玻璃称为变色玻璃，又称光致变色玻璃或光色玻璃。变色玻璃是在玻璃原料中加入光色材料而制成的。此材料具有两种不同的分子或电子结构状态，在可见光区有两种不同的吸收系数，在光的作用下，可从一种结构转变为另一种结构，导致颜色的可逆变化。常见的含卤化银变色玻璃，是在钠铝硼酸盐玻璃中加入少量卤化银（AgX）作感光剂，再加入微量铜、镉离子作增感剂，熔制成玻璃后，经适当温度热处理，使卤化银聚成微粒状而制得。当它受紫外线或可见光短波照射时，银离子还原为银原子，若干银原子聚集成胶体则使玻璃显色；光照停止后，在热辐射或长波光（红光或红外）照射下，银原子变成银离子而褪色。卤化银变色玻璃的特点是不容易疲劳，经历 30 万次以上明暗变化后，依然不失效，是制作变色眼镜常用的材料。变色玻璃还可用于信息存储与显示、图像转换、光强控制和调节等方面。

三、节能薄膜材料

膜结构既是一种古老的结构形式，也是一种代表当今建筑技术和材料科学发展水平的新型结构形式。20 世纪 60 年代，美国的杜邦公司合成了 TEDLAR 品牌的氟素材料，如 PTFE、PVDF、PVF 等。紧接着美国和日本的厂家直接开发出了 PTFE 涂层的膜材。另外，为了配合 PTFE 涂层，人们进一步开发出玻璃纤维作为 PTFE 的基材，从而使 PTFE 膜材也得到了广泛应用。

（一）膜材料的分类

膜结构研究和应用的关键是材料问题。膜的材料分为织物膜材和箔片两大类。高强度箔片近几年才开始应用于结构。

织物是通过平织或曲织生成的；根据涂层情况，织物膜材可以分为涂层膜材和非涂层膜材两种；根据材料类型，织物膜材可以分为聚酯织物和玻璃织物两种。通过单边或双边涂层可以保护织物免受机械损伤、大气影响以及动植物作用等的损伤，所以目前涂层膜材是膜结构的主流材料。

结构工程中的箔片都是由氟塑料制造的，它的优点在于有很高的透光性和出色的防老化性。单层的箔片可以如同膜材一样施加预拉力，但它常常被做成夹层，内部充有永久空气压力以稳定箔面。跨度较大时，箔片常被压制成正交膜片。由于极高的自洁性能，氟塑料不仅被制成箔片，还常常被直接用做涂层，如玻璃织物上的 PTFE 涂层以及用于涂层织物的表面细化，如聚酯织物加 PVC 涂层的 PVDF 表面。而 ETFE 膜材没有织物或玻璃纤维基层，但是仍把它归到膜材这一类中。

空间膜结构所采用的膜材为高强度复合材料，由交叉编织的基材和涂层组成。

（二）膜材料的力学性能

以玻璃纤维织物为基材涂覆 PTFE 的膜材质量较好，强度较高且蠕变小，其接缝可达到与基本膜材同等的强度。膜材耐久性能较好，在大气环境中不会发黄、霉变和产生裂纹，也不会因受紫外线的作用而变质。PTFE 膜材是非燃材料，具有卓越的耐火性能，它不仅防水性能好，且防水汽渗透的能力也很强。此外这种膜材的自洁性能极佳，但它的价格比较昂贵，膜材比较刚硬，施工操作时柔顺性稍差，因而精确的设计和下料显得尤其重要。

涂覆 PVC 的聚酯纤维膜材要便宜得多，这种膜材强度稍高于前一类膜材，且具有一定的蠕变性能，膜材具有较好的拉伸性，易于制作，对剪裁中的误差有较好的适应性。这种膜材的耐久性和自洁性较差，易老化和变质。为了改进这种膜材的性能，目前常在涂层外再加一层面层，聚氟乙烯（PVF）或聚偏氟乙烯（PVDF）比加了面层的 PVC 膜材的耐久性和自洁性大为改善，价格稍贵，不过仍远比 PTFE 膜材便宜。

ETFE 是乙烯－四氟乙烯共聚物，既具有类似聚四氟乙烯的优良性能，又具有类似聚乙烯的易加工性能，还有耐溶剂和耐辐射性能。

用于膜结构上的 ETFE 膜材是由其生料加工而成的薄膜，厚度通常为 0.05 ~ 0.25mm，非常坚固、耐用，并具有极高的透光性，表面具有高抗污、易清洗的特点。0.2mm 的 ETFE 膜材的密度约为 350g/ ㎡，且抗拉强度大于 40MPa。

四、密封材料

门窗的缝隙有三种：其一是门窗与墙之间的缝隙，一般宽 10mm，可用岩棉、聚苯等保温材料填塞，两侧用砂浆封严，待砂浆硬化后，用密封胶和密封砂浆收缩张开的缝隙；其二是玻璃与门窗框之间的缝隙；其三是开启扇和门窗之间的缝隙。平开扇和上悬扇应在窗框嵌入弹性好、耐老化的空腔式橡胶条，关窗后挤压密封；推拉窗是用条刷状密封条（俗称毛条）密封的。目前门窗密封材料主要有密封膏和密封条两类。

（一）密封膏

1. 单组分有机硅建筑密封膏

以有机硅氧烷聚合物为主剂，加入硫化剂、硫化促进剂、增强填料和颜料等成分制成，具有使用寿命长，便于施工等特点。

2. 双组分聚硫密封膏

它是以混炼研磨等工序配成聚硫橡胶基基料和硫化剂两组分，灌装于同一个塑料注

射筒中的一种密封膏。按颜色分，有白色、驼色、孔雀蓝、铁丸、浅灰、黑色等多种颜色。另外以液体聚硫橡胶为基料配制成的双组分室温硫化建筑密封膏，具有良好的耐候性、耐燃性、耐湿性和耐低温等性能。工艺性能良好，材料黏度低，两种组分容易混合均匀，施工方便。

3. 水乳丙烯酸密封膏

以丙烯酸酯乳为基料，加入增塑剂、防冻剂、稳定剂、颜料等经搅拌研磨而成。水乳丙烯酸密封膏具有良好的弹性，低温柔性，耐老化性，延伸率大，施工方便等特点，并且有各种色彩，可与密封基层配色。

4. 橡胶改性聚醋酸密封膏

以聚醋酸乙烯酯为基料，配以丁腈橡胶及其他助剂制成的单组分建筑用密封膏。其特点是快干，粘接强度高，溶剂型，不受季节、温度变化的影响，不用打底，不用保护，在同类产品中价格较低。

5. 单组分硫化聚乙烯密封膏

以硫化聚乙烯为主要原料，加入适量的增塑剂、促进剂、硫化剂和填充剂等，经过塑炼、配料、混炼等工序制成的建筑密封材料。硫化后能形成具有橡胶状的弹性坚韧密封条，耐老化性能好，适应接缝的伸缩变形，在高温下均保持柔韧性和弹性。

（二）密封条

1. 铝合金门窗橡胶密封条

以氯丁、顺丁和天然橡胶为基料，利用剪刀机头冷喂料挤出连续硫化生产线制成的橡胶密封条。规格多样（有 50 多个规格），均匀一致，强力高，耐老化性能优越。

2. 丁腈胶 –PVC 门窗密封条

以丁腈橡胶和聚氯乙烯树脂为基料，通过一次挤出成型工艺生产的门窗密封条。具有较高的强度和弹性，适当的硬度，优良的耐老化性能。规格有塔形、U 形、掩窗形等系列，还可根据要求加工各种特殊规格和用途的密封条。

3. 彩色自黏性密封条

以丁基橡胶和三元乙丙橡胶为基料制成的彩色自黏性密封条，具有较优越的耐久性、气密性、粘接力及延伸力。

密封材料对于现代节能型门窗有着非常重要的作用，要发挥节能型门窗的功效，优良的密封材料是不可缺少的。

第三节 建筑节能屋面保温隔热材料

一、屋面保温隔热材料的选择原则

在设计建筑节能屋面工程中要选择保温隔热材料，应按下述项目进行比较和选择。

（一）根据使用温度范围来选择保温隔热材料

每一种保温隔热材料都有它的最高使用温度，在建筑绝热工程中一般都是在常温或低温下使用。所以选用保温隔热材料时一定要使所选用的保温隔热材料满足设计的使用工况条件，保证达到设计保温隔热效果和设计使用寿命。相同温度范随内有不同材料可选择时，应选用热导率小、密度小、造价低、易于施工的材料制品，同时应进行综合比较，其经济效益高者应优先选用。

（二）选用高效绝热材料

为确保建筑绝热工程的节能效果，务必选用高效优质的保温隔热材料。一般将热导率小于或等于 0.05W/（m·K）的材料称为高效保温隔热材料。在这个范围内的材料有岩棉矿渣及制品、玻璃棉及制品、聚苯乙婦泡沫塑料（EPS、XPS）、硬质聚氨酯泡沫塑料、酚醛树脂塑料、聚乙烯泡沫塑料、柔性橡胶海绵保温材料、太空反射涂料等。

（三）确保保温隔热材料具有一定密度

保温隔热材料的密度要满足建筑绝热工程的要求。保温隔热材料与屋面结构复合后要承受一定的荷载（风、雪、施工人员），或承受设备压力或外力撞击，所以在这种情况下，要求保温隔热材料要有一定的密度，以承受或缓解外力的作用。

（四）保温隔热材料的使用年限

保温隔热材料的使用年限要与被保温隔热主体的正常维修期基本相适应。

（五）保温隔热材料的防火性

应首选不燃或难燃的保温隔热材料；在防火要求不高或有良好的防护隔离层时也可以选用阻燃好的保温隔热材料。不应选用易燃、不燃或燃烧过程中产生有毒物质的保温隔热材料。

（六）保温隔热材料的防水性

保温隔热材料应选用吸水率小的材料。首选不吸水的保温隔热材料，其次选用防水

或憎水保温隔热材料。若选用易吸水、易受潮的保温隔热材料，一定要采取有效可靠的防水、防潮的措施。保温隔热材料在施工安装时应方便易行，既操作简单，又易于保证绝热工程质量。

二、常用建筑屋面保温隔热材料

保温隔热材料通常是指热导率小于 0.14W/（m·K）的材料，而一般应用于建筑屋面和闱护结构的绝热材料多指热导率小于 0.23W/（m·K）的建筑材料。有些保温隔热材料已经在第二章有详细介绍，此处不再重复。本节主要介绍一些专门用于屋面节能保温的材料或制品。

（一）水泥膨胀珍珠岩及制品

水泥膨胀珍珠岩是以膨胀珍珠岩(黑曜岩、松脂岩)为集料，以水泥、石膏等为胶结料，掺入适量的外加剂和水搅拌而成。多年以来，屋面一直采用水泥膨胀珍珠岩作保温层，但是，此种材料已被许多工程实践所证明并不是一种理想的保温材料，这也是许多建筑师们的共识。但限于国情和经济水平，现仍保留，并在国内大量使用。

采用水泥膨胀珍珠岩保温层最重要的问题，是如何排尽其中的水分，而常规做法是采用排汽孔法。排汽孔不解决好，将会导致防水层开裂报废。但施工单位大都没有清醒地认识到这一点。排汽道应贯通，并要用松散大孔隙炉渣填充，而目前许多排汽道严重堵塞，使排汽道与排汽孔形同虚设。有些施工单位由于没有买到炉渣，就将排汽道用导热性高的碎石填充，低温季节蒸汽易在表面冷凝成水，不利于蒸汽的及时散发，另外排汽孔数量不够，排汽孔构造存在问题，雨水容易飘入，造成更多的积水。而水泥珍珠岩保温层再铺上水泥砂浆找平层，其开裂也与水泥珍珠岩有密切的关系。这些容易吸水的多孔保温材料，在受热时水分蒸发，使找平层的水泥砂浆开裂，即便采取了排汽措施时，开裂仍可能产生，致使防水卷材起鼓，使用寿命大大缩短，无形中增加屋面防水的成本。施工用水量很大，含水率往往达到饱和状态，基本是在未来得及蒸发的情况下进行下一道分项工程的施工。因此，排汽道的通畅、排汽道材料的使用以及排汽孔的数量和构造，都会影响到防水的成功。何况，水泥珍珠岩保温层内的水分不容易排除，至少短期内无法排除。最终结果，保温层内的水蒸气顶起防水层，使其开裂漏雨。防水层一旦破裂，雨水即会侵入保温材料中，并将水分积存于保温材料中，沿着混凝土层的裂缝及其他缺陷造成的缝隙（例如预制层面板的板缝），雨水又会渗透侵入到室内，这种渗漏在实际工程中随处可见。

（二）加气混凝土屋面板

加气混凝土屋面板在建筑上应用非常普遍，该种制品是加气混凝土板材中产量最大、应用技术较为成熟、深受建筑设计、施工人员欢迎的一种屋面板。

其主要优点是：重量轻、保温、隔热、隔声、施工简便，经济效益较好。

加气混凝土屋面板的重量仅为一般钢筋混凝土预应力圆孔板的 1/3；加气混凝土屋面板兼有保温和承重的双重功能，而且可在屋面板上直接铺油毡等防水卷材，基本上避免了湿作业；施工方法简单；由于本身重量轻，故可以一次吊装五六块板，加快了施工速度。

（三）陶粒混凝土复合保温条板

目前国内外采用超轻陶粒（人造轻骨料）生产的混凝土板材主要是陶粒混凝土复合保温板（又称夹层板），用于屋面保温的为陶粒混凝土复合保温条板。其主要特点是表观密度小，相应强度高，隔热保温、隔音、防火、防渗、耐久性能好等，因此在欧洲和北美地区大量生产和应用。

1. 陶粒混凝土复合保温条板组成

陶粒混凝土复合保温板的品种较多，生产工艺有别，但构造大致相同，上层和底层均是砂浆混凝土，平均表观密度约为 1550kg/m^3，集料是陶砂和黄砂，上层厚度为 20 ~ 30mm，底层厚度为 30 ~ 40mm。

中间层一般为全轻陶粒混凝土或无砂大孔陶粒混凝土，平均表观密度为 600 ~ 850kg/m^3，抗压强度＞35MPa。厚度根据实际需要而变，最小为 50mm，最大为 250mm。复合保温条板的厚度一般为 100 ~ 300mm，宽度为 0.6m，长度为 2.6 ~ 7.4m。

复合保温板的上层、底层与中间层之间都配有钢筋，钢筋的规格和配置随板的种类及规格计算而定：以厚 × 宽 × 长 =200mm × 0.6m × 5.0m 的复合保温条板为例，上层与中间层之间配置的钢筋有别，上层与中间层之间应配有 3 根 ϕ6mm 钢筋，下层与中间层之间应配有 1 根 ϕ6mm 和 2 根 ϕ8mm 的钢筋。

2. 陶粒混凝土复合保温条板制备技术

（1）制备工艺

陶粒、陶砂在配料前必须进行预湿，陶粒混凝土和砂浆混凝土混合料均采用行星式高效搅拌机混合搅拌。此类搅拌机的特点是：三种旋转高效搅拌，匀质性好，磨损率低；搅拌机底盘上设有多个测水传感器，经电子信息自动调整配水量，以确保混合料的最佳额定水灰比（0.34 ~ 0.35）。原材料配料、搅拌和混凝土混合料浇灌机输送等均由电子计算机自动控制。

复合保温板的成型工序：在长线台座成型平台上按板的构造要求配置好侧模和支端等；由浇灌机将砂浆定量、均匀地浇入成型平台模具内，经成型平台振捣器和振动滚压机振实、抹平、压实，厚度为 30 ~ 40mm；在砂浆层面上按设计要求铺设钢筋网；由浇灌机将陶粒混凝土定量、均匀地浇在砂浆面层的钢筋网上，如需要可预埋管线等，经成型平台振捣器和振动滚压机振实、抹平、压实，厚度为 50 ~ 250mm；在陶粒混凝土层

面上按设计要求铺设钢筋网；再由浇灌机将砂浆定量、均匀地浇在陶粒混凝土面层的钢筋网上，经成型平台振捣器和振动滚压机振动、抹平、压实，厚度为 20 ～ 30mm；按设计要求插埋吊运板材用的吊钩。

（2）养护

复合保温条板加热养护：成型工序完成后，在复合保温板的表面覆盖塑料薄膜，平台底模开始通热水（或蒸汽、热油）养护。养护制度：温度 20℃～ 80℃，1.5 ～ 2.5h；80℃ ±5eC，约 10h；80℃→ 20℃，1 ～ 2h。如生产任务不紧，为节约能耗，覆盖塑料薄膜后自然养护（湿热）48 ～ 72h，也能达到加热养护的同等要求。加热养护完成后，启动液压装置将平台翻转倾斜至 80°，由单梁起重机将复合保温板吊运至轨道式板材运输车，送入成品堆场，由门式起重机按板材种类和生产日期进行有序堆放，并覆盖塑料薄膜，防止雨水、日晒等对成品的影响。根据用户要求，可对部分板材面层进行装饰后堆放。成品堆场：复合保温板的室外自然养护期为 28d（欧洲为 14d，采用波特兰水泥），成品堆场的存贮量应＞ 30d 的产量；配有门式起重机或汽车吊，用于复合保温板的堆放、装车等。

该板材的热导率与陶粒的密度等级和中间层陶粒混凝土的种类（全轻陶粒混凝土或无砂大孔陶粒混凝土）及厚度有关（表 4.8），一般为 0.25 ～ 0.32W/（m.K）。

第八章 建筑节能发展趋势

纵观世界各国几十年来的建筑节能工作，基本呈现出法制化、多元化、产业化、市场化、标准化等发展趋势。

第一节　建筑节能法制化

一、建筑节能法律法规体系日臻完善

自我国实施建筑节能工作以来，本着循序渐进原则，吸取发达国家建筑节能政策和立法的经验，立足国情，陆续制定和颁布了建筑节能相关法律法规和政策，目前已基本形成了“法律 + 行政法规 + 部门规章 + 规范性文件 + 标准 + 地方性规定”的建筑节能法律法规体系。

（一）法律层面

对建筑节能的强制性法律规定，以《建筑法》和《节约能源法》为核心，《可再生能源法》《清洁生产法》等为补充的格局基本形成，在宏观上规范和指导建筑节能工作的开展，为制定相关法规、规章和政策提供了法律依据。

（二）法规和规章层面

由于法律关于行政权力的规定常常比较原则、抽象，行政法规就是对法律内容具体

化的一种主要形式。部门规章是指国务院各组成部门及具有行政管理职能的直属机构，根据法律和国务院的行政法规，在本部门权限内按照规定程序制定的规范性文件。相对于法律来说，法规与部门规章的指导性和操作性更强。自实行建筑节能政策以来，国务院制定了《民用建筑节能条例》《公共机构节能条例》等法规；原建设部制定了《民用建筑节能管理规定》，为建筑节能工作的开展制定了具体标准和实施要求。

（三）政府规范性文件和指导标准层面

为进一步规范建筑节能工作，政府有关职能部门制定和颁布了一系列规范性文件，《关于加强民用建筑工程项目建筑节能审查工作的通知》《建设部关于新建居住建筑严格执行节能设计标准的通知》《关于发展节能省地型住宅和公共建筑的指导意见》《北方采暖地区既有居住建筑供热计量及节能改造奖励资金管理暂行办法》《民用建筑节能工程质量监督工作导则》《一二星级绿色建筑评价标识管理办法》《关于加快推动我国绿色建筑发展的实施意见》《关于推进夏热冬冷地区既有居住建筑节能改造的实施意见》等作为建筑节能工作推进的主要推手，发挥了重要功能。与此同时，为落实节能 50% 的目标，陆续制定了不同区域、不同类型建筑的节能设计标准，检测标准和评价标准，如《民用建筑节能设计标准》采暖居住部分（30%）、《民用建筑节能设计标准》采暖居住部分（50%）、《夏热冬冷地区居住建筑设计标准》《夏热冬暖地区居住建筑节能设计标准》《公共建筑节能设计标准》《住宅建筑规范》《住宅性能评定技术标准》《绿色建筑评价标准》《居住建筑节能检测标准》《建筑节能工程施工质量验收规范》等，推进了建筑节能设计、评价的标准化和精准化。

（四）地方性法规和政策

各地方为了贯彻国家建筑节能政策，以国家制定和颁布的政策法规为指导，纷纷推出与地方情况更紧密结合的相关配套和促进政策，确保了建筑节能政策法规在地方上得到有效实施。如安徽省结合本省情况，制定和颁布了几十个地方性法规、政策和标准，诸如《安徽省建筑节能专项规划》《安徽省公共建筑节能设计标准》《安徽省居住建筑节能设计标准》《安徽省民用建筑节能施工图设计文件审查导则》《安徽省民用建筑工程监理工作导则》《安徽省民用建筑工程节能监督要点》《安徽省既有建筑节能改造专项实施方案》《安徽省民用建筑节能工程现场检测技术规程》《安徽省民用建筑节能办法》《安徽省建筑节能试点示范工程管理办法》等。

二、建筑节能各项工作规范化、程序化

随着国外发达国家建筑节能相关法律法规的不断完善，各项管理制度的日益健全，建筑节能各项工作日趋规范化、程序化，一项工作为什么做、由谁做、做些什么、什么

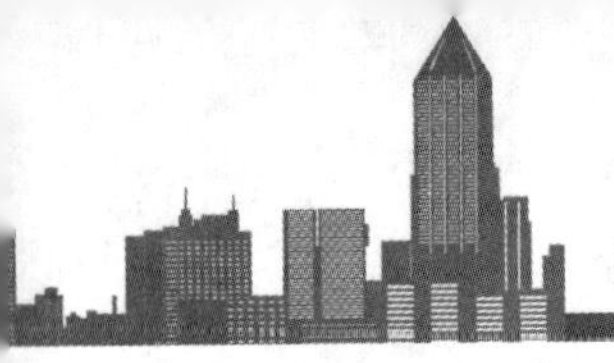

时间做、在什么地方做、如何去做等都比较清晰。如绿色建筑认证，英国的 BREEAM、美国的 LEED 等评价标准体系对如何申请认证均作了详细的规定。

我国从《节约能源法》发布以来，建筑节能工作逐渐规范，《节约能源法》规定了实施建筑节能标准和监督标准实施的总要求，即：固定资产投资工程项目的设计和建筑，应当遵守合理用能标准和节能设计规范；达不到合理用能标准和节能设计规范要求的项目，依法审批机关不得批准建筑；项目建成后，达不到合理用能标准和节能设计规范要求的，不予验收、备案。

近几年，通过各级建设行政主管部门的努力，建筑节能法规、制度更加完善。目前，《住宅建筑规范》《住宅性能评定技术标准》《民用建筑太阳能热水系统应用技术规范》《地源热泵系统工程技术规程》等规范性文件均已重点进行宣贯；《建筑节能工程施工质量验收规范》《建筑能耗统计标准》的颁布进一步规范了节能建筑的审批流程及后期验收工作；《关于进一步加强建筑节能标准实施监管工作的通知》，逐渐加强了对建筑节能工作的日常监督和检查。此外，各省市也相继制定关于加强建筑节能工作管理办法及条例，如广西壮族自治区发布的《关于加强建筑施工阶段执行建筑节能强制性标准管理》《江苏省建筑节能管理办法》《浙江省建筑节能管理办法》《重庆市建筑节能管理条例》《上海市建筑节能条例》等，均对建筑节能工作审批流程等各方面做了明确分工，对建设单位、勘察设计单位、施工单位、各级建设主管部门等建筑节能报审、审批流程和工作内容作出明确规定。

第二节　建筑节能多元化

一、建筑节能表现形式多样化

随着建筑产业的持续发展和建筑节能不断推进，建筑节能技术日益进步，各种新的概念层出不穷，新的建筑节能形式不断出现，如低能耗与超低能耗建筑、绿色建筑、零能耗建筑等。

（一）低能耗与超低能耗建筑

被动式低能耗建筑（国内也称“被动房”“超低能耗建筑”），作为 20 世纪 90 年代初在德国诞生的一种综合节能建筑形式，通过材料、设计、施工等手段，使建筑基本不再需主动索取能量。极佳的保温隔热性能和气密性、热（冷）量回收及可再生能源建筑应用，成为被动式低能耗建筑三大核心技术。它能够极大地降低建筑使用过程中对能源的消耗量，成为当今世界上最先进的节能房屋。

德国在建筑节能方面走在欧洲各国的前列，在建筑节能领域已建立了比较完善的法规制度、政策、标准和技术体系，在建筑节能的不同领域也制定了相应的促进计划、政策工具和市场推广机制。为了实现其节能目标，德国在新建建筑和既有建筑改造领域中通过不断提高节能标准来大力发展低能耗建筑。通过多年来的研究和实践，德国已经有1万多套被动房，并确立了相应的标准，比如低能耗建筑标准、被动房标准等。目前，不莱梅、法兰克福、科隆、莱比锡、勒沃库森和纽伦堡等地区和城市已开始对所有新建的市政建筑采用被动房标准。

与德国类似，奥地利也是从20世纪80年代开始研究和发展低能耗建筑和被动房，在该领域积累了丰富的实践经验。在其每年新建的建筑中，低能耗建筑约占40%，被动房约占9%。目前，奥地利在进一步地研究超高能效建筑或正能耗建筑。此外，瑞典、丹麦、挪威、芬兰等国家也建立了相应的低能耗建筑标准、被动房标准，用以指导发展低能耗建筑、被动房的发展。

在积极开展被动式低能耗建筑示范工程建设的同时，我国也组织编制了首个《被动式低能耗居住建筑节能设计标准》（河北省地方标准），目前已经送审，即将颁布实施，它将为在各个气候区建立同类标准提供参考样本。

（二）绿色建筑

绿色建筑是指在建筑的全寿命周期内，最大限度地节约资源（节能、节地、节水、节材）、保护环境和减少污染，为人们提供健康、适用和高效的使用空间，与自然和谐共生的建筑。绿色建筑工程的特点是统筹考虑建筑全寿命周期内，节能、节地、节水、节材、保护环境，满足建筑功能之间的辩证关系，体现经济效益、社会效益和环境效益的统一；应综合考虑建筑全寿命周期的技术与经济特性，采用有利于促进建筑与环境可持续发展的建筑形式、技术、设备和材料；应体现共享、平衡、集成的理念，规划、建筑、结构、给水排水、暖通空调、电气与智能化、经济等各专业应紧密配合。绿色建筑示范工程应依据因地制宜的原则，结合建筑所在地域的气候、资源、生态环境、经济、人文等特点进行。

绿色建筑已是当前世界建筑业发展的趋势，为鼓励绿色建筑的发展，美国和欧盟采用了立法促进、经济激励及行业规范等方式，不仅可持续发展理念在相关立法和政策中有较好的体现，政府提供的经济激励措施也为这一新兴建筑模式的推广提供了强大动力。尽管受金融危机的影响，美国商业地产遭到了重创，新开工面积大幅下降，但是在此不利因素之前，全球特别是美国申请LEED绿色建筑认证的商业建筑项目却逆势大幅上涨。根据LEED最新公布的报告显示，在LEED新建筑（LEED-NC）、既有建筑（LEED-EB）、商业建筑室内环境（LEED-CI）三大方面的申请和认证量都有较大幅度的增长。

对我国而言，发展绿色建筑事业则是推动我国节能减排，保护环境，改善民生，培

育新兴产业，加快城乡建设模式和建筑业发展方式转变，促进生态文明建设的重大举措，发展绿色建筑是不可逆转的趋势。近年来，我国获得绿色建筑标识的建筑数量不断递增。

（三）零能耗建筑

建筑能耗是指建筑物在建造和使用过程中的能量消耗。零能耗建筑（Zero Energy Consumption Buildings，ZEB）是不消耗常规能源建筑，完全依靠太阳能或者其他可再生能源。建筑物本身对于不可再生能源的消耗为零，并非建筑物不耗能，而是最大可能的应用可再生能源。

建筑能耗一般是指建筑在正常使用过程中的采暖、通风、空气调节和照明所消耗的能源总量，不包括生产和经营性的能源消耗。因此，从能量供给的角度来看，零能耗建筑可分为以下几种形式：一是独立零能耗建筑，建筑不依赖外界的能源供应，而是利用其自身产生的能源独立运行；二是收支相抵零能耗建筑，与城市电网连接，利用安装在建筑物自身的低碳能源装置发电，当产生的电力大于需要的电力时，盈余部分输送到电网，当产生的能源不能满足需求时，从电网购电补充，一年内生产的电量与从电网得到的电量相抵平衡；三是包括社区设施的零能耗建筑，在建筑之外利用风能、太阳能、生物质能等可再生能源来保障建筑运行能耗的需求。

我国和国际通行的“零能耗”建筑主要是指建筑通过最佳整体设计、利用最先进的建筑材料及节能设备，达到所需能源或电力 100% 自产的目标，也就是上述零能耗建筑分类中的第一、二类，但无论哪一类型的零能耗建筑都需要两方面的努力：一是通过建筑整体低能耗设计实现自身最大程度上的节能；二是尽可能利用可再生能源替代常规能源，实现可再生能源的高效利用。

美国能源部（Department of Energy，DOE）根据能源自立安全保障法发表了”计划，提出到 2030 年新建的所有业务用办公楼、到 2040 年既有的业务用办公楼的 50%、到 2050 年所有的业务用办公楼，要以适当的成本进行 ZEB 化的技术改造。DOE 以到 2025 年开发出在市场上具有竞争力的 ZEB 技术为目标，积极推行“建筑技术研发项目”，其中，实现 ZEH 的目标年度为 2020 年。在美国，并不是强制规定实行 ZEB，而是倡导开发、普及实现 ZEB 的技术，为了推进实现 ZEB 的目标，美国正在积极地进行着既有建筑物的节能改造，并取得了很好的成效。

新建公共建筑物实现 ZEB，到 2030 年全部新建建筑物整体上平均实现 ZEB，我国的零能耗建筑刚刚起步，伴随我国建筑节能工作的快速发展，各种建筑节能技术、产品已经日趋成熟，零能耗建筑项目实践消息开始频频见诸报端。实践正由单个示范项目开始成为国家的导向性行动。

ZEB 在争议中迅速发展。国外的经验和国内的尝试证明 ZEB 的实现是可能的。虽然普及有待时日，但只要更新观念，不断改变生活方式和工作方式，从建筑设计和使用各方面作出努力，重视从“节能”到“创能”的观念转变，就会向着“零能耗、零排放”一步一步地迈进。

二、建筑节能投资主体多元化

建筑节能需要大量资金的投入，由于建筑节能的外部性及高额的建设成本，使得房地产开发企业或者业主方不会积极主动投入过多的资金用于建筑节能，而作为消费者的个人也缺乏购买的动力。建筑节能工作推动之初，主要依靠政府采取诸如税收、补贴、贷款等多项经济激励政策来推动建筑节能。从整个建筑节能市场看，其投资主体主要有政府、企业、业主、银行、个人等。

然而，随着合同能源管理、清洁生产机制的引入，大大创新并拓展了建筑节能的融资模式，使得国际金融机构、民间资本等多渠道资金参与到建筑节能中。

（二）基于合同能源管理机制的融资模式

合同能源管理（EPC）自 20 世纪 80 年代以来，在美国、欧洲等欧美市场建筑节能领域得到了丰富的运用，被广泛应用于新兴的节能产业，逐渐形成了具有专业化特征的现代综合大型节能服务公司（ESCO），以及基于节能效益保障合同（ESPC）的企业合作模式。与之相比，我国的合同能源管理机制发展则慢很多。

在目前的资金市场上，节能服务公司的融资渠道不是只有银行贷款这一途径，还存在着其他的融资渠道帮助节能服务公司获得资金去发展业务。比如国际金融机构赠款 / 贷款、银行贷款两种债务融资方式，风险投资、公开上市两种股权融资方式，还有融资租赁、合同能源管理投融资交易平台等 6 种可供节能服务公司选择的融资渠道。

2. 基于清洁发展机制的融资模式

清洁发展机制（Clean Development Mechanism，CDM），是《京都议定书》中确定的温室气体减排的 3 种灵活履约机制之一。其主要内容是指发达国家（也称为附件一国家）通过提供资金和技术的方式，与发展中国家开展项目级的合作，通过项目所实现的温室气体减排量，由发达国家缔约方用于完成其在《京都议定书》下的承诺。CDM 的核心内容是允许附件一缔约方（即发达国家）与非附件一国家（即发展中国家）合作，在发展中国家实施温室气体减排项目。这个减排量在清洁发展机制中被定义为“核证的减排量”（Certified Emission Reductions，CERs），发展中国家的项目企业拥有 CERs 的所有权并可以出售给发达国家的企业，并与其签署碳减排量购买协议（Emission Reductions Pur-chase Agreement，ERPA）。我国被视为最具潜力的清洁发展机制市场，占全球市场的 40% ~ 50%。

CDM 与 EMC—样，都强调市场机制发挥重要作用。在 CDM 下，负责融资主要的实施主体是从事 CDM 项目的专业企业，他们主要是通过寻找可获利的节能改造项目，将减少的温室气体排放量与附件一国家进行交易，从而获得改造资金并实现自身盈利。这一类的 CDM 企业可能是附件一国家进驻我国成立的直接购买 CERs 企业，也可以是我国成立的销售 CERs 企业。在具体项目实施过程中，CDM 公司可以和 ESCO 联合，一方负责节能改造的具体实施，另一方则交易预期获得 CERs，获得资金。

以既有建筑节能改造为例，在 CDM 下，其融资方式主要有出售、销售协议 / 合同、订金一销售协议 / 合同、期货交易、直接融资、融资租赁、国际资金等 7 种。其中，在国际资金方面，目前国际上已经出现一些专门从事 CDM 项目投资的基金组织，如世行的 PCF，荷兰的 CERUPT 等。

三、建筑节能客体类别多样化

建筑节能，主要是降低房屋建筑在建造和运行过程中的能耗，其节能的客体是各种不同房屋建筑。房屋建筑根据不同的标准可以划分为多种类型，其中，按使用功能分，可分为民用建筑（包括居住建筑与公共建筑）、工业建筑、农业建筑。

国外建筑节能工作，首先是从民用建筑领域开始，从居住建筑逐步扩展到公共建筑，从新建、改建、扩建建筑节能发展到既有建筑节能改造。随着民用建筑节能范围的扩大，逐步扩展到工业建筑领域、

我国建筑节能工作，首先也是从民用建筑领域内新建居住建筑开始的，在国家不断加大建筑节能战略部署的大框架下，各地纷纷出台了建筑节能规划与目标及实施方案。随着建筑节能方针的广泛执行，建筑节能房屋客体也呈现出多元化发展的趋势，逐步从采暖地区新建、改建、扩建居住建筑工程，逐步扩展到夏热冬冷地区、夏热冬暖地区居住建筑和公共建筑；从采暖地区既有居住建筑节能工程，扩展到各气候区域的既有居住建筑节能工程改造；从建筑外墙外保温工程施工，开始向建筑节能工程验收、检测、能耗统计、节能建筑评价、使用维护和运行管理全方位延伸，基本实现了建筑节能对民用建筑领域的全面覆盖，建筑节能的覆盖范围不断扩大。

综上所述，随着建筑节能工作的深入开展，其所针对的节能客体，基本覆盖了民用建筑领域，并逐步扩展到农业建筑、工业建筑领域，进而实现各类建筑领域全覆盖。

第三节　建筑节能产业化

一、建筑节能材料产业化

（一）建筑节能材料类别

建筑节能材料主要分以下 3 个方面。

1. 节能型墙体材料

该材料主要用于建筑围护结构承重和非承重墙体，诸如混凝土保温小砌块和砖、轻集料混凝土小型空心砌块和空心砖、蒸压加气混凝土砌块和板、大孔率烧结煤矸石空心砖、复合保温墙板、轻质保温墙板、夹心保温复合墙等。

2. 建筑围护结构保温节能材料

它又可分为两个部分：第一部分是“屋面和地面（楼板）保温”节能材料，常用有高密度 EPS 板、XPS 板、聚氨酯硬泡材料和保温板、胶粉 EPS 颗粒保温浆料、无机保温砂浆、半硬质矿（岩）棉板及玻璃棉板、憎水膨胀珍珠岩及制品、泡沫玻璃保温板、膨胀玻化微珠保温及制品、发泡水泥板或块、现浇发泡混凝土和全轻混凝土（适用于车载屋面）等；第二部分是“墙体保温”节能材料，主要有 EPS 板薄抹灰外墙外保温系统、胶粉 EPS 颗粒保温浆料外墙保温系统、EPS 板现浇混凝土外墙外保温系统（简称无网现浇系统）、EPS 钢丝网架板现浇混凝土外墙外保温系统、机械固定 EPS 钢丝网架板外墙外保温系统、聚氨酯硬泡外墙外保温系统。

3. “外门窗、玻璃幕墙”等部件节能材料

外门窗在居住建筑中大多采用 5+9A+5、6+9A+6 的中空玻璃；公共建筑主要采用 Low–E6+12A+6 中空玻璃，也有少量采用镀膜玻璃（热反射）；型材主要采用塑钢、铝塑复合、铝合金和彩钢加隔热条等材料，特殊工程项目也有选择断热型铝木复合材料；玻璃幕墙选择的均为低辐射镀膜玻璃（Low–E 玻璃）。

（二）建筑节能材料产业化趋势

建筑节能材料作为节能建筑的重要物质基础，是实现建筑节能的主要途径。同时，我国工业化、城镇化的快速发展对建筑材料高品质的需求迅速增加，也为建筑节能材料产业的发展提供了广阔市场空间。在建筑中广泛使用各种建筑节能材料，一方面可提高建筑物的隔热保温效果，降低采暖空调能源损耗；另一方面又可以极大地改善使用者的生活、工作环境因此，为实现国家建筑节能，完成国家节能减排战略目标，亟须发展具有良好市场前景和社会效益的建筑节能产业。

改革开放以来，我国建筑节能材料研发和应用经过多年发展，在建筑节能各领域的应用不断扩大，初步形成了包括研发、设计、生产和应用等品种门类较为齐全的产业体系。产品品种、质量和档次有了不同程度的提高，促进了我国固体废弃物的资源化利用，基本满足了国民经济和社会发展的需要，为国民经济发展、城乡建设和人民生活水平的提高作出了重要贡献。为了加快推进建筑节能材料产业化，我国建立了相应的产业化示范基地，如四川青白江节能建材产业示范基地、葫芦岛高新区聚氨酯新型建材产业基地、国家复合改性合成树脂功能新材料产业化示范基地等。

发达国家对建筑节能十分重视并制定了行之有效的政策鼓励措施，也取得了巨大的

成效，其中建筑节能建材的大力推广和使用是一个非常重要的因素。发达国家高度重视建筑节能材料产业的培育和发展，形成了完整的建筑节能材料产业体系。发达国家生产的建筑节能材料产品不仅种类、规格齐全，而且具有低碳、绿色、可再生循环等环境友好特性。国际建材领先企业以其技术研发、资金、人才和专利等优势，在高技术含量、高附加值产品研发制造方面占据主导地位，把节能环保型产品作为发展重点，开发和生产具有低物耗、低能耗、少污染、多功能、可循环再生利用等特征的产品，集可持续发展、资源有效利用、环境保护、清洁生产等综合效益于一体。

建筑节能材料的研制与应用越来越受到世界各国的普遍重视，循环经济、低碳经济已成为发达国家主导其建材产业发展的理念，建筑节能材料产品日益向着材料功能化、结构一体化、部品化、集成化的方向发展。发展多功能型建材、能源节约型建材、资源节约型建材、环境友好型建材成为其建材工业发展的总体趋势。

二、建筑节能技术产业化

（二）建筑节能技术类别

建筑节能不仅要依靠建筑材料和建筑设备的发展，还应该在建筑节能技术上有所发展和创新。例如，在发展建筑围护结构的绝热保温技术工艺时，可以采用外墙外保温技术、热反射保温隔热技术及高效能保温门窗等。门窗保温措施方面，可采用添加窗玻璃层数、控制墙窗比例、增设保温隔热窗帘并运用门窗密封条等技术工艺措施。热反射保温隔热方面，在我国冬冷夏热地区及南方地区，建筑物屋顶面应该更多地运用遮阳隔热技术。

在建筑设备系统的节能技术领域，采用先进供冷、供热系统和设备以及自动控制技术等积极推进了建筑节能的发展。该领域采用的主要技术措施有计算机仿真与智能控制技术、地源热泵应用技术、变风量空调技术、新风处理及空调系统的余热回收技术、辐射性供热节能技术、热电联产技术、相变储能技术、太阳能热利用技术、建筑能耗模拟分析技术等。

（二）建筑节能技术产业化趋势

建筑节能技术产业化是建筑节能技术创新成果的商品化、市场化的过程，是一个从创新成果到形成一定规模商品生产的转化过程。经由这一过程，建筑节能技术成果才有可能在建筑领域得到日益广泛的应用，并形成一定经济规模的产品。

1. 地源热泵技术

近年来，国家对于可再生能源的开发利用逐渐重视，并出台了一系列的相关政策法规，在此背景下，作为可再生能源利用的一种重要方式，我国地源热泵产业的发展日益加快。

随着《中华人民共和国可再生能源法》的颁布实施，大力发展可再生能源已成为落实国家提出的“建设节约型社会，发展循环经济”方针的主要手段之一；在《国家中长期科学和技术发展规划纲要》中，又把大力发展和规模化应用新能源、可再生能源作为能源领域的优先发展主题；同时财政部出台的《关于进一步推进可再生能源建筑应用的通知》中明确指出：切实提高太阳能、浅层地能、生物质能等可再生能源在建筑用能中的比重。

目前，中国地源热泵产品的生产厂家已经超过80家，大部分集中在山东、北京、广东、上海、大连等地。《地源热泵系统应用情况调查研究分析报告》显示，地源热泵这一新兴技术受到广泛关注，不同所有制形式企业都参与到其开发、应用之中，尤以中小项目居多。尽管我国地源热泵行业尚处于起步阶段，但在政府、企业和研究机构的大力推动下蓬勃发展，市场潜力巨大。

2. 太阳能热利用技术

太阳能工程化技术涵盖建筑设计、机械加工、电子控制、热能工程、多能互补等多个领域。一个工程的实施需要各个方面协调配合，做到5个统一，即统一规划、统一设计、统一施工、统一验收、统一管理。工程化的发展表明太阳能热利用行业正在不断升级并走向成熟。

太阳能热利用产业持续健康发展是以市场需求为动力，国内强大的民生需求、能源替代、减少排放，环境保护、小城镇建设、棚户区改造、退耕还林等基本国策为太阳能热利用的产业发展提供了强大消费需求，消费拉动了太阳能产业的发展。

近期国家能源局主持的《可再生能源供热实施方案》将太阳能热利用排在了首位，这是国家改变以往重电轻热的能源利用状况的重要体现。

三、建筑节能服务产业化

（一）建筑节能服务的含义

目前，我国对建筑节能服务的概念和含义有广义和狭义之分。

广义上的建筑节能服务是指为建筑节能工程提供服务的活动的总称。包括建筑节能服务消费者、建筑节能服务机构（从业者）、建筑节能服务市场、建筑节能服务市场的管理机构以及建筑节能服务相关法律规范等，以降低建筑能耗水平为目标的建筑节能服务和对象的总和：，其中，服务对象主要包括两个：一是政府，主要服务内容是对建筑节能设计文件实施专向审查、对建筑节能工程实施检测、评价和节能质量监管等活动；二是广大建筑业主，主要内容包括为业主提供建筑能耗诊断（能源审计）服务、建筑节能改造方案设计咨询服务、节能改造施工服务、建筑节能运行管理及培训服务，以及为建筑节能改造项目提供的融资服务。

狭义的建筑节能服务就是为业主降低建筑能耗而提供的能源审计、节能方案设计、融资、节能改造施工、运行管理等的节能活动。其服务对象仅是建筑业主。按照目前国际和国内比较统一的提法，把能够提供以上一系列服务的主体称为建筑节能服务公司。国际上称为 ESCO（Energy Service Company），国内称为 EMC（Energy Management Company）。

（二）建筑节能服务产业化趋势

就美国的建筑节能服务行业而言，建筑节能服务公司及相关业务公司约占美国节能服务公司的 80%。节能服务公司在美国政府的支持下，形成了政府引导，企业市场化运作的建筑节能改造服务运作方式，创造了庞大的建筑节能服务市场。此外，到目前为止，欧洲的建筑节能服务产品的销售额也已经达到 320 亿欧元的水平。

随着经济的快速发展，我国正处于建筑的鼎盛时期，每年大约有 20 亿㎡的建筑面积投放市场，随着人们对办公舒适度要求的提高，以及建筑总量的不断增加，建筑的能耗需求呈快速增加的趋势。据测算，到 2020 年，中国高耗能建筑的总量达到 720 亿㎡，建筑耗能会占到总耗能的 40% 左右。随着我国对建筑节能改造的要求不断提高，建筑节能服务公司也逐渐增加。我中关村节能服务领域内首家产业联盟“中关村现代节能服务产业联盟”（以下简称“联盟”）在北京成立。联盟旨在以技术为核心、以产业为主线、以应用为导向，依托中关村节能服务产业链的龙头企业成立。通过联盟凝聚中关村乃至国内外节能服务产业链上下游资源，促进成员企业之间的协作、创新与联动，进而提升节能服务产业的技术和商业创新能力；整合涉及节能服务产业发展的投融资、科技园区、科研机构等资源，改善节能服务产业发展的市场环境；推动制定节能服务产业技术和产品标准，努力推动全国节能服务产业发展。

第四节　建筑节能市场化

一、建筑节能推广市场化

（一）国外既有居住建筑节能改造市场化推广模式

发达国家既有居住建筑节能改造工作起步较早，在市场化推广方面取得了一些经验。

1. 英国模式

英国建立了全国性节能标准：英国的国家房屋能源等级（National Home Energy Rating）简称 NHER，是英国政府评价节能建筑的重要指标。这种国家标准的存在一方面能够对新建建筑评价，另一方面可以对既有居住建筑节能改造成果评级，为实行分级补贴奠定基础。

在财政支持上，英国主要运用税收政策对建筑节能给予支持。英国政府开始实施退税计划，以鼓励家居节能，据政府估算，如一家庭花 175 英镑安装保暖墙，每年可为家庭节约 60 英镑的费用，3 年即可回收成本。政府还对使用节能锅炉、节能电器及节能灯的家庭提供补贴。

2. 美国模式

与英国类似，美国在既有居住建筑节能推广方面也表现出两方面特点：一是政府颁布了绿色建筑标准，成立了绿色建筑协会，以推动和鼓励绿色建筑的大规模应用；二是在财政支持上主要采取税收优惠，刺激节能改造行为。

此外，美国既有居住建筑节能改造推广中注重发挥本国科研力量，以高科技带动既有居住建筑节能发展。例如，为鼓励建筑改造中使用太阳能，美国国会先后通过了“太阳能供暖降温房屋的建筑条例”和“节约能源房屋建筑法规”等鼓励新能源利用的法律文件。在经济上也采取有效措施，不仅在太阳能利用研究方面投入大量经费，而且由国会通过一项对太阳能系统买主减税的优惠办法。

3. 德国、波兰模式

德国、波兰在既有居住建筑节能改造市场化推广中主要采取低息贷款与奖励结合模式。具体来说，德国的投资银行提供的既有居住建筑节能改造贷款利息仅为 1% ~ 3%，时限为 10 ~ 15 年，贷款额度上限为改造总投资的 75%。其余投资由建筑产权单位与居民承担。如果改造后的建筑经检验后效果比国家标准还好，则还可免去 15% 的贷款偿还额，另外还给予每个项目 10% 的补贴。同时对于改造中使用可再生与太阳能等高科技的项目，政府给予特殊奖励。

波兰的既有居住建筑节能改造由波兰住宅发展银行（BGK）提供贷款，贷款上限约为改造总投资的 80%，时限一般为 7 年，剩余 20% 由建筑产权单位与居民承担。其间，建筑产权单位与居民只需偿付贷款利息的 75%，剩余 25% 由国家建筑改造基金补贴。

（二）我国既有居住建筑节能改造市场化推广模式

我国幅员辽阔、地域宽广，在推广既有居住建筑节能改造过程中，各地结合自身实际采取不同市场化推广措施，形成了以下几个具有代表性的推广模式。

1. 北京模式

北京位于我国北部寒冷地区。北京市对既有居住建筑节能改造问题十分重视，为推广改造工作，北京市建委发布了《北京市既有建筑节能改造专项实施方案》，对不同产权结构、不同使用性质、不同供热方式、不同外装饰情况的建筑，分类确定改造技术方案。在筹资机制上特别提出建立由产权单位、业主、财政（包括中央财政、市级财政、区县财政）分担的筹资机制。针对不同的产权、不同建筑类型、不同改造方式，采取全额支付、补贴、贷款贴息等多种方式的财政支持政策。

2. 天津模式

天津同样位于北部寒冷地区。为做好节能改造工作，天津市本着不让既有居住建筑中的居住者承担任何经济负担和“谁投资、谁受益”的基本原则，采取了以供热企业投资为主，政府适当补贴为辅的市场化推广模式。通过改造，供热企业节约的燃料费用能够用来为新增片区供热，从新增供热管网获取的收益能够弥补 30% ~ 50% 的改造投资。

3. 哈尔滨模式

哈尔滨位于我国北部严寒地区，改造的首要问题是建筑外立面保温。但外立面改造投资较大。哈尔滨市采取节能改造与建筑楼顶“平改坡”相结合方式，这样一方面达到节能 50% 的效果，另一方面利用销售平改坡形成的居住空间（阁楼）所取得的收益，来弥补节能改造资金，在改造融资方式上有所突破。此外，阁楼空间还采取出租方式，租期为 20 年，在弥补节能改造投资之后，阁楼出租收入归居民楼全体住户所有。

4. 深圳模式

深圳位于我国南方夏热冬暖地区，其特点为夏季漫长，冬季寒冷时间很短，既有建筑改造的主要工作是改善围护结构热工性。为推广既有建筑节能改造，深圳市颁布实施了《深圳市节能中长期规划》《深圳市节能减徘综合实施方案》等政策措施。在筹融资机制上，对大型建筑示范改造项目，政府采取全额投资或补贴、奖励等方式予以支持；对普通建筑，政府引导社会资金投入，鼓励和支持业主自行节能改造。在管理体制上，采取属地管理，市、区财政分别支持各自改造项目，同时注意对项目改造前后的能效进行测评，为政府制定财政补贴政策提供科学的数据和依据。

（三）我国既有居住建筑节能改造市场化推广趋势

对比上述国外与我国既有届住建筑节能改造市场化推广模式，可以看出，国外的既有居住建筑节能改造项目资金主要来源渠道广泛，包括政府、企业与建筑产权单位或所有者。从国内的既有居住建筑节能改造实践来看，由于我国大多数地区的既有居住建筑节能改造采取典型示范的方式，现有的既有居住建筑试点项目主要由政府承担费用。如前所述的天津模式，采取政府和供暖单位共同投资的方式，使老百姓“不掏一分钱”享受到实惠。北京地区的示范项目慧新西街 12 号改造项目中由北京市新型墙体材料专项资金、德国技术合作公司地方补助金住总集团自筹资金提供支持，该楼住户仅承担了小部分资金。

此外，国外的既有居住建筑节能改造过程中，政府为推动改造进行，主要通过税收减免、贷款优惠等措施进行激励，并且与改造后的节能效果挂钩，效果越好激励越大，从而鼓励更多的既有居住建筑进行节能改造。从目前国内情况看，手段比较单一，各地政府对公有制产权建筑节能改造采取政府出资方式，对非公有制产权建筑采取各种形式财政补贴的方式。

但仅由政府出资的方式不利于既有居住建筑节能改造的大面积推广，为有效推进我国既有居住建筑节能改造，应尽快形成落实多方出资的机制。同时应促进多元化市场推广手段与方式。

1. 建立既有建筑节能改造国家评级标准，实施以奖代补、分级补贴的政策

我国目前已基本形成针对新建建筑的节能标准体系，而对于既有建筑节能改造尚无统一的衡量标准。地方政府根据当地实际情况制定的既有居住建筑节能改造政策中，也仅仅是按照《国务院关于加强节能工作的决定》要求分阶段达到节能 65% 的目标。但对于改造完工的既有居住建筑节能水平评估没有明确的评价体系。这导致我国政府目前对既有居住建筑节能改造的补贴按照整个项目的一定比例支付，对于改造效果只是统一规定了最低标准，没有激励机制引导改造单位追求更高的改造效果，不利于节能改造的推广。

由上所述，发达国家既有居住建筑节能改造都有明确的评价体系，衡量改造完工的工程达到的节能水平和节能等级，由此对节能等级高的项目给予高的财政支持，从而激励改造达到更好的节能效果。因此，我国应尽快建立针对既有居住建筑节能改造的评价体系，对改造完工的项目节能情况进行评级，分级补贴。在实际操作中，可采取在项目启动时对各改造项目给予相同比例的基本补贴，待项目完工，根据其节能等级，对仅达到基本节能等级的不再补贴，对节能等级较高的，实行分级奖励，从而通过以奖代补实现对节能改造的科学引导。

2. 明确中央政府与地方政府在既有居住建筑节能改造中的定位

根据现代财政理论，惠及全国的公共物品应由中央政府提供，惠及地方的公共物品则应由地方政府提供。从实用功能上看，既有居住建筑节能改造的收益方是地方供热企业及居民；从节能环保效果来看，受益方是全体人民，同时中央政府又是节能改造工作的主要推动力量。因此，既有居住建筑节能改造工作政府的资金支持应由中央政府与地方政府共同承担。

在方式上，一方面根据转移支付理论，从中央到地方的功能性转移支付能有效刺激地方政府的积极性，是促进地方政府落实中央意旨的有效财政手段，因此中央政府应特别为既有居住建筑节能改造工作安排转移支付；另一方面，可以仿照发达国家模式，设立国家既有居住建筑节能改造基金。但由于我国地域宽广，处于不同气候条件的地区的节能改造工作有很大的区别。困此，节能改造政府补贴主体部分还应以地方政府为主，承担节能改造基础补贴部分，同时结合节能改造评级标准，对达到高等级节能效果的改造工程奖励部分，由中央政府设立的基金承担。

3. 多元化支持手段，推广税收优惠、贴息贷款等支持方式

我国目前既有居住建筑节能改造财政政策主要依靠政府补贴的单一手段借鉴发达国家经验，可采取税收优惠的方式对建筑节能进行引导。对个人来说，一方面对居住房屋

节能改造承担部分费用的产权个人，可采取抵扣个人所得税政策，鼓励个人积极参与既有居住建筑节能改造；另一方面对于购买节能电器的个人也可在增值税、消费税上进行部分优惠，，对北方供热企业来说，政府应建立一套对供热企业节能情况的监督评价标准体系，将税收额度与节能水平挂钩，对达到节能标准的企业给予税收优惠，同时对不达标企业实施惩罚性高税收。此外，在节能改造过程中还应鼓励新型节能材料与高新技术（如太阳能）运用，对改造施工单位进行针对性税收支持。除税收政策之外，中央政府还应委托政策性银行对既有居住建筑节能改造工作提供一定比例的低息贷款，利息部分由中央政府改造基金部分补贴。同时，对改造后达到较高节能等级的，可相应扩大贴息比例、免息或减免一定比例还款额。

二、建筑节能交易市场化

多年来，各国政府为推动建筑节能均做了大量的工作和努力，但仅依靠政府推动远远不够，还需市场机制驱动，需要政府"看得见的手”与市场“看不见的手”两手抓。政府主要抓节能政策、法规、制度的制定，推动整个社会开展节能。市场机制驱动，是让凡参与节能的人不仅得到社会效益，还能得到经济利益。

只有充分激发市场的力量，让节能产品成为市场消费的主体，让节能成为一种生活方式，才能让建筑能源的合理利用，成为业主为自身利益考虑的“建筑节能”，才能真正实现建筑的人工环境与自然环境的协调发展。

（一）国外建筑节能交易市场化趋势

建筑节能领域的碳排放交易是一种生态经济的形式，也是一种在建筑节能领域开展的新型商品交易。它能够开辟出一个新兴的市场，既能推广建筑节能的应用，又能为高能耗的建筑和房地产业提供一条切实可行的生态发展之路。

（二）我国建筑节能交易市场化趋势

建筑节能被推向我国节能减排前沿，针对目前建筑节能实施过程中的问题，我国各地提出许多新机制。如天津市的“建筑能效交易制度”、上海市的“建筑节能指标交易制度”等。

1. 天津市“建筑能效交易制度”

天津市政府根据我国实际情况和低碳城市建设的需要，将碳排放交易机制运用到建筑能效领域，实施建筑能效交易制度天津市发布了《天津市民用建筑能效交易实施方案》，随后又发布了《天津市民用建筑能效交易注册和备案管理办法》等配套规定，从而构建起民用建筑能效交易的基本制度框架。

总的来看，天津民用建筑能效交易制度仍处于试点阶段，全面推行该制度还存在诸

多需要克服的障碍，但随着建筑能效交易各项体制机制的不断完善，建筑能效交易市场将逐步形成并不断扩大，民用建筑能效交易具有巨大的市场潜力。

2. 上海市"建筑节能指标交易制度"

上海市政府主张将政策与市场结合起来推动我国的建筑节能。即在政府规定有关能源使用单位节能责任的基础上，建立各种不同类型的节能指标交易市场：

上海市拟建立的以"市场交易"为核心的建筑节能新机制，首先订立两大阶段目标——期初、期末，并将建筑节能主体划分为两大阵营，即承担主要节能责任的企事业单位和不承担主要责任的企事业单位，分别与它们签订约束性节能协议、自愿性节能协议。

承担主要责任的企事业单位主体，分为有节能证书的单位和购买节能证书的单位，这些节能主体可以有 3 种选择来完成其节能目标：①自行设计和开发或合作开发节能技术以达到建筑节能要求；②从市场上购买"建筑节能证书"来完成任务；③接受罚款（不能完成建筑节能要求的主体）。然而，由于罚款的花费通常要大大超过购买（同样数量）"证书"的花费，因此那些难以完成建筑节能任务的主体，为避免罚款往往都愿意购买"证书"；而那些超额完成任务的企业，则可以从售卖"证书"中获利。前者通过审核批准节能项目得到证书，同时拥有一定的节能证书。前者可以选择在"交易市场"出售或储存在节能银行，后者需要从市场上通过交易购买节能证书。

这一新机制将新的稀缺资源的节能指标纳入可交易的市场范畴，从而大大提高有关能源使用单位的节能积极性和主动性，促进了节能降耗活动与经济、社会的协调发展。

第五节　建筑节能标准化

一、建筑节能设计标准化

为推动建筑节能，国内外各国都十分重视建筑节能设计，并制定相应的建筑节能设计标准来规范和促进建筑节能工作的开展。

（一）国外建设节能设计标准

1. 美国

能源危机爆发之后，美国随即开始推行、制定建筑节能设计标准和规范。美国供暖、制冷和空调工程师协会发布了美国第一个建筑节能设计标准《ASHTAE90–75 新建筑设计中的节能标准》。同年美国国会通过的《能源政策和节能法案》首次建议将 ASHRAE/IES 标准 90.1 作为修订后的统一国家标准。

2. 日本

日本建筑节能设计标准分为住宅与非住宅（公共建筑）两种类型，在此背景下的建筑节能设计标准修订，使节能指标与节能标准得以不断完善和强化，不仅提高了原来的节能标准，而且增加了住宅的“全年空调采暖负荷标准”指标，综合评价建筑节能效果。将原来只在寒冷地区考虑的建筑缝隙面积指标，应用到全国的其他气候分区的节能设计。明确了防止结露和换气及夏季通风的必要性，对被动式太阳能住宅节能也提出了相应的评价方法，同时详细划分了节能设计的热工气候分区，从原来的都、道、府、县为单位细化到市、町、村具体的地方范围。日本建筑节能设计标准不断细化和深入，其住宅节能设计标准水平已与欧美发达国家持平，引领着本国的建筑节能发展。

（二）我国建设节能设计标准

随着建筑节能工作的深入，针对居住建筑，在此之后我国又陆续出台或更新了针对不同的气候区域的建筑节能设计标准，如《夏热冬冷地区居住建筑节能设计标准》《夏热冬暖地区居住建筑节能设计标准》《严寒和寒冷地区居住建筑节能设计标准》。此外，还出台了《公共建筑节能设计标准》《农村居住建筑节能设计标准》等不同建筑类型的建筑节能设计标准。与此同时，各地也制定了相应的建筑节能设计标准，用以推进建筑节能工作。

从我国建筑节能设计标准发展来看，其总体编制思路大体呈现如下特点。

第一，先北方（严寒、寒冷地区）后南方。我国北方地区的采暖能耗占全国建筑能耗的 40% 左右，是建筑节能工作的重点；此外，北方地区采暖能耗的重要影响因素是建筑围护结构的性能，而这正是建筑节能设计标准能够有效控制的内容。

第二，先住宅建筑后公共建筑。在建筑节能工作开展初期，住宅建筑占城镇建筑面积的比例超过 70% 以上，量多面广；近年来，公共建筑大量建设，单位面积能耗是居住建筑的几倍，逐渐受到越来越多的关注。

近年来，随着建筑节能技术水平的发展，以及对建筑节能要求的提高，我国建筑节能设计标准也在不断地更新和完善中。

二、建筑节能产品标准化

一栋栋建筑由一张张设计蓝图转变为一个个建筑实体，离不开水泥、砂石、钢材、涂料、石材、保温材料、门窗、灯具、电梯、空调等各类建筑材料与产品，这是构成建筑实体的有效组成部分。这些不同建筑材料与产品节能性能的优劣则直接决定着建筑实体节能性能的高低。因此，控制各类建筑材料与产品的节能性能对建筑节能而言至关重要。基于此，制定并完善相应的建筑材料与产品节能性能系列标准规范，用以指导和监督建筑选材，是十分必要的。

（一）国外建筑节能材料与产品标准

为推进建筑节能，国外主要发达国家十分重视建筑材料与产品标准化建设，其具有国际影响力的标准化组织制定的相关标准，被众多国家采纳。

①国际标准化组织，主要制定和出版 ISO 国际标准，下设 225 个技术委员会（TC），其中与建筑材料与产品相关的主要有：ISO/TC 86 制冷与空调技术委员会，主要发布制冷空调产品及其性能测定标准；ISO/TC162 门窗技术委员会，负责编制门窗基础标准、产品标准、检测方法等 ISO 标准；②欧洲标准化委员会（法文缩写 CEN），制定本地区需要的欧洲标准（EN）和协调文件（HD）。其下设的 CEN/TC89 建筑热性能和建筑组建标准技术委员会，发布的主要标准中包括住宅建筑相关产品标准等；③美国制冷空调与供暖协会，美国空调及制冷设备制造商的行业协会，负责制定和发布美国的制冷、空调设备的技术标准，为检测及验证产品的性能制定等级标准和程序；④美国材料与试验协会，研究和制定材料规范和试验方法标准，还包括各种材料、产品、系统、服务项目的特点和性能标准及试验方法、程序等标准。

以建筑幕墙门窗为例，建筑幕墙门窗国际国外标准主要有国际标准化组织 ISO、美国材料与试验协会 ASTM、欧洲 EN 标准等，其中，美国材料与试验协会 ASTM 标准，是除 ISO 标准外的最具影响力的国外标准之一，也是幕墙门窗标准数量和更新最快的国外标准。目前，与幕墙门窗相关的 ASTM 标准已经达 40 余项，涵盖了建筑幕墙门窗产品、检测方法、相关材料标准等。欧洲 EN 标准也是国际上幕墙门窗标准化比较先进的组织，可以说是幕墙门窗体系最为完善的标准，其部分标准在执行一段时间后，直接升级为 ISO 标准。目前，欧洲 EN 幕墙门窗相关标准多达六七十项。

幕墙门窗作为建筑围护结构节能重要组成部分，现如今已完成多次技术更新换代。幕墙门窗标准化也随着产品和建筑工程的需要，逐步完善起来，几乎包括市场成熟产品的所有标准，门窗幕墙标准化体系已经形成。

（二）我国建筑节能材料与产品标准

建筑节能材料与产品的标准化，使不同材质或类型构件之间能够兼容，实行建筑节能标准化可以保证建筑产品的质量，有效减少建筑构配件的规格种类，在不同的建筑中采用同样的标准产品构件，不仅可以提高工作效率，保证施工质量，还可以降低施工难度，降低造价。

一直以来，我国十分重视建筑材料与产品的标准化工作，目前，我国建筑节能材料与产品标准化已经初有成效，主要包括建筑门窗、预制板、黏土砖、钢筋及通风、供暖、照明设备等。以建筑遮阳产品为例，在欧美日等发达国家，都有建筑遮阳产品标准体系，其中以欧盟的遮阳产品标准体系最为完备。而在我国，为贯彻国家节能降耗要求，促进

我国遮阳技术发展，规范我国建筑遮阳市场，住建部借鉴了欧盟的遮阳产品标准体系。

此外，国家在相关发展规划中也明确指出制定相应产品标准的目标和要求，指导下一步工作的开展。其中主要相关规划有以下几个。

《标准化事业发展规划》，明确了建筑材料标准建设的重点，主要是制修汀新型墙体屋面材料、防水密封材料、防火保温材料、建筑卫生陶瓷、石材、涂料、胶粘剂等建材质量安全标准；研制非金属密封材料、人工晶体、摩擦材料、木塑材料标准；开展绿色建筑相关材料标准的研究。

《建材工业发展规划》，要求加快制修订特种玻璃、精深加工玻璃、特种玻纤、水泥基材料及制品、防火保温材料、混凝土外加剂、特种陶瓷、非金属矿及加工制品等的技术和产品标准，加强与应用标准衔接。制修订建材工业节能减排、综合利用、协同处置、产品质量、包装贮存运输使用、安全卫生防护等标准和技术规范。加强与国际标准对标，提升国内相关标准的水平。积极参与国际标准制修订工作。

《平板玻璃工业发展规划》，要求依据科技创新成果，立足工程应用评价，协同推进高端产品标准和应用设计规范体系建设。及时制定新能源、信息技术、建筑节能、交通运输等应用领域玻璃制品新技术、新产品标准和规范。

《新型建筑材料工业发展规划》，要求制定新型建筑材料新产品标准，研究适合新产品应用的设计规范、施工规程及通用图集，加快与建筑规程规范的衔接。制定新型建筑材料部品目录，构筑标准化、系列化和专业化部品体系。

随着上述规划的具体落实，我国建筑节能材料与产品的相关标准将日益完善，标准体系将逐步健全。

三、建筑节能施工标准化

建筑施工节能的意义在于保护环境和实施国家可持续发展战略，要想实现建筑施工节能，必须了解建筑施工节能的方法。在建筑施工阶段，归纳起来主要可以从两个方面来实现建筑节能：一方面是根据相应的施工技术标准来进行安装施工，从而使所建造的建筑物实现节能；一方面是根据相应的施工管理标准来规范整个施工过程，从而实现整个施工建设过程中的节能。在施工阶段，加强施工与验收环节的监督和管理工作，认真执行国家相关标准是实现建筑节能的有效途径。

（一）国外建筑节能施工标准

国外对绿色施工的推广应用研究较早，绿色施工作为建筑施工企业可持续发展的主要途径，其理论可追溯到20世纪30年代。当时，美国建筑师富勒提出“少费而多用”的思想为绿色施工奠定了理论基础，该思想主要指充分利用有限的物质资源，并在满足人类日益增长的生存需要的同时逐渐减少资源消耗。20世纪80年代，在循环经济的影响下，发达国家的建筑施工企业相继实施绿色施工，并取得了初步成效。美、德、日等发达国家制定了相应法律法规，为绿色施工的顺利发展提供有力保障。

近年来，新加坡颁布了绿色施工标准，新加坡环球影城工程就是根据该标准完善了绿色施工体系，降低了建筑施工能源消耗，通过节约建筑材料、水处理、机械设备与人员管理等措施，进一步说明了绿色施工的具体实施方法。由于全球气候变暖已经愈演愈烈，目前绿色施工在国外得到了更快更好的发展与普及，并且受到国际领导层与普通消费者的普遍关注。

在注重绿色施工的同时，欧盟、美国等国家随着技术的进步，逐步建立起适合本地的施工技术标准体系，确保施工质量，实现建筑节能。

（二）我国建筑节能施工标准

与国外相比，我国的绿色施工发展相对滞后，正处于推行绿色施工、生态施工、节能环保施工的初步阶段，但随着绿色建筑、低碳建筑等理论体系的逐步完善，国内对绿色施工的认识也逐步深化，相应的标准也逐步建立起来。

建设部出台了《绿色施工导则》，对推广绿色施工技术、实现“四节一环保”的核心理念有重大的促进作用。同时，我国颁布了《建筑节能工程施工质量验收规范》，从而规范了建筑节能施工过程的监督与管理工作。

为有效实现建筑施工阶段的节能，截至目前，我国已建立相应的施工技术与施工管理标准，不仅制定了墙体保温、建筑节能改造、太阳能利用工、地源热泵利用等方面的工程技术规范与规程，用以指导具体的施工，确保建成的建筑实体达到良好的节能效果；而且制定了绿色施工管理、绿色施工评价、建筑节能工程施工质量与验收、建筑节能现场检测等方面的管理规范和标准，促使整个施工管理过程实现节能。

四、建筑节能运行标准化

国际上，建筑运行能耗与工业、农业、交通运输能耗并列，一般占国家总能耗的30% ~ 40%。目前我国建筑运行能耗已占全国总能耗的30%，并保持上升趋势。据预测，到2020年，我国建筑运行能耗达到11亿tce，占全社会总能耗的比例将达到35%，并将超越工业用能而成为用能的第一领域。由于建筑运行能耗关系国计民生，量大面广，节约建筑运行能耗将牵涉国家全局和人类前途，其影响深远。

严格和合理的运行管理是最终实现建筑节能目标的最终环节。为了通过科学的管理来实现节能，关键是对各个分项用能进行监测和实时分析。用能的分项计量是具体检查各个用能子系统是否控制在用能范围内，各个用能主体方是否尽到节能管理责任的关键。无清晰的定量考核就不可能充分调动和发挥相关责任方的积极性，从而也就很难取得全面的节能效果。

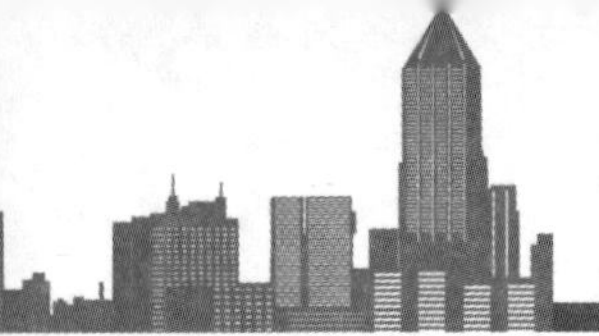

为了降低建筑运行能耗，目前从各国采取的措施看，大致可分为两个方面：一方面是制定相应的建筑运行能耗标准，用以指导和控制建筑运行能耗水平；另一方面是制定相应的监控和校核能耗系列标准，用以监督建筑运行能耗水平措施的具体落实。

（一）国外建筑运行能耗管理标准

1. 欧盟

比如欧盟成立后，相继通过法规，要求提高能源利用率，降低建筑能耗，进而限制 CO_2 的排放。欧洲议会和欧盟理事会通过了关于建筑能耗的法律性文件《建筑能效指令》。该文件明确提出，要制定法律，计算建筑物的整体能耗；为新建建筑和既有建筑颁发能效证书；并定期对建筑中的锅炉和空调系统进行检查和能耗评估。以此为目标，欧盟修订和编制了统一的标准，并和现有的标准一起形成完整的建筑能耗标准体系。

EPBD 首先分析了欧盟建筑能耗的现状，提出在考虑室外气候、室内环境要求和经济性的基础上，降低欧盟内建筑的整体能耗。文件要求，制定通用的计算方法，计算建筑的整体能耗；新建建筑和改造项目要满足最低的节能标准；为建筑颁发能效证书；对锅炉和空调系统进行定期检查。

为了实现这些目标，欧盟成立了专门的标准技术委员会，负责相关标准的制定和修编。整个标准框架共分为 5 部分：①建筑物整体能源性能计算方法总框架；②对新建建筑能源利用效率的最低要求；③对大型既有建筑改造能源利用效率的最低要求；④关于建筑能效证书；⑤对建筑物供暖锅炉和空调设施定期检查及评估。指令主要确立了建筑能效最低标准制度、建筑能效标识制度、建筑运行管理制度、锅炉检查制度、空调系统检查制度、建筑节能监管制度、独立专家制度、建筑节能审查制度、建筑节能信息服务制度。

2. 美国

能源危机促使美国政府开始制定能源政策并实施能源效率标准。在最低能效标准方面，制定了 IECC（国际节能规范）2000 标准和 ASHRAE（美国采暖、制冷与空调工程师协会）标准，对低层住宅、商用建筑和高层建筑能源性能（围护结构、采暖空调、照明），如在最小热阻值和最大传热系数等方面作了强制性要求。近年来，制定最低能耗标准的能耗产品品种越来越多、越来越严格，标准更新周期为 3 ~ 5 年。除了推行强制标准之外，美国政府还提倡自愿的节能标识。其中最为典型的是美国环保署（EPA）和美国能源部（DOE）开始联合推动的“能源之星”项目。获得“能源之星＂标识的产品一般都超过该类产品相应的最低能源效率标准，其主要对象是商用建筑。对于能源效率在同类建筑中领先 25% 的范围内、室内环境质量达标的建筑，可授予“能源之星”建筑标识。制造商按照政府规定的能效标准和测试规程自行认证或委托独立检测机构认证，向能源部提交认证报告。政府通过抽检进行监测。

“用能管理规定”适用于联邦政府机构建筑（包括工业建筑、实验室），并以单位平米建筑能耗为基准，明确了各部门单位平米建筑能耗削减比例“用能管理规定适用建筑范围确定导则”中明确指出法案制定后180天内，应建立确定用能管理规定适用建筑范围的标准。

“用能计量管理”明确指出，所有的联邦政府机构建筑必须建立能耗统计系统，安装至少提供日能耗数据和每小时的电耗数据的高级计量装置，并能够并入“联邦能源跟踪系统”。“用电计量导则”中规定在法案制定后180天内，应会同相关单位和科研机构组织建立用电计量导则;.并要求用电计量导则制定后6个月内，所有符合节能目标范围内的联邦政府机构建筑必须提交实施计量的规划方案，内容应包括人员组织构成联邦政府机构建筑认为其节能目标实现不具备可行性、安装先进计量装置不具备可行性的，需要提供专项论证。

（二）我国建筑运行能耗管理标准

在建筑节能运行阶段，要考察实际能耗使用量是否合理，依此来评价建筑运行是否节能，并间接评价运行管理模式是否合理，离不开相应的标准和制度。我国以制度建设为中心，建立健全建筑节能监管体系，强化监督管理；建立和完善能效测评、用能标准、能耗统计、能源审计、能效公示、用能定额、节能服务等各项制度，推动建筑运行管理和监管，降低建筑运行能耗。

目前，在建筑运行节能方面，我国针对采暖、通风、空调、照明等系统的运行，近年来制定/相应的运行管理、能效测评、能耗限额、节能监测、节能评价等方面的国家标准、部门标准及地方标准，用以指导实际工作，最近两年颁布实施相应标准的频率更是密集。随着建筑运行节能工作的深入，相关的标准将进一步完善，促使建筑运行趋向标准化。

五、建筑节能评价标准化

建筑节能评价是推动建筑节能的有效保证，国外主要发达国家均建立了适合本国国情的相应评价标准体系，如英国的BREEAM、美国的LEED、加拿大的GBTool（SBTool），日本的CASBEE等评价体系，并且在实践过程中根据实际情况不断地充实和丰富相关评价标准体系内容，以便更好地指导建筑节能评价工作。

我国在大力推进建筑节能的同时，在建筑节能评价体系上也做了大量的研究工作，制定并颁布实施了相应的评价标准，引导相关单位采用先进适用的建筑节能技术，进一步推动建筑的可持续发展，规范建筑节能方面的评价。

（一）建筑节能评价标准发展趋势

关于我国建筑节能评价相关标准，如前所述，主要分为“绿色建筑评价”与“节能建筑评价”两大类。通过对这些评价标准的进一步梳理，可以看出，近年来我国制定的相关评价标准呈现出以下趋势。

1. 建筑节能评价标准适用性增强

建筑节能评价的对象，由起初的居住建筑和公共建筑，逐渐扩展到工业建筑；而在公共建筑领域内，又进一步细分为办公建筑、医院建筑、饭店建筑、商场建筑、博览建筑等。这些适合不同类型建筑的评价标准的实施，大大提高了标准本身的适用性。

2. 建筑节能评价标准针对性强化

各类绿色建筑评价标准中，不仅包括节能评价，还包括节地、节水、节材等多方面的评价，它不是完全针对建筑节能而制定的评价标准。随着我国建筑节能工作的不断深入，迫切需要出台专门针对建筑节能而制定的评价标准来加以指导实际工作。在此背景下，《节能建筑评价标准》颁布实施，使得建筑节能评价标准的针对性更强。

3. 建筑节能评价标准系统性初显

在相应的国家评价标准基础之上，各地方建设主管部门结合当地的实际情况和条件，组织专家编制地方《绿色建筑评价标准》《绿色建筑评价标准实施细则》和《绿色建筑评价技术细则》，以支撑地方一星、二星绿色建筑评价标识工作的开展。目前，全国共有15个省、市、自治区及计划单列城市编制了地方的绿色建筑评价标准：江苏省、广东省、广西壮族自治区、福建省、河北省、湖北省、湖南省、山西省、陕西省、浙江省、北京市、上海市、天津市、重庆市、深圳市。这些建筑节能评价地方标准与对应的国家标准逐渐形成我国建筑节能评价标准体系。

（二）建筑节能评价工作日趋标准化

各项建筑节能相关评价标准的实施，使得建筑节能评价各项工作有章可循，有据可依，规范统一，逐步实现标准化。

1. 建筑节能评价资料审核标准化

申请节能建筑评价的单位应提供建筑节能技术措施方案、规划与建筑节能设计文件、建筑节能设计审查批复文件、材料质量证明文件或检测报告、建筑节能工程竣工验收报告等材料，且每个材料应包含的内容均有明确规定，以此作为申请者的资格审核内容之一。

2. 建筑节能评价方法标准化

建筑节能评价各项评价指标均有明确的评价方法，包括定量评价和定性评价。由于建筑节能涉及多个专业和多个阶段，不同专业和不同阶段都制定了相应的节能标准，根

据申请者提供的资料，按各指标评价方法要求及等级划分原则进行节能建筑的等级确定。

3. 建筑节能评价内容标准化

考虑到公共建筑，居住建筑的用途不同，考虑到严寒和寒冷地区建筑、夏热冬冷地区建筑、夏热冬暖地区建筑的不同特点，标准确定的指标选取也不同。针对不同类型的建筑，参考相应的最高标准。特别是不同气候地区的建筑，严格按照对应指标进行评价，对于温带地区建筑，可根据最邻近的气候分区的相应条款进行评价。指标内容的差异化更反映出我国建筑节能评价工作的全面与标准，切实发挥建筑节能评价工作的重要作用。

参考文献

[1] 刘靖主编．建筑节能 [M]. 长沙：中南大学出版社 .2015.

[2] 王瑞主编．建筑节能设计 [M]. 武汉：华中科技大学出版社 .2015.

[3] 刘伊生主编．建筑节能技术与政策 [M]. 北京：北京交通大学出版社 .2015.

[4] 四川省建筑科学研究院，成都市墙材革新建筑节能办公室主编．建筑节能工程施工质量验收规程 [M]. 成都：西南交通大学出版社 .2015.

[5] 尹波，许杰峰编著．海南地区建筑节能重点技术与工程应用 [M]. 上海：同济大学出版社 .2015.

[6] 杨联萍，瞿燕主编．村镇建筑节能关键技术集成设计图集 [M]. 上海：同济大学出版社 .2015.

[7] 上海市浦东新区建设工程安全质量监督站，上海市浦东新区建筑节能办公室，中国建筑科学研究院上海分院编．上海市浦东新区建筑节能示范项目汇编 [M]. 上海：同济大学出版社 .2015.

[8] 高迪国际编．可持续建筑节能环保现时建筑新方向上商业 + 办公 [M]. 桂林：广西师范大学出版社 .2015.

[9] 高迪国际编．可持续建筑节能环保现时建筑新方向中教育 + 文化 + 体育 [M]. 桂林：广西师范大学出版社 .2015.

[10] 四川省建筑科学研究院主编；四川省住房和城乡建设厅批准．四川省工程建设地方标准四川省建筑节能门窗应用技术规程 DBJ51/T041–2015[M]. 成都：西南交通大学出版社 .2015.

[11] 冷超群，李长城，曲梦露主编．建筑节能设计 [M]. 北京：航空工业出版社 .2016.

[12] 中国建筑标准设计研究院组织编制．建筑节能门窗 [M]. 北京：中国计划出版社 .2016.

[13] 杨丽著．绿色建筑设计建筑节能 [M]. 上海：同济大学出版社 .2016.

[14] 四川省建筑科学研究院主编．四川省公共建筑节能改造技术规程 [M]. 成都：西南交通大学出版社 .2016.

[15] 赵文学著．咸阳建筑节能与城市问题研究 [M]. 西安：陕西人民教育出版社 .2016.

[16] 北京土木建筑学会主编．建筑工程质量常见问题防治手册建筑与节能工程 [M]. 北京：冶金工业出版社 .2016.

[17] 董孟能，林学山主编．重庆既有公共建筑节能改造技术手册 [M]. 重庆：重庆大学出版社 .2016.

[18] 中国建筑标准设计研究院编．轻质内隔墙板建筑构造达壁美轻质节能内隔墙板 16CJ66–1[M]. 北京：中国计划出版社 .2016.

[19] 张丽丽 . 建筑节能 [M]. 上海：上海交通大学出版社 .2016.
[20] 中国建筑标准设计研究院著 . 既有建筑节能改造 [M]. 中国建筑标准设计研究院有限公司 .2016.
[21] 上海市建筑科学研究所，上海市建筑建材业市场管理总站，上海市建筑工程安全质量监督总站主编 . 建筑节能工程施工质量验收规程 [M]. 上海：同济大学出版社 .2017.
[22] 孙世钧著 . 建筑节能技术在建筑设计中的发展与应用 [M]. 哈尔滨：黑龙江科学技术出版社 .2017.
[23] 靳玉芳主编 . 建筑防火与建筑节能设计图释手册 [M]. 北京：中国建材工业出版社 .2017.
[24] 张链，陈子坚 . 多种能源融合的建筑节能系统的设计与应用 [M]. 合肥：中国科学技术大学出版社 .2017.
[25] 冯伟，吕恒林，黄建恩，田国华，张丽娟著 . 寒冷地区高等学校建筑节能关键技术研究 [M]. 徐州：中国矿业大学出版社 .2017.
[26] 中国建筑学会建筑物理分会建筑热工与节能委员会著 . 低能耗宜居建筑营造理论与实践 2017 全国建筑热工与节能学术会议论文集 [M]. 成都：西南交通大学出版社 .2017.
[27] 童家林编；常文心，殷文文译 . 景观设计书墙上花园 2 墙体花园设计全球创新案例解析节能绿色建筑 [M]. 沈阳：辽宁科学技术出版社 .2017.
[28] 李胜英 . 建筑节能检测技术 [M]. 北京：中国电力出版社 .2017.
[29] 中国建筑工业出版社著 . 建筑节能标准汇编 [M]. 北京：中国建筑工业出版社 .2017.
[30] 王磊，张洪波主编 . 建筑节能技术 [M]. 南京：南京大学出版社 .2017.
[31] 杨培志编著 . 绿色建筑节能设计 [M]. 长沙：中南大学出版社 .2018.
[32] 扈恩华，李松良，张蓓主编 . 建筑节能技术 [M]. 北京：北京理工大学出版社 .2018.
[33] 田斌守，邵继新著 . 建筑节能与清洁能源利用系列丛书墙体节能技术与工程应用 [M]. 北京：中国建材工业出版社 .2018.
[34] 刘翼 . 建筑节能实用技术丛书建筑遮阳实用技术百问百答 [M]. 北京：中国建材工业出版社 .2018.
[35] 刘福胜，王少杰著 . 混凝土夹心秸秆砌块抗震节能生态宜居村镇建筑 [M]. 北京：中国建材工业出版社 .2018.
[36] 段忠诚著 . 建筑节能设计 [M]. 北京：中国建筑工业出版社 .2018.
[37] 王怡 . 工业建筑节能 [M]. 北京：中国建筑工业出版社 .2018.
[38] 李龙主编 . 建筑节能与环保 [M]. 北京：科学技术文献出版社 .2018.
[39] 河南省工程建设标准设计管理办公室主编 . 建筑节能一体化 [M]. 郑州：黄河水利出版社 .2018.
[40] 住房和城乡建设部科技与产业化发展中心，住房和城乡建设部住宅产业化促进中心

主编 . 中国建筑节能发展报告 [M]. 北京：中国建筑工业出版社 .2018.
[41] 梁益定著 . 建筑节能及其可持续发展研究 [M]. 北京：北京理工大学出版社 .2019.
[42] 张冰责任编辑；（中国）陈宏，张杰，管毓刚 . 建筑节能 [M]. 知识产权出版社 .2019.
[43]（中国）李明财 . 气候变化与建筑节能 [M]. 北京：气象出版社 .2019.
[44] 绿色建筑与节能环保 [M]. 西安：陕西科学技术出版社 .2019.
[45] 陈秋瑜著 . 植物活墙与建筑节能 [M]. 武汉：华中科技大学出版社 .2019.
[46] 张太清，霍瑞琴主编 . 建筑节能工程施工工艺 [M]. 北京：中国建筑工业出版社 .2019.
[47] 刘晓勤著 . 室内外环境的建筑节能与基础设计 [M]. 中国原子能出版社 .2019.
[48]（中国）郭汉丁 . 既有建筑节能改造市场动力机制 [M]. 北京：机械工业出版社 .2019.
[49] 胡文斌著 . 教育绿色建筑及工业建筑节能 [M]. 昆明：云南大学出版社 .2019.
[50] 丁勇著 . 公共建筑节能改造技术与应用 [M]. 北京：科学出版社 .2019.